煤炭高等教育“十四五”规划教材

矿业系统工程

主　编　肖福坤
副主编　代少军　林井祥　刘　刚　刘海涛

中国矿业大学出版社
·徐州·

内 容 提 要

全书共分8章，包括第1章系统工程概论，综述了矿业系统的基本概念及矿业系统工程的基本理论；第2章系统工程方法论，介绍了矿业系统的基本方法论；第3章系统模型及建模方法，介绍了矿业系统的模型化方法；第4章系统优化方法，介绍了线性规划、整数规划以及多目标规划和动态规划；第5章计算机仿真技术，介绍了矿业系统仿真的基本方法；第6章系统评价，介绍了矿业系统中用到的各种评价方法；第7章系统可靠性分析，介绍了矿业系统可靠性相关理论与模型；第8章系统决策与对策方法，介绍了矿业系统中决策与对策相关模型。

本书可作为高等院校采矿工程专业本科生、研究生的学习教材，也可供矿业工程领域的科研院所、煤矿设计单位和煤炭企业等单位的工程技术人员、工程管理人员参考使用。

图书在版编目(CIP)数据

矿业系统工程 / 肖福坤主编. —徐州：中国矿业大学出版社，2024.7

ISBN 978-7-5646-5271-5

Ⅰ. ①矿… Ⅱ. ①肖… Ⅲ. ①矿业工程－系统工程－高等学校－教材 Ⅳ. ①TD-05

中国版本图书馆 CIP 数据核字(2021)第252978号

书　　名　矿业系统工程
主　　编　肖福坤
责任编辑　路　露
出版发行　中国矿业大学出版社有限责任公司
（江苏省徐州市解放南路　邮编 221008）
营销热线　(0516)83885370　83884103
出版服务　(0516)83995789　83884920
网　　址　http://www.cumtp.com　**E-mail**:cumtpvip@cumtp.com
印　　刷　江苏淮阴新华印务有限公司
开　　本　787 mm×1092 mm　1/16　**印张** 14.5　**字数** 371 千字
版次印次　2024年7月第1版　2024年7月第1次印刷
定　　价　36.00 元
（图书出现印装质量问题，本社负责调换）

前　言

矿业系统工程是矿业工程学科与系统工程学科相结合而形成的一个学科分支,用以实现对矿业系统的管理和分析、控制和设计的一门工程技术。由于研究目的不同,矿业系统工程可从采矿工程系统、矿山管理系统和矿业经济系统等方面来考察,相比“采矿系统工程”“计算机与运筹学在矿业中的应用”等,具有更广泛、深邃的内涵。

矿业工程与系统工程的结合,是从20世纪50年代将运筹学应用于采矿业的研究起始的,随着计算机技术的迅速发展,60年代涌现出了一批将运筹学原理与计算机技术综合应用于矿业研究的成果,使矿业系统工程作为一个新的学科分支逐渐形成。经历了70余年的蓬勃发展,矿业系统工程已经成为全新发展的学科分支。近年来系统科学技术迅速发展,一些新的系统工程理论和技术在矿业工程中得到了广泛的应用,使系统工程理论与技术在矿业工程中发挥了越来越重要的作用。因此,为了满足采矿工程专业教学及技术人员学习的需要,按照系统工程在矿业工程中的应用思路,我们编写了这本《矿业系统工程》。

在编写过程中,在参考现有教材的基础上,既保留了矿业系统工程中的原有成熟理论和技术,又将新的系统科学思想、理论和方法纳入进来。本书以介绍基础理论和基本知识为主,并适当阐述典型的应用实例,以求做到理论与实践相结合。本书可作为采矿工程专业的教材,也可供工程技术人员和矿山管理人员参考。

全书共分8章。第1章系统工程概论,综述了矿业系统的基本概念及矿业系统工程的基本理论;第2章系统工程方法论,介绍了矿业系统的基本方法论;第3章系统模型及建模方法,介绍了矿业系统的模型化方法;第4章系统优化方法,介绍了线性规划、整数规划以及多目标规划和动态规划;第5章计算机仿真技术,介绍了矿业系统仿真的基本方法;第6章系统评价,介绍了矿业系统中用到的各种评价方法;第7章系统可靠性分析,介绍了矿业系统可靠性相关理论与模型;第8章系统决策与对策方法,介绍了矿业系统中决策与对策相关模型。

本书由肖福坤、代少军、林井祥、刘刚和刘海涛共同编写,由郝传波教授统筹指导。其中,第 1 章、第 2 章、第 5 章由肖福坤编写;第 3 章、第 8 章由代少军编写;第 4 章由林井祥编写;第 6 章、第 7 章由刘刚和刘海涛编写。

本书在编写过程中,吸收了以前诸教材的优点,参阅和引用了近年来学者们发表的科技成果,为此,特向文献作者们表示感谢。

矿业系统工程是一门尚在不断发展中的交叉科学,涉及的知识面非常广泛。由于水平所限,书中难免有不妥之处,恳请广大读者批评指正。

编　者

2024 年 6 月

目　　录

第 1 章　系统工程概论

1.1　系统概念、一般理论及分类

1.1.1　系统概念及特性

1. 系统的概念

系统是整个系统科学中最基本的概念。系统一词最早出现于古希腊语中，“syn-histanai”一词原意是指事物中的共性部分和每一事物应占据的位置，也就是部分组成整体的意思。古希腊哲学家德谟克利特认为一切物质都是由原子和空虚组成的，他最早采用“系统”这个名词。近代一些科学家和哲学家常用系统一词来表示复杂的、具有一定结构的研究对象，如天体系统、人体系统等。从中文字面上看，系指关系、联系，统指有机统一，系统则指有机联系和统一。美籍奥地利生物学家贝塔朗菲(Ludwig von Bertalanffy)于 1937 年第一次将系统作为一个重要的科学概念予以研究，他认为“系统的定义可以确定为处于一定相互关系中并与环境发生关系的各组成部分的总体”。

系统的定义依照学科的不同、待解决问题的不同和使用方法的不同而有所区别，国外关于系统的定义已达四十余种。

R. 吉布松定义系统是互相作用的诸元素的整体化总和，其使命在于以协作方式来完成预定的功能。

B. H. 萨多夫斯基认为系统是互相联系着并形成某种整体性统一体的诸元素按一定方式有秩序地排列在一起的集合。

N. B. 布拉乌别尔格、N. B. 萨多夫斯基和尤金指出，从系统的整体性出发，可以从性质方面通过下列特征给系统概念下定义：① 系统是由相互联系的诸元素组成的整体性复合体；② 它与环境组成特殊的统一体；③ 任何被研究的系统通常都是更高一级系统的元素；④ 任何被研究的系统的元素通常又都作为更低一级系统。

《韦氏大辞典》里解释系统为“有组织的或被组织化的整体，结合构成整体所形成的各种概念和原理的综合，以有规则的相互作用和相互依存的形式结合起来的诸要素的集合等”。

日本工业标准(Japanese Industrial Standards，JIS)定义系统为“许多组成要素保持有机的秩序，向同一目标行动的事物”。

我国的学者也对系统的概念提出了许多自己的看法。

著名科学家钱学森认为，“系统是由互相作用互相依赖的若干组成部分结合而成的，具有特定功能的有机整体，而且这个有机整体又是它从属的更大系统的组成部分”。

我国有学者这样认为，“系统是有生命的或无生命的本质或事物的集中，这个集中接收某种输入，并按照输入来活动以生成某种输出，同时力求使一定的输入和输出功能最大化”。

学者常绍舜认为，“所谓系统就是指由一定部分(要素)组成的具有一定层次和结构并与环境发生关系的整体”。

综上所述，系统概念和任何其他认识范畴一样，描述的是一种理想的客体，而这一客体在形式上表现为诸要素的集合。

我国系统科学界对系统一词较通用的定义是：系统是由相互作用和相互依赖的若干组成部分(要素)结合而成的、具有特定功能的有机整体。依据此定义可以看出，系统必须具备三个条件：第一，系统必须由两个或两个以上的要素(或部分、元素、子系统)所组成，要素是构成系统的最基本单位，因而也是系统存在的基础和实际载体，系统离开了要素就不能称为系统；第二，要素与要素之间存在着一定的有机联系，从而在系统的内部和外部形成一定的结构或秩序，任何一个系统又是它所从属的一个更大系统的组成部分(要素)，这样，系统整体与要素、要素与要素、整体与环境之间，存在着相互作用和相互联系的机制；第三，任何系统都有特定的功能，整体具有不同于各个组成要素的新功能，这种新功能是由系统内部的有机联系和结构所决定的。

2. 系统的特性

(1) 系统的整体性

系统作为若干要素的集合体，其本质特性就是具有整体性。整体性包括两方面的含义：其一是指系统内部的不可分割性，如果把系统的各个组成部分分割开来，系统就无法存在。一架飞机作为一个系统，在于它是一个由各零部件紧密联系而成的整体，若把各零部件拆开，则这架飞机也就不存在了；一个社会组织系统也是如此，它的整体性在于各组织成员之间的密切联系、相互配合，如果各成员独自行事，互不联系，则其作为社会组织系统也就只能是形存实亡。其二是指系统内部的关联性，系统内部任何一个要素的改变都会引起其他要素的变化，如人体某一器官的病变也可能会引起其他器官的损害。

① 系统整体性的多重体现

系统是对整体和完整性的科学探索，系统的整体性首先体现为在建立系统目标时，它要求系统整体的最佳化，而不是局部的最优。其次，系统的整体性体现为系统的运动规律是整体的规律。由于系统的整体与要素、要素与要素、系统与环境之间存在着有机联系，所以系统的实质和运动规律只有从整体上才能显示出来。最后，系统的整体性还体现在系统功能的整体性方面。系统的整体功能不是各组成要素功能的简单叠加，也不是由组成要素简单拼凑的，而是呈现出各组成要素所不具有的新功能。概括地表述为“系统整体不等于其部分之和”，而是“整体大于部分之和”，即

$$F_s > \sum_{i=1}^{n} F_i \tag{1-1}$$

式中 F_s——系统的整体功能；

F_i——各要素的功能，$i=1,2,\cdots,n$。

由于这种整体功能不是各要素所单独具有的，所以相对各要素来说，这种整体功能的产生不仅是一种数量上的增加，更表现为一种质变，系统整体的质不同于各要素的质，系统整体之所以能产生新质，是因为系统整体的各个组成部分之间，相互联系和相互作用形成一种协同作用，只有通过这种协同作用，系统的整体功能才能显现。“积沙成塔，集腋成裘”“三个

臭皮匠，顶个诸葛亮”，说的就是这个道理。

② 系统整体及整体性的类型

第一，时间整体性，这是指系统要素在时间上的不可分割和关联性。例如，煤矿的生命周期包括矿产资源勘查、矿山设计、矿山基建和生产、矿山闭坑四个阶段，正常情况下，其间的任何一个阶段都是不可或缺的。

第二，空间整体性。这是指系统要素在空间上的不可分割和关联性。例如，煤矿是由采煤系统、运输系统、掘进系统、机电系统、排水系统、通风系统构成的整体，各系统之间紧密联系，缺一不可。

第三，逻辑整体性。这是指系统要素在逻辑关系上的不可分割和关联性。例如，一部好的学术著作应是一个逻辑整体，它的各个论点之间以及论点和论据之间都是不可分割的。

③ 整体在系统中的地位

首先，整体是系统的核心。任何系统都是在整体的基础上形成的，无整体则无系统，抛弃了整体性也就抛弃了系统性。其次，整体性变化会导致系统性能的改变。由于整体性是系统的核心属性，因而整体一旦改变则必然引起整个系统性能的变化。

系统的整体原则对于实际管理工作有着重要的指导意义，其主要作用表现为：首先，依据确定的管理目标，从管理的整体出发把管理要素组合成一个有机的系统，协调并统一管理诸要素的功能，使系统功能产生放大效应，发挥出管理系统的整体优化功能；其次，把不断提高管理要素的功能作为改善管理系统整体功能的基础，从提高组成要素的基本素质入手，按照系统整体目标的要求，不断提高各个部门特别是关键部门或薄弱部门的功能素质，并强调局部服从整体，从而实现管理系统的最佳整体功能；最后，改善和提高管理系统的整体功能，不仅要注重发挥各个组成要素的功能，更重要的是要调整要素的组织形式，建立合理的结构，促使管理系统整体功能优化。

（2）系统的相关性

整体性确定系统的组成要素，相关性则说明这些组成要素之间的关系。系统中任一要素与该系统中的其他要素都是互相关联又互相制约的，如果某一要素发生了变化，则对应的与之相关联的要素也要相应地改变和调整，以保持系统整体的最佳状态。

贝塔朗菲用一组联立微分方程描述了系统的相关性：

$$\frac{\mathrm{d}Q_1}{\mathrm{d}t}=f_1 \tag{1-2}$$

$$\frac{\mathrm{d}Q_2}{\mathrm{d}t}=f_2 \tag{1-3}$$

$$\vdots$$

$$\frac{\mathrm{d}Q_n}{\mathrm{d}t}=f_n \tag{1-4}$$

式中　$Q_1,Q_2,\cdots,Q_n$——n个要素的特征；

t——规划的时间；

$f_1,f_2,\cdots,f_n$——相应的函数关系。

公式表明，系统任一随时间变化的要素是系统其他所有要素的函数，即任一要素的变化会引起其他要素的变化，从而引起整个系统的变化。

系统的相关性原则对于实际管理工作的指导意义在于：① 当想改变组织系统中某些不

合要求的要素时，必须注意考察与之相关的要素的影响程度，抓住其中主要的相关要素，使这些相关要素发生相应的变化，从而提高组织的整体功能；② 组织系统内部诸要素之间的相关性不是静态的，而是动态的，必须把组织系统视为动态系统，在动态中认识和把握系统的整体性，在动态中协调要素与要素、要素与整体的关系，在把握管理要素运动变化的同时，有效地进行组织调节和控制，以实现最佳效益；③ 组织系统的组成要素包括系统层次间的纵向相关和各组成要素的横向相关，只有协调好各要素之间的纵向相关和横向相关，才能实现组织的整体功能最优。

(3) 系统的综合性

综合性是指任何系统都不是由单一要素、单一层次、单一结构、单一环境因素、单一功能构成的总体，而是由不同质的要素、层次、结构、环境和功能因素构成的总体。因此，系统的综合性表现为五种情况：不同要素的综合、不同层次的综合、不同结构的综合、环境因素的综合、不同功能的综合。

系统虽然都有综合性，然而其综合程度并不一样，有些系统综合程度较高，有些系统综合程度则较低。

实践表明，系统综合程度不同，系统功能也会有区别。一般而言，系统综合性越强，系统生命力就越强，系统功能就越完备。例如，在自然界中，杂食动物比单食动物的生命力要强些，其适应环境的能力也更强些；杂交作物也比一般纯种作物的生长要旺盛些，抗病虫害能力要强些。在人类社会中也是这样，多兵种联合作战比单兵种作战取胜的可能性更大些，一个国家的实力也往往通过综合国力评价。

(4) 系统的层次性

层次通常是指构成系统的要素之间按照整体与部分的构成关系而形成的不同质态的分系统及其排列次序。系统的层次通常可划分为四种类型：数量关系层次、空间关系层次、时间关系层次、逻辑关系层次。

① 层次间的对立统一关系

系统内不同层次之间的关系是对立统一的。层次的形成以整体和部分的对立为基础，因而不同层次之间也就必然存在着质和量的差异并且发生相互作用。微观世界中的分子、原子、基本粒子这三个层次无论是在物理化学性质还是在质量和空间尺度方面都是不同的。层次之间的相互作用主要表现在两个方面：一是系统的较高层次制约着较低层次，高层次的功能状态对低层次的功能状态发生重要影响；二是系统较低层次又是较高层次形成的基础，低层次的物质变化到一定程度必然导致高层次的物质变化。

② 层次与等级、类别、要素等的联系与区别

对于层次与等级的关系，首先，层次与等级的区别在于等级体现的主要是事物间量的差别，此外，在等级与等级之间不一定存在整体与部分的关系，然而在层次与层次之间是一定存在整体与部分关系的；其次，层次与等级之间也有某种联系，由于不同层次之间不仅有质的差异，而且有量的不同，因而不同层次之间会出现等级特征。

对于层次与类别的关系，首先，层次与类别是相互区别的。层次是系统在纵向意义上的一种差别，不同层次事物之间存在着整体与部分的构成关系，而不同种类的事物之间则不一定存在这种关系。其次，层次与类别相似或相互联系之处在于物质系统的层次差别有时与类型划分相重合，即同一层次的要素往往具有很多共性，因而属于同一类型。而同一类型的

事物也往往与另一类型的事物发生整体与部分的关系，因而属于同一层次。

对于层次与要素的关系，层次是指构成系统的要素在纵向上的不同质态及排列次序，它形成系统的纵向结构；而要素则是构成系统的各个单元，这些单元相互联系、相互作用，形成系统的横向结构。层次的形成以要素为基础，构成系统的要素不同，其层次必然有差别；反过来，要素又总是存在于一定层次之中的，层次不同，其要素也必然相异。

（5）系统的目的性

目的是指人们在行动中所要达到或实现的结果和意愿。人造系统是具有目的性的，系统的目的是人们根据实践的需要而确定的，而且通常系统的目的性不是单一的，一般的系统都具有多个目的。例如，煤矿企业的生产系统，在现有的资源赋存和现有生产技术条件下，它的目的就是在安全的基础上，完成或超额完成生产计划，规定的质量、品种、成本、利润等指标，是这些多方面指标的综合。

复杂系统常具有多目标和多方案，当组织规划这个错综复杂的大系统时，为了使目标明确化、条理化，常采用图解方式来描述目的与目的之间的相互关系，这种图解方式称为目的树，如图 1-1 所示。

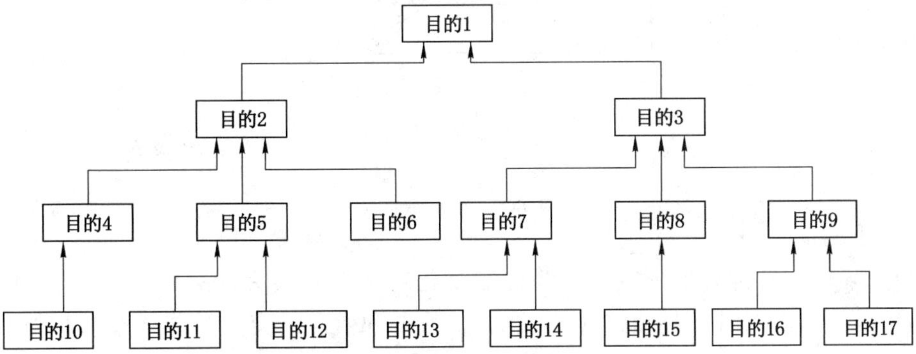

图 1-1　目的树

从图 1-1 中可以看出，要达到目的 1，必须完成目的 2 和目的 3；要达到目的 2，必须完成目的 4、目的 5 和目的 6；以此类推，结果形成一个树形结构。从图 1-1 中可明显地看出，在一个复杂系统内所包括的各项目，即从目的 1 到目的 17，层次鲜明，次序明确，相互影响而又相互制约。通过图解可对目的树各个项目的目的进行分析、探讨和磋商，统一规划和协调。系统的目的性原则要求人们正确地确定系统的目标，从而运用各种调节手段把系统导向预定的目标，达到系统整体最优的目的。

1.1.2　系统的一般知识

1. 系统与要素的关系

系统与要素的对立统一是客观事物的本质属性和存在方式，任何事情都是系统和要素的对立统一体，它们相互依存、互为条件，在事物的运动和变化中，系统和要素总是相互伴随而产生，相互作用而变化的。

2. 系统环境与不确定性

（1）系统环境

环境是指存在于系统以外的事物(物质、能量、信息)的总称。系统与环境是一对对应的概念,定义了系统也就定义了环境,而使系统与环境可以识别的界限称为系统的边界。从空间结构看,边界是把系统与环境分开的所有点的集合。从逻辑上看,边界是系统构成关系从起作用到不起作用的界限,也是系统物质从存在到消失的界限。

可见系统时刻处于环境之中,环境是一种更高级、复杂的系统,也称为环境超系统。如图 1-2 所示,从环境与系统的关联程度来划分,环境超系统可分为系统的具体工作环境和一般环境。前者与系统存在紧密的关联,而后者对系统的影响相对较小。但随着系统与环境的演化,一般环境因素有可能成为具体工作环境因素。因此,研究系统的环境对于认识、改造系统至关重要。

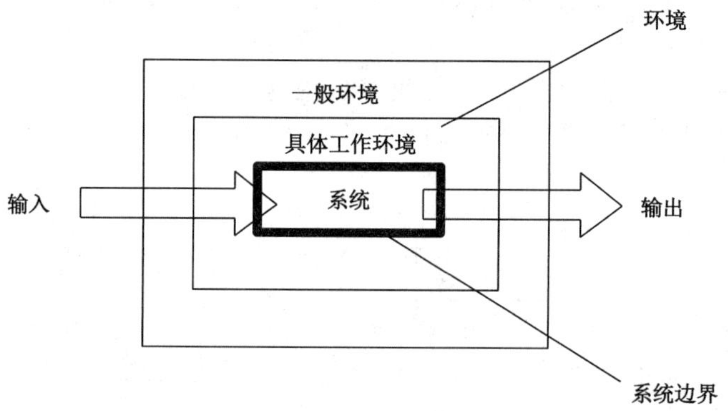

图 1-2　系统与环境

系统必须适应外部环境的变化。环境的变化对系统有很大的影响,系统与环境是相互依存的,系统必然要与外部环境产生物质的、能量的和信息的交换。能够经常与外部环境保持最佳适应状态的系统,属于积极的开放系统,因而也是理想的系统;而不能适应环境变化的系统是难以存在下去的。因此,系统所处的环境又是系统的限制条件或者称为约束条件。

系统不能脱离环境而存在,它处于与环境的密切联系之中。它既要通过环境的输入受到环境的约束,同时又要通过对环境的输出而对环境施加影响。客观事物的发展要经过量变到质变的过程,当系统处于量变阶段时,系统与环境之间的关系是相对稳定的,这就表现为系统对环境的适应性。因此,从本质上说,系统对于环境的适应性,可以说是系统稳定性在与系统外部关系上的表现。

坚持系统环境适应性原则,要求我们不仅要注意系统内各要素之间相关性的调节,而且要考虑系统与环境的关系,只有系统内部关系和外部关系相互协调、统一,才能全面地发挥出系统的整体功能,保证系统整体向最优化方向发展。

(2) 环境不确定性

① 不确定性的概念

不确定性是指没有概率分布能与所考察的事件的结果相联系,也就是事件发生的可能性完全不可知。

不确定性理论最早源于物理学家对世界和宇宙的探讨,是德国物理学家维尔纳·海森堡首先提出的。不确定性是客观存在的,近年来它成为系统科学、管理科学、工程科学、信息科学等诸多领域的研究前沿，不同的学科对不确定性的概念有不同的阐释与理解。例如，不确定数学是数学学科对不确定性认识的发展，把不确定性区分为随机性、模糊性和区间性等，并建立了相应的理论及模型，包括概率论、随机过程、模糊数学、灰数等。系统理论认为，不确定性是一个动态概念，它是从未来着眼说明事物的属性或状态是不稳定和无法确定的，处于现在某一时间点的人无法对下一时间点的人、事件乃至整个世界进行准确的预测，主要包含复杂系统、灰色系统和模糊系统的研究。而组织理论对于不确定性的定义存在主观感知与客观存在的问题，它既用于组织环境状态的描述，又用来描述人的一种缺少有关环境的关键信息的状态。经济学家认为不确定性是指人们缺乏对事件基本性质的知识，对事件可能的结果知之甚少，难以通过现有理论或经验进行预见和定量分析。

针对具体问题，不确定性的表现形式多种多样，例如，针对可耗竭资源市场，可以将不确定性问题分为资源供给、资源需求、资源价格、资源政策和市场结构五个方面，如图 1-3 所示。

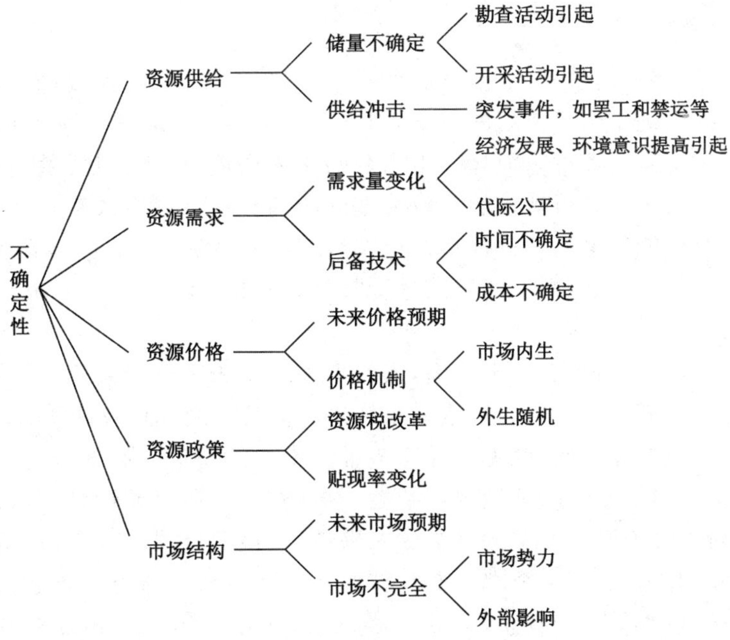

图 1-3　可耗竭资源市场中的不确定性

② 不确定性的分类

第一，由系统与环境关系看，不确定性分为外生不确定性和内生不确定性。

外生不确定性指与系统本身无关的不确定性，如天气情况对飞行器设计来说属于外生不确定性，世界地缘政治变化对一国能源供需系统的影响属于外生不确定性；内生不确定性是与系统本身有关的不确定性，如组织内部的人事变动情况属于组织系统的内生不确定性，新能源领域的技术突破属于能源系统的内生不确定性。一般来说，内生和外生不确定性是相互作用的，如一国的石油供给系统由于外部供给中断（外生）而催生替代能源技术（内生）的快速发展，一座建筑物由于施工过程中的偷工减料（内生）和意外的地震（外生）的联合作用而倒塌。

第二，从不确定的程度上看，不确定性可分为四个层次：环境前景清晰明显、环境前景有几种可能、环境前景有一定范围、环境前景不明确。

不确定性具有的层次性说明其本身包含着一定程度的确定性，因此，面对不确定的环境要避免一种非黑即白的态度：或者低估环境的不确定性，轻率地做出预测或决策；或者高估环境的不确定性而摒弃所有分析，单凭直觉做事。

③ 不确定管理的基本方法

在不确定管理中，通过预测环境可能出现的结果的变化范围，确定环境变化的不确定层次而采取不同的对策。

a. 点的分析方法

在第一层次上，环境前景清晰明显，不确定性与进行战略决策是无关的，虽然系统环境是不确定的，但预测可以精确到单一战略方向。点的分析方法可概括为两类：静态平衡点的选择，管理学中的盈亏平衡法、博弈论中的纳什均衡属于此种类型；动态最优点的选择，经济学中市场价格上下波动分析属于此种类型。

b. 线的分析方法

在第二层次上，环境前景有几种可能，前景可以描述成一些可能的结果或离散的情境。线的分析方法有助于确定结果出现的概率，但不能确定一定会出现何种结果。

针对该层次的不确定性可以设计一组离散的未来情境，而不能用围绕单一基线模型进行敏感度分析的方式进行分析评价。比较典型的线的分析方法有决策树法和趋势分析法。前者在确定每一个可能结果的评价模型及概率后用典型决策分析框架来评价候选方案固有的风险和收益；后者用最小二乘法的思路进行趋势分析和预测。

c. 面的分析方法

在第三层次上，环境前景有一定范围，人们可以确定未来可能发生变化的范围，所以称为“面”的分析。由于面的分析可以确定未来结果的大概范围，即变动区间，却不可能确定所有未来情境和相关概率，所以也就无法计算各种方案的期望值。面的分析对未来结果的确定是一种技巧。首先，由于未来情境的复杂性会影响决策，所以要设计有限的未来情境；其次，要避免设计对于决策没有意义的多余的未来情境；最后，设计一组未来情境只需说明未来结果的大致变动范围，而不是全部的变化范围。面的分析方法有定性和定量两种。定性分析方法有优势、劣势、机会、威胁（strengths，weaknesses，opportunities，threats，SWOT）分析法等；定量分析方法有求解线性规划的最优解区等。

d. 体的分析方法

在第四层次上，环境前景不明确，影响因素是多维因素，其内在联系错综复杂，还会随时间的推移而不断变化。处理这种情况的基本方法是降维法，通过分析，抓住关键因素，以求纲举目张。体的分析，首先，要进行系统整体分析，明确系统目标，建立整体的思维框架。其次，对有关因素的多维关系进行归纳，以简化复杂的因素关系，进一步明确分析思路的重点。最后，分析重点因素与非重点因素变化的规律。

环境不确定问题已经引起越来越多的关注，20 世纪 90 年代在美军中出现了一个新的概念——VUCA，它是指组织将处于不稳定的（volatile）、不确定的（uncertain）、复杂的（complex）和模糊的（ambiguous）状态之中。VUCA 的概念最早是美军用来描述冷战结束后的越发不稳定的、不确定的、复杂的、模糊的世界。随后，VUCA 被战略性商业领袖用来描述已成为新常态的、混乱的和快速变化的商业环境。近年来，这一概念也被国内许多学者讨论并接受，成为人们描述环境不确定的术语。

3. 系统的功能

(1) 系统功能的概念

任何系统都有一定的功能，系统的功能反映系统与外部环境的关系，能表达系统的性质和行为。系统功能体现了一个系统与外部环境之间的物质、能量和信息的输入与输出的转换关系，如图 1-4 所示。以组织系统为例，在给系统输入一定的物质、能量和信息后，经过组织系统的转换，能生产出质量高、品种全、数量多的产品，就说这个组织系统的功能良好。

图 1-4　系统功能示意图

系统整体与环境相互作用所反映的能力称为系统的功能。其中，系统整体对外在环境的作用或影响称为系统的外部功能，简称外功能；系统整体对内在环境的作用或影响称为系统的内部功能，简称内功能。一个系统的内外功能是相互作用的：一般内部功能是外部功能的基础，内部功能的状况决定着外部功能的状况；外部功能的发挥会刺激内部功能的提高和进一步完善。表 1-1 列出了几个现代系统及其主要输入、转换和输出。

表 1-1　复杂系统的输入、转换和输出

系统	输入	转换	输出
客机	旅客和燃油	燃烧和推动力	被运送的旅客
气象卫星	图像	数据存储传输	编码的图像
炼油厂	原油、触媒和能源	裂解、分离和混合	汽油、油产品和制品
火力发电站	燃煤、水和能源	电力生产、调节	交流电
机场空中交通控制系统	飞机塔台响应	辨识跟踪	身份、空迹、通信
机票预订系统	旅客要求	数据管理	预订机票
飞机机翼装配厂	机翼零件和能源	操作、连接和修整	装配好的机翼

(2) 系统功能的基本特点

根据 $F_{总} > F_1 + F_2 + \cdots + F_n$，即系统的总体功能大于各组成部分功能的简单相加的基本要求，系统功能具有以下几个特点。

① 系统功能具有易变性。

系统功能与系统结构相比是更为活跃的因素。一个系统对外部环境发挥功能总要遵循一定的规律，随着环境条件的改变，将相应地引起系统功能的变化。一个系统的结构在一定范围内总是稳定的，但功能则不同，只要环境的物质、能量、信息交换有所变动，系统与环境的相互作用过程、状态、效果就会发生变化。

系统在发挥功能的过程中，会随着环境条件的变换而相应地调整它的程序、内容和方式，不断地促进系统结构的变革，以使系统不断地获得新的功能。

② 系统功能具有相对性。

功能关系和结构关系在一定条件下可以互相转化。在一个大系统内部，其要素之间的相互作用本来属于系统结构关系，但如果把每个要素或子系统作为一个系统整体来考察，则子系统之间的相互作用又转化为独立子系统之间的功能关系。

③ 系统功能的发挥需进行有效的控制。

在功能管理的活动中，要有监督和控制的管理机构。管理机构的主要任务是对管理对象进行调查(或测定)，求出该对象所表示的状态和输出的管理特征值，并与管理目标相互比较，通过比较找出差距并进行判断，必要时可采取适当的行动。有效的控制要求有预见性、全面性和及时性。

(3) 功能方法

系统的功能反映了系统与环境的关系，功能方法是从研究系统与环境的相互关系中把握系统的能力和行为的方法。它包括功能分析方法、功能模拟方法和黑箱方法等。

① 功能分析方法，分为要素-功能分析法和环境-功能分析法。通过对系统要素的数量和质量的分析来研究系统功能的方法，称为要素-功能分析法。系统是由要素构成的，不同的要素构成不同的系统，因此，在对系统进行功能分析时必须研究要素对系统功能的影响。要素的数量和质量决定系统功能的差别，并影响系统的功能。

分析环境对系统功能的影响，以及系统功能随着环境变化而变化的方法，称为环境-功能分析法。环境的不同会引起系统功能的变化，影响系统功能的发挥。通过这种相互关系的分析，可以改善环境，充分发挥系统功能的作用；同时，为了适应环境而不断变换系统功能，可使系统功能达到最优。

② 功能模拟方法：在对系统内部结构不能完全了解的情况下，根据功能具有相对独立性的特性，以功能相似为基础，用模型再现原型的方法，称为功能模拟方法。这种模拟的特点是不要求在要素或结构上与原型相同，仅要求模型与原型在外部功能行为方面类似。功能模拟方法最成功的例子就是用电子计算机对人脑的部分思维的模拟。

③ 黑箱方法，就是对内部要素和结构完全不了解，只能根据其功能进行识别。黑箱方法就是通过考察和测定系统的输入与输出及其动态过程，来研究系统的行为和功能以及内部结构与机理的方法，也就是通过考察系统的输入、输出及其动态过程，不打开黑箱来认识黑箱。

根据研究对象的不同，黑箱方法可分为特大黑箱方法和部分可察黑箱方法。把一组黑箱联合起来，构成一个更加复杂的系统，这就是一个特大黑箱系统。对每一个黑箱进行分析，得出它的标准表达式，再将它们综合起来，形成新的系统，求得新系统的特性，这种方法称作特大黑箱方法。特大黑箱方法一般用于具有较多变量的复杂的大系统。如果知道了部分系统的性质，但是其他部分性质仍然未知，这样的系统称为部分可察黑箱(或称灰箱)。对这个灰箱的认识，主要是了解未知部分。如果运用已掌握的某种知识去预测灰箱中的未知部分，使其转化为已知，这样，整个系统就成为可预测的了，该方法称为部分可察黑箱方法，也称为灰箱方法。

因此，黑箱方法实质上是一种研究系统的思想方法。其特点是撇开系统内部状况(结构、状态)，只是从其功能上认识它的性质。随着科学技术的进步和人们对自然界认识的发展，原来的黑箱会逐步变为灰箱、白箱。

对于系统结构与功能的关系，结构是系统的内在根据，功能是要素与结构的外在表现。一定的结构总是表现出一定的功能，一定的功能总是由具有一定结构的系统实现的。因此，系统的结构和功能是相互依存的，没有无结构的功能，也没有无功能的结构。通过系统结构的变化来分析系统功能的方法称为结构功能方法。

系统结构说明的是系统的内部状态和内部作用，而系统功能说明的是系统的外部状态和外部作用。功能是系统内部固有能力的外部表现，它归根结底是由系统内部结构所决定的。系统功能的发挥，既有受环境变化制约的一面，又有受系统内部结构制约的一面，这体现了系统功能对结构的相对独立性和绝对依赖性的双重关系。

系统的结构决定系统的功能，结构的改变必然引起功能的改变。结构对功能起决定作用，有以下两方面的原因：第一，结构使系统形成了不同于它的诸要素的新质，系统的各个要素在相互联系、相互作用中，交流和交换着物质、能量与信息，这样就使系统整体出现了其要素所没有的新质，在新质的基础上，系统整体获得了新的功能；第二，组成要素的行为在一定约束条件下和协同作用下决定系统的功能，而“约束”和“协同”是由系统结构所赋予的。

功能对结构具有相对独立性，同时还对结构具有巨大的反作用。功能在与环境的相互作用中，会出现与结构不相适应的异常状态，当这种状态维持一定时间后，就会刺激结构发生变化，以适应环境的需要。

利用结构功能方法对结构和功能进行分析时，有四种情况：不同的结构产生不同的功能和功能效率；结构不同，功能相同；结构相同，功能不同；结构相同，功能相同。

系统结构与功能的关系除了从静态方面加以理解，还应进一步了解结构与功能的动态变化规律。

1.1.3 系统的分类

系统工程以系统为研究对象，而系统在自然界和人类社会中是普遍存在的。客观世界存在着各种各样的系统。为了了解系统的性质，需要对系统存在的各种形态加以研究。

按不同的原则可将系统划分为各种不同的类型。

1. 自然系统与人造系统

从组成要素的性质看，系统可划分为自然系统与人造系统。自然系统是由自然物所组成的系统，它的特点是自然形成。自然系统一般表现为环境系统，如海洋系统、矿藏系统、植物系统、生态系统、原子核结构系统、大气系统等。人造系统是为了达到某种目的而由人类设计和建造的系统，像生产系统、科学技术系统、军事系统、煤矿生产系统、管理系统等。人造系统一般包括三种类型：一是由人们从加工自然物中获得的零部件装配而成的工程技术系统；二是由一定的制度、组织、程序等所构成的管理系统；三是根据人们对自然现象和社会现象的科学认识所创立的学科体系和技术体系。

实际上，大多数系统是自然系统与人造系统相结合的复合系统。了解自然系统的形成及规律，是建立人造系统的基础。从人类发展的需要看，其趋势是越来越多地发展和创立更新的人造系统。但是大量无序的人造系统的发展，也打破了自然系统的平衡，使自然环境（大气、生态、海洋）系统受到极大破坏，造成严重的生态及环境污染，甚至给人类的生活和生存带来威胁和危机。因此，近年来系统工程已越来越注重从人类与自然的关系中来研究、开发、建造人造系统。

2. 实体系统和概念系统

从物质和精神的角度，系统可划分为实体系统和概念系统。实体系统是以矿物、生物、能源、机械等实体组成的系统，系统的组成要素是具有实体的物质。这种系统是以硬件为主体，以静态系统的形式来表现的，如人机系统、机械系统、电力系统等。概念系统是由概念、原理、原则、方法、制度、程序等观念性的非物质要素所组成的系统，它是以软件为主体，以依附于动态系统的形式来表现的，例如，科学技术理论、工程设计思想、计算机程序、法律法规、研究报告等，均属概念系统。

在实践中，实体系统和概念系统在多数情况下是相互结合、密不可分的。系统不仅具有实体部分，而且还必须有赖以形成的概念部分。如矿井生产系统是实体系统，而为实现矿井生产而提供的方案、计划、程序就是概念系统。实体系统是概念系统的基础，而概念系统又往往为实体系统提供指导和服务。

3. 动态系统和静态系统

从物体的运动状态上，系统可划分为动态系统和静态系统。动态系统是系统状态变量随时间而改变的系统，即系统的状态变量是时间的函数。它有输入和输出及转换过程，一般都有人的行为因素在内，如生产系统、社会系统、交通运输系统就是典型的动态系统。反之，系统的状态变量不随时间而改变，而是具有相对的稳定性，我们把具有这种性质的系统叫作静态系统，如车间平面布置系统、城市规划布局等。

严格来说，静态系统是难以找到的，只是某些系统在考察期间，其内部结构参数随时间变化较小，或者为研究方便，我们忽略了结构参数的改变，而将其视为相对的静态系统。如上述的城市规划布局，在一定时期内可认为城市规模、布局不变，可将其看作静态系统。

4. 开放系统和封闭系统

开放系统是指与外界环境之间有物质、能量或信息交换的系统，其最重要的特性就是在同环境进行物质、能量和信息的交换过程中，能保持自身的有序性和自组织性。如生命系统，就是通过新陈代谢来维持有机体的存续和发展的。封闭系统则相反，即系统与环境互相隔绝，它们之间没有任何物质、能量和信息交换。

当然，真正的封闭系统在客观世界中是不存在的，只是为了研究的需要，把一个实际系统近似地看成封闭系统。

除以上分类之外，还有很多其他分类方法，如按研究对象可把系统分为不同的对象系统，如教育系统、煤矿系统、电力系统等；按人对系统的认识程度可分为白色系统、黑色系统和灰色系统；按系统内部结构、形态分为线性系统与非线性系统、确定性系统与随机系统，还有因果系统与目的系统、控制系统与行为系统等。

1.2 系统工程的概念及特点

1.2.1 系统工程的概念

用定性与定量相结合的系统思想和方法处理大规模复杂系统问题，无论是系统的设计或建造，还是系统的组织、经营管理，都可以统一地看作工程实践，统称为系统工程。

系统工程是以系统为研究对象的工程技术，它涉及“系统”与“工程”两个概念。在前面的讲述中我们已经了解到，系统是由两个或两个以上相互关联的要素所构成的具有特定功能的整体。

传统意义上的“工程”，是指把科学技术的原理应用于实践，设计与制造出有形产品的过程。系统工程学中的“工程”概念，不仅包含“硬件系统”的设计与制造，而且包含与设计和制造“硬件系统”紧密相关的“软件系统”，诸如预测、规划、评价、决策等社会经济活动过程，即无论是系统的设计或建造，还是系统的组织、经营管理，都将其看作工程实践，这就扩充了传统“工程”的含义。这两个侧面有机地结合在一起，即为系统工程。

系统工程是多学科的高度综合，它的思想和方法来自各个行业与领域，又综合吸收了相邻学科的理论与工具，由于侧重点的不同，国内外研究者对系统工程的理解不尽相同，这里列举一些组织和专家的看法：

“系统工程是组织管理系统的规划、研究、设计、制造、试验和使用的科学方法，是一种对所有系统都具有普遍意义的方法。”简言之，“系统工程是一门组织管理的技术”。

“系统工程是为了更好地达到系统目标而对系统的构成要素、组织结构、信息流动和控制机理等进行分析与设计的技术。”

“系统工程是研究许多密切联系的元件组成的复杂系统的设计科学。设计该复杂系统时，应有明确的预定目标与功能，并使各元件以及元件与系统整体之间的有机联系配合协调，以使系统总体能达到最优目标。但在设计时，要同时考虑参与系统中的人的因素与作用。”

“系统工程是为了研究由多数子系统构成的整体系统所具有的多种不同目标的相互协调，使系统的功能达到最优化，最大限度地发挥系统组成部分的能力而发展起来的一门科学。”

“系统工程与其他工程学不同之处在于它是跨越许多学科的科学，而且是填补这些学科边界空白的一种边缘科学，因为系统工程的目的是研究系统，而系统不仅涉及工程学的领域，还涉及社会、经济和政治等领域。为了适应解决这些领域交叉的问题，除了需要某些纵向的专门技术外，还要有一种技术从横的方向把它们组织起来，这种横向技术就是系统工程，也就是构建系统的思想、技术、方法和理论等的总称。”

综上所述，系统工程可看作一门纵览全局、着眼整体，综合运用各门学科的思想与方法，从不同方法和视角来处理系统各部分的协调与配合，借助数学方法与计算机工具，来规划、设计、建造及运行整个系统，使系统达到综合最优的学科。

一般工程的理论内容限于特定的研究对象，着眼于工程技术的合理性，如性能、结构、设备效率等。系统工程则从总体的优化出发，考虑功能、协调、规则、总体效率等组织管理问题和综合效果。从涉及的科学知识看，一般工程需要逻辑思维、普遍科学定律及专业工程知识。系统工程则是由系统观点、科学知识、现代科学方法、数学方法、计算机技术和传统工程技术相互渗透综合而形成的一个大门类的工程技术，从而最大限度地发挥系统各组成部分的功能并达到整体最优。

在科学技术的体系结构中，系统工程属于工程技术。系统工程不是一类系统的组织管理技术，而是各类系统组织管理技术的总称。因处理的系统性质不同，系统工程有许多分支，如以生产企业或企业体系为研究对象的经济系统工程、以行政体系的组织运转为研究对象的行政系统工程、以科学技术的组织管理为研究对象的科研系统工程、以军事的组织指挥为研究对象的军事系统工程等。

各类系统工程的共同特点在于:把定性与定量相结合的系统思想和方法应用于组织管理的工程实践,寻求实践效果的优化。

1.2.2 系统工程研究内容

从系统工程学的组成来看,它包括三个方面的内容。

1. 系统思想或系统观点

系统思想或系统观点是将研究对象作为系统来考虑,找出相关要素及外部环境,设定系统的总体目标,进行系统分析后,改变系统的输入变量,以求获得系统的最优输出。系统思想的核心是建立系统的整体最优及平衡协调。

2. 系统工程的程序体系

系统工程的程序体系,即在解决一个具体问题时,要求把系统建立或改善的过程分成几个步骤,每个步骤又按一定的程序展开。系统程序包括两个方面:一是解决系统问题的工作步骤,包括系统规划、设计、建造、试验、运行和更新等从系统设想到具体实现的全部过程;二是解决实际问题的思考过程,由问题出发,包括建立概念系统、系统分析、系统的建模与仿真、系统评价及决策的逻辑过程。从系统工程的思维过程到实际工作程序,二者相互渗透,完成从系统构想到最终问题解决的全过程。

3. 系统工程的方法

分析系统现象或解决系统问题时,建立了系统的指导思想,并明确了系统工作步骤,但在具体的系统分析及问题解决时,还需要利用系统工程的方法,即一些结构模型、数学模型或模拟模型等,例如系统的规划方法、系统的评价及决策方法、系统的网络优化、基于计算机的系统动力学及其他系统仿真模型等。

这样,通过上述系统工程的三个组成部分的处理,就能较好地分析及解决各种复杂系统的问题。从这个意义上说,系统工程是用来开发、运行、更新一个大规模复杂系统所需的思想、程序、方法的总和。

1.2.3 系统工程的特点

系统科学是跨越自然科学与社会科学的综合性的新学科,作为系统科学的工程技术层次,系统工程不仅涉及科学技术,还涉及经济、社会、心理等因素,所以系统工程的研究与应用,特别需要把自然科学与社会科学紧密地结合起来,从各门学科中吸取有用的东西,形成自己的思想和方法。

系统工程具有如下特点。

1. 问题导向及反馈控制

系统工程总是由问题出发,经过一系列分析过程后提出解决方案并实施运行,而问题的解决与否是选择方案是否有效的唯一依据,通过不断调整实施方案的参数,甚至更换新的备选方案,直到问题彻底解决为止,因此,问题导向及反馈控制是系统工程有效性的保障。

2. 研究对象的不明确性

一般工程学的对象,其目的、制约条件、建模仿真和评价决策的方法等都是比较清楚的。这一类的问题是结构良好的系统。与此相反,系统工程学的研究对象往往是结构不良的系统。因此，必须首先从设定问题开始，进行系统分析，从而寻求解决方法。即便如此，符合条件的可行解通常也不唯一，很难求出最优解，只能从可行解中求出满意解。

3. 以系统整体最优为目标

系统作为一个整体，其外部表现才是系统区别于其他系统的主要标志，而系统之所以称为系统，也正是由于具备了整体性，所以，进行系统分析时，将系统的整体放在第一层次，而系统的要素放在第二层次，即系统的观点是系统工程的前提。

因此，系统中各个要素的最优往往不能导致系统的最优，更重要的是，系统各要素协调配合，有效联系，充分发挥系统各要素的作用，使得系统总体达到最优。总体最优及系统要素的平衡协调是相互一致的，即综合最优化。

4. 多种方法的综合运用

随着科学技术的发展，技术手段不断更新，系统方法也更加多样。多种方法的综合运用是解决问题的有效手段，要将系统工程的方法和具体工程技术结合起来，运用各学科的最新成果，采用定性分析与定量计算相结合的方法，研究系统的整体与部分、系统与环境之间的关系与协调，提出最优方案，在实践中，力争实现系统整体最优的效果。

系统工程虽然是一门工程技术，但它与常规工程有着显著的区别。机械工程、土木工程、水利工程、电力工程、冶金工程、化学工程等，都有其特定的工程物质对象。然而，系统工程并不局限于某一特定对象，它具有多学科综合性的特点，不仅可应用于自然科学，而且也适用于社会科学等领域，可以包括自然生态系统、社会经济系统、经营管理系统、军事指挥系统等。

现代数学方法和计算机技术，通过系统工程，为社会科学研究增加了定量化的模型与仿真方法，系统工程为自然科学的工程技术人员和社会科学的研究人员间的相互合作开辟了广阔的道路。

1.3　系统工程的理论基础

作为一门综合性很强的交叉学科和横断学科，系统工程与主要学科间有着丰富的联系，如图 1-5 所示。

作为重要的学科基础，系统工程的产生与发展离不开一般系统论、信息论、控制论、运筹学、耗散结构理论、协同学理论、混沌系统理论以及突变理论等相关学科的发展与渗透，系统工程从这些学科中汲取思想的营养，提炼科学的方法，形成科学的理论。

1.3.1　一般系统论

一般系统论是系统工程的重要理论基础。一般系统论的创始人是美籍奥地利生物学家贝塔朗菲，他首次提出了系统论的思想，并于 1937 年提出了一般系统论原理，为系统论奠定了理论基础。他还提出了“机体系统论”的概念。他认为，生命有机体具有以下一般特征：① 开放性，生物体是一种开放系统，不仅生物体各组成部分之间存在相互作用，而且更重要的是与环境发生相互作用；② 整体性，生命体是一个有机的整体，各部分离开整体是不能存在的；③ 动态性，生物体结构是一种动态结构，每时每刻都在进行新陈代谢，并经历生长、衰老、死亡等阶段；④ 能动性，生物体是一个能动系统，具有应激性，如心跳、呼吸等生理机能

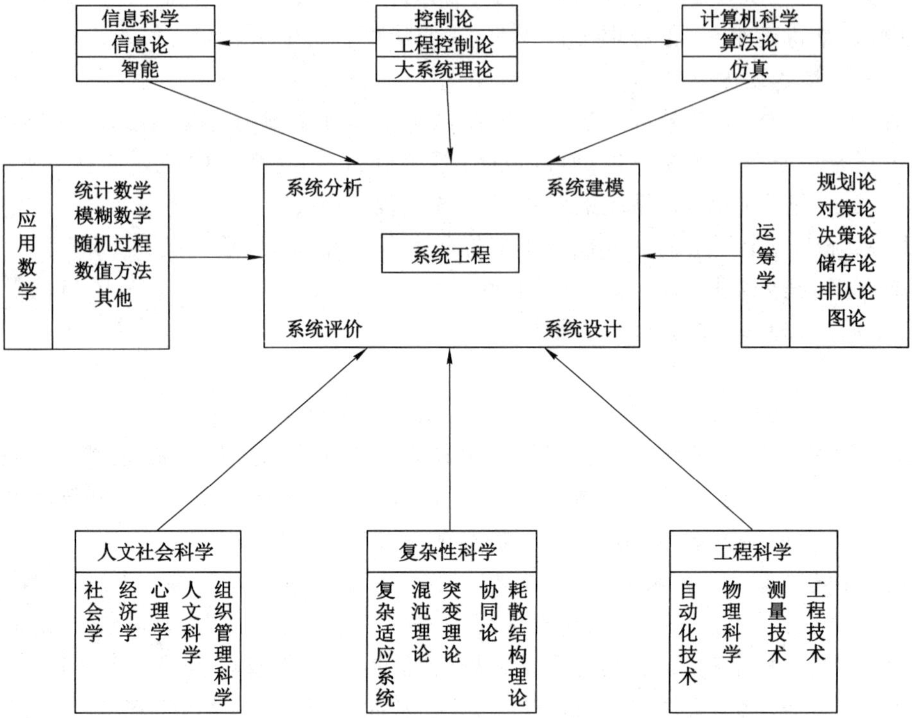

图 1-5　系统工程与主要学科间的联系

不是对外界刺激的反应，而是维持生存的内在要求的实现；⑤ 等级性，生物组织具有群体、个体、器官、多细胞组织、细胞、基因、物理化学层次。贝塔朗菲的思想构筑了一般系统论的基本内核，后来为了解释更一般的现象，他把“机体”这个术语改为“有组织的实体”，并逐步形成了系统论的纲领。

1.3.2　信息论

最早指出有关信息问题的学者是奈奎斯特(Nyquist)等，他们指出，信息的传输速率与信道的频带宽度呈比例关系。哈特莱(Hartley)进一步深化了前人的研究工作，他在《信息的传输》一文中首次提出了“信息量”的概念。1948 年，美国应用数学家香农(Shannon)发表了《通信的数学理论》一文，标志着信息论逐渐形成了一门较为完整的理论。

信息论是用数学方法研究信息的计量、传递、变换和储存的一门学科。作为信息论的基础，香农信息论主要是从随机变量出发来研究信息特性和信息传递的一般规律的，着重研究信源、信道、信宿以及编码问题。例如，信源包含多少信息，怎样定量地描述它；信宿能否有效地获得发信端发出的信息；信道容量有多大，即信道最多能传送多少信息；怎样编码才能使信源的信息充分表达、信道容量被充分利用，这些编码、译码的方法是否存在；等等。

近半个世纪是信息论快速发展的时期，不仅信源、信道、编码等方面的基础性研究不断深化，而且也促进了语言学、社会学、物理学、心理学、生物学、计算机科学、控制论、系统科学等学科的发展。并且，这些学科与信息论相互渗透，不仅丰富了信息论的内容，同时也推进了许多新兴学科的产生与发展。

1.3.3　控制论

控制论是 20 世纪 40 年代产生的对人类社会影响广泛、深远的学科分支，被视为人类社会的最大成就之一。第二次世界大战期间，自动化技术、导弹技术和电子计算机技术的发展，要求自然科学在理论上进行科学的总结和研究。在这种背景下，以美国数学家 Wiener（维纳）为首的一批科学家，通过总结前人的经验，针对充满矛盾性、不定性和关联性的客观世界，在深刻揭示信息、反馈、通信、控制、系统、平衡、因果、稳定、有序、组织等一系列科学概念的本质联系和普遍性的基础上，创立了控制论。

控制论是研究生命系统和非生命系统以及与两者均有关的社会经济系统内部通信、控制、调节、组织、平衡、稳定、计算及与周围环境相互作用或反馈的各种自然科学和社会科学的统一的科学方法论。作为一门具有普遍性的边缘性学科，控制论使人们第一次有可能把物质世界和非物质世界、有生命和无生命过程的动态并联作为整体加以研究。控制论自从产生以后，即以其强大的生命力活跃于自然科学和社会科学的各个领域，在工程技术、生物、经济、社会等需要和可能进行控制的领域得到了广泛的应用。

1.3.4　运筹学

运筹学是第二次世界大战期间在英国首先出现的。为了帮助参谋人员研究新的反空袭雷达控制系统，1940 年 8 月在 Blackett（布莱克特）的带领下，成立了由物理学家、数学家、生理学家、天文学家、军官等组成的研究小组。他们成功地研究了飞机出击的时间和队形、商船护舰的规模、水雷的布置、对深水潜艇的袭击以及战略轰炸等大量实战问题，并取得了异常显著的效果。美国也成立了类似的小组，这些小组在战争期间解决了许多战略战术问题。第二次世界大战以后，从事这项活动的许多专家转到了非军事部门，使这项活动有了新的发展，运筹学就是在这样的背景下逐步形成和发展起来的。

运筹学一般通过模型化的方法，将一个已确定研究范围的现实问题，按提出的预期目标，对现实问题中的主要因素及各种限制条件之间的因果关系、逻辑关系建立数学模型，通过模型求解来寻求最优方案，为决策提供依据。运筹学为系统工程解决复杂问题提供了一系列优化技术与实现手段，迄今为止，运筹学中的许多内容仍然是系统工程工作者所关注的重要方面。运筹学的主要分支有线性规划、非线性规划、整数规划、动态规划、排队论、储存论、网络与图论、对策论（博弈）等。

1.3.5　耗散结构理论

耗散结构理论由比利时布鲁塞尔学派科学家普里高津提出。他认为，一个远离平衡态的开放系统，通过不断地与外界环境交换物质和能量，在外界条件的变化达到一定的阈值时，由于非线性的复杂因素而出现涨落（系统的非稳定状态），系统会突然出现以新的方式组织起来的现象，产生质变，从原来混沌无序的混乱状态，转变为在时空上或功能上的有序状态。他把这种关于在远离平衡态情况下所形成的新的、稳定的有序结构的理论命名为“耗散结构理论”。他还进一步证明了耗散结构形成的条件，他认为，要形成耗散结构，首先，系统必须是远离平衡态的开放系统，不断与外界大量交换能量与物质，来维持系统形成新的有序结构；其次，系统必须进入远离平衡态的非线性区域；最后，还要有涨落的触发。涨落是微小的波动或干扰。在线性区，涨落被消耗掉，几乎没有什么作用，而在远离平衡的非线性区临界点附近，微小的随机扰动会得到放大，成为一个"巨涨落"，触发系统跃迁到一个新的稳定的有序状态而形成耗散结构。

耗散结构理论不仅发展了经典热力学与统计物理学，而且还推进了理论生物学的发展，为系统有序结构的稳定性提供了严密的理论根据。

1.3.6 协同学理论

与耗散结构理论一样，协同学也是研究一个系统如何自发地形成有序结构的。德国物理学家哈肯在20世纪60年代研究激光理论的基础上，提出了协同学的微观理论，并出版了专著《协同学导论》，后又出版了《高等协同学》。作为系统理论新的分支，协同学是关于"协同工作"的学问。它研究系统的各个部分如何通过非线性的相互作用产生协同现象和相干效应，形成系统在空间上、时间上或功能上的有序结构。例如，在外界能量达到一定的阈值时，激光器就会发出相位和方向都整齐一致的单色光（激光），激光的产生就是一种典型的协同行为。

协同学认为协同导致有序，在影响系统行为的若干个变量中，大多数变量在系统受到干扰而波动时，总是力图使系统回到原先的稳定状态，它们起阻尼作用，且衰减很快，对系统发生结构性转变的过程没有大的影响，称这类变量为快弛豫变量或快变量。而另外一些为数极少（往往只有一个或几个）的变量，则在系统受干扰而波动时，使系统偏离稳态，走向非稳态，或进入新的稳态，它们始终左右着演化的进程，决定着演化结果的结构与功能，称为慢弛豫变量或慢变量。哈肯定义慢变量为表示系统有序程度的序参量。如果系统处于完全无序的混沌状态，其序参量为零；在接近临界区时，序参量迅速增大；进入临界区，序参量达到最大值。它主导着系统出现新的有序结构。

哈肯认为，快变量服从慢变量，序参量支配着子系统的行为。这个观点也称为伺服原理或支配原理。当系统处于阈值时，系统的有序结构形成的速度很快，外界对系统的影响很小，可予以忽略。多个序参量之间的关系是既协作又竞争。在不同的外部条件下，竞争与协作的结果是形成一种有序结构。

涨落是系统形成有序结构的内部决定性因素。与耗散系统一样，通常系统的随机涨落对系统的演化基本上不起作用，但在临界区涨落得到放大，触发系统形成新的有序结构，进入新的稳定平衡状态。

协同学自从产生后，在物理学、化学、生物学、经济学、管理学和社会学等学科领域得到了广泛应用，并推动着系统工程的发展。

1.3.7 混沌系统理论

混沌是一种确定性系统内在的随机性。混沌现象广泛存在于自然界和社会经济系统之中，人们很早就注意到混沌现象，如在激光系统中，当输入功率增大到使脉冲光失稳后，会出现混沌运动的紊光。在贝纳尔对流系统中，当上下温差增大到使滚筒式运动体制失稳后，就会出现混沌运动体制。尽管许多领域的专家学者从不同的角度研究过混沌现象，但直到20世纪70年代中期，混沌理论才初步建立。在科学史上，决定论与非决定论进行着长期的争论，混沌则把决定性系统内在随机性表象联系在一起，使人们在那些以前令人迷惑甚至望而生畏的混沌现象中，发现了许多出乎意料的规律，为系统科学特别是系统演化提供了新的思想和方法，有着重要的理论意义和实用价值。

混沌是在确定性的发展过程中产生出来的一种随机运动。它不是简单的无序状态，在“杂乱无章”的运动中又包含普适常数，包含自相似性。在应用科学领域，最早从确定性方程发现混沌现象的是美国麻省理工学院的气象学家洛伦佐，他偶然发现，在一个特定的方程组中，极小的误差可能导致灾难性的后果，其原因在于蝴蝶效应，即有些系统的稳定极端决定于初始条件的敏感性。通过对混沌现象的研究，人们深化了对系统及其演化方式的认识，有序与无序不是绝对的，是可以互补的，混沌也是一种正常状态。哈肯认为，任何系统，当外界的控制不断改变时，大多会经历从无序到有序，再从有序到混沌的过程，即出现无序（混沌）到有序再到无序的循环。

1.3.8　突变理论

突变理论既是系统学的一个分支，也是数学的一个分支，它以不连续现象为研究对象。突变现象广泛地存在于自然、社会、经济和生活之中。例如，物理学中的相变、地震的爆发与火山的喷发、楼房的突然倒塌、经济危机、政治危机、生物体的病变等都是突然发生的现象。由于这些突变都是事先难以预料和把握的，它们的发生对于原先系统及环境的影响是巨大的，可能带来灾难性的后果，也可能带来积极的后果。

法国数学家托姆创立了突变论。这开拓了人们认识系统突变现象的眼界，使人们科学地预测和恰当地处理突变现象的可能性大大增加。

突变论认为突变现象的本质是系统从一种稳定状态到另一种稳定状态的跃迁。因此，系统的结构稳定性是突变理论的研究重点。

1.4　矿业系统工程

1.4.1　矿业系统工程形成与发展

矿业是发展国民经济的基础工业，它包括了各种有益矿产资源的开发，如有色金属矿、黑色金属矿和煤炭等非金属矿。这些矿产资源的开发虽从矿床赋存条件和开采技术上都有其特点，但从矿山整体系统的组建、运行和管理的全过程，以及从矿山开采的许多技术问题上看，它们都有共同的特征和相似的性质。因此，在研究矿业有关部门的系统工程问题时我们把它们归类于一个统一的门类——矿业系统工程。

矿业系统工程是系统工程的一个分支。矿业系统工程是系统工程的理论和方法在矿山上的应用，即运用系统观念和系统技术科学的理论和方法，以电子计算机为工具，研究矿业部门各层次系统的组建、运行和管理问题，以求达到系统的总体效益最佳。

矿山工程学的特点有别于其他工程学科，这就决定了矿业系统工程区别于其他系统工程，其特点如下。

（1）矿山开采的工作地点是不断推移变化的，即一个矿山开发的全过程是一个时序发展过程。所以矿业系统工程的对象系统是一个时序变化的系统，也就是说，系统的结构、规模和状态随时间变化而变化。这个特点说明矿业系统是一个时序变化的动态系统，这使得矿业系统工程具有更大的综合性和复杂性。

(2) 矿山工程的主要对象是地下矿物资源，而矿物资源在地下的赋存状况和围岩条件是变化的。为此，对它们的认识和掌握要在矿山开发各个发展阶段不断加深，这就要求进行地质勘探工程和基建工程。这个多变的自然系统既是采矿工程的对象，又是进行工程活动的环境。由此可见，矿业系统工程研究和处理的对象系统是一个随机性很强、多变的人工自然复合系统，因此，矿业系统工程的特点之一是要综合运用多种方法，包括处理随机性和模糊性问题的定量和定性方法，来处理这个特殊的人工自然系统问题。

(3) 矿业开发受到地理位置、交通运输条件、水源和电源、气候、环境保护等多种因素的影响，同时又涉及一系列其他辅助企业的组建问题。就矿山内部来说，它是一个庞大的由多个子系统组成的复杂的人工自然大系统。这个特点决定着矿业系统工程所要解决的是一些复杂的多目标、多方案的系统决策问题。

上述矿业系统工程的特点说明它处理的对象系统是复杂的多变的人工自然大系统，要综合运用多种定量、定性的方法和手段进行多方案比较来解决系统分析与综合问题。单纯依靠定量的数学方法来处理矿业系统工程问题是难有成效的。

矿业系统工程的形成是以 20 世纪 60 年代初期运筹学和电子计算机技术被广泛引入矿业领域为主要标志的。矿业系统工程经历了 20 世纪 60 年代的起步形成，70 年代的应用扩展和 80 年代的广泛而深入的发展。现在矿业系统工程的发展从深度和广度上进入了成熟阶段。在矿业领域，应用系统工程的理论和各种定量分析方法以及电子计算机技术有效地解决矿业组建、运行和管理问题已成为国内外矿业人士公认的事实，而且逐渐被许多从事实践工作的矿业工程师和管理者所接受。随着我国科技教育事业的蓬勃发展，系统工程和电子计算机技术等现代科学技术被广泛引入矿业工程界，开始了我国矿业系统工程的发展时期。中国煤炭学会和中国金属学会都成立了系统工程专业委员会。所有这些都标志着我国的矿业系统工程已步入广泛、深入的发展阶段。

应该指出，我国矿业界从事系统工程研究与应用的学者在我国著名学者钱学森同志的系统科学思想和现代科学技术体系结构的启示下，把国内外对于系统工程在矿业中应用的称谓澄清归类，即把“矿业系统分析”“矿业运筹学”“系统工程在矿业中的应用”“电子计算机技术和运筹学在矿业中的应用”等称谓统一归类于系统工程的一个分支——矿业系统工程。

1.4.2 矿业系统工程应用范围

矿业系统工程主要在以下范围内用得比较广泛。

1. 地质勘探方面

包括区域资源评价、钻探网密度的确定和矿床模型建立等。

2. 矿区规划和矿山设计方面

矿区规划是一个复杂的大系统的规划问题，它涉及国民经济发展方针、部门和矿区所在地区的发展战略和发展规划等有关问题，以及一系列工程技术问题。但是，作为以资源开发为主的矿区来说，矿山工程本身的规划与设计是矿区规划的主体。

矿区规划和矿山设计中应用的系统工程方法主要有地质统计学方法、数学规划论、目标规划、系统预测技术、层次分析法、系统动力学、图论、随机过程模拟、网络技术等。

3. 矿山生产系统优化和生产过程模拟

相对矿山总体系统来说,矿山个别生产系统或生产过程具有规模小、结构简单和影响小等特点,但又具有影响因素多变、不确定性强和原始数据要求详细可靠的特点。这些特点一方面为系统工程和计算机技术建立提供了广阔的应用领域,另一方面又限制了一些数学定量分析方法的应用。

系统工程作为组织管理的技术,它在矿山生产与经营管理方面大有用武之地。它被引入矿山企业管理领域以后,大大促进了矿山企业管理科学化的实现,促进了以计算机技术建立为中心的管理现代化。

从使用的方法看,线性规划、动态规划、网络技术、计算机模拟技术和图论等应用较多。其中计算机模拟技术的应用占主导地位。这可能是因为矿山生产过程直接受多变的自然环境因素影响,带有很大随机性和模糊性,难以用严格的数学方法建立模型;另外复杂的严格的数学方法要求的精确原始数据在实际中不易得到,且模型的直观性差,难以为实际矿山工作者所接受和理解。而计算机模拟技术则比较直观、简单,求得的问题解是“满意解”,容易接受。由此可见,方法的实用性往往同它的数学复杂程度呈反比关系。在实际工作中,切忌片面追求模型和方法的数学复杂性,要从实际出发,根据问题的性质,力求以简单易行的方法来建模和解题。在解决矿山这类复杂的工程系统问题时,不应片面追求“最优解”,而力求得到“满意解”,这是实事求是原则的体现。

思考与练习

1. 联系实际说明对系统的理解。
2. 什么叫系统工程？它与一般工程技术有何不同？
3. 举例说明一个系统性问题。
4. 系统工程的理论基础主要有哪些？
5. 矿业系统工程主要的应用领域有哪些？

第2章 系统工程方法论

“工欲善其事，必先利其器。”可见，在做事之前，选择好方法、准备好工具是至关重要的。对于方法，大家都比较熟悉，平时也会时常用到，例如学习方法、工作方法，它指的是我们解决思想、说话、行动等问题的门路、程序等。而对方法论就可能比较陌生，那么什么是方法论呢？《新华字典》给出的解释有两种：“① 关于认识世界、改造世界的根本方法的学说。② 在某一门具体学科上所采用的研究方式、方法的综合。”而系统工程方法论对应的就是第二种解释，是指用于解决复杂系统问题的一套工作步骤、方法、工具和技术。系统工程方法论综合应用了运筹学、控制理论、信息理论、管理科学、心理学、经济学以及计算机科学等有关理论和方法，在此基础上形成了科学思想和方法。

2.1 系统工程方法论的原则及基本方法

2.1.1 系统工程方法论原则

中国有句古话，“没有规矩，不成方圆”。系统工程在选择方法和运用方法的过程中必须遵循系统论原理的一些根本原则。

1. 整体性原则

系统工程认为任何工程都是由不同功能部分构成的一个有机整体。不论是整体还是部分都有自己需要实现的目标和遵循运动规律，但是整体影响着局部，它决定了局部的功能和目标，也规定了各部分的性能指标。系统工程的整体性原则要求运用全局的观点贯彻实施工程的每个阶段工作，协调整体与局部间的关系，更重要的是去协调整个工程与其他更大工程任务之间的关系。

2. 可行性原则

系统工程是一种工程实践活动，因此需要讲求可行性。由于在真正的实践活动中，系统优化往往会受到客观条件的制约，导致优化的方案可能有悖于实际情况，即出现优化而不可行的方案。此时应当将优化原则与可行性原则结合，在可行性的基础上寻求最优方案。

3. 动态性原则

系统工程是一种实践活动，通常伴有复杂的实践过程，整个过程具有动态性。这种动态性是由系统内部因素之间的相互作用以及外部环境的多变性造成的，也正是由于系统工程的动态性，时刻关注系统内外各种因素的变化变得非常重要。只有掌握这些变化的性质、方向、程度等才能够采取相应的措施，调整工程原先拟订的方案，在变化中求得系统优化。

4. 有序相关性原则

系统内部要素之间、子系统之间的相互关联和制约造就了系统的整体性。然而即使不同系统中包含的要素是相同的，但是由于每个系统的内部各要素之间的组织管理方式和结构有所差异，也会导致整个系统在功能上产生巨大的差异。但是不可否认的一点是，要素间的相互关系越是有序的系统，其整体功能就越优良。由此一来，为了使得系统的整体功能发挥得更好，就应当集中精力于系统内部的组织管理工作。

5. 目标优化原则

系统工程需要考察完成工程项目所要付出的代价和收益以制订相应的计划，建立和运行整个系统，而高效益是任何工程项目都向往的最终目标。目标优化原则要求系统工程师在组织管理一个系统时应该自觉追求系统的最优性能，尽量以最小的代价换取最大的收益。

2.1.2　系统工程应用的基本方法

1. 模型方法

一般情况下，系统工程的作用对象比较庞大，主要是大型复杂系统，倘若将设定的方案直接用于组建和管理对象系统，一旦原定方案不合适导致整个工程试验失败，可能会造成无法估计的巨大损失，代价过高。此时采用模型法不失为一种很好的方法，首先对模型进行小范围的试验，在对模型试验成功后再用于真实系统。

模型方法实际上是排除了真实系统中大量的非本质因素，仅根据工程活动的整体目标对其中的主要因素构建模型。换句话说，就是对真实系统抽象和简化，使得建立的模型较原型更为简单并且基本具备真实系统的功能以及结构。简单的模型更容易理解，便于操作；过分复杂的模型难以操作，也将失去作为模型的价值。有效性和准确性是模型必须具备的两大特性，有效而准确的模型才能较精确地反映出真实系统的主要特征和功能。但是，脱离了实际意义的系统模型即使理论上再精确，也不可取。

模型化方法主要有实物模型方法、数学模型方法和计算机模型方法等。实物模型简单而直观，对于解决比较简单的试验任务而言不失为一种很好的选择；数学模型方法从定量化角度揭示了事物内部的联系以及事物之间的相关性；计算机模型则是用来分析复杂系统问题的常用手段，其实质是借助先进的计算机技术对系统进行分析和优化。通过模型化方法能够加深对事物的了解。

模型的建立是科学性与艺术性的统一，也需要有扎实的理论基础和丰富的实践经验。运筹学和控制论为建立模型提供了许多卓有成效的原理和方法。但是仅仅有理论依据还是远远不够的，系统工程师必须充分发挥自己的创造性思维，类比不同事物以及事物的内部要素，将着眼点放在主要因素上。建立模型一直被视作系统工程最关键且最具挑战性的一步。

2. 定量化方法

系统工程要求牢牢把握定量化原则，因此它是现代工程技术领域的一种定量化的系统方法，主要运用数学方法对整个系统的组建和管理进行处理。这也是现代系统工程与历史上那些自发运用的系统工程思想的最大区别。

定量化方法是对系统进行精确的定量研究所采取的方法。定量化方法包括三方面内容：一是以一种客观尺度对系统进行测度，得出系统的状态空间表示；二是对系统的各个要素之间的相互关系的量变规律进行正确描述；三是用数学演算寻找最优方案。

运用定量化方法的前提条件是收集有关工程对象完整的数据和信息，并且对其做预处理，核心是建立系统的数学模型。建立数学模型之后，就需要寻找适当的方法求解、分析和评价模型。运筹学等现代数学理论和电子计算机技术为这些工作提供了强有力的后盾。在系统工程的研究和应用中,虽然一直强调定量化的重要性,但并不意味着要贬低经验和定性分析,近似性和模糊性的信息亦具有研究价值。将理论与经验、定量分析与定性分析、精确方法与模糊方法结合起来才能够充分发挥系统工程的效果,而且越是复杂的系统越要强调这种结合。

3. 最优化方法

最优化方法,即寻找解决问题的最优解决方案的方法。实现最优化是现代技术指导下的系统工程的显著特征之一,是人类改造客观世界的能动性和目的性的重要体现。运筹学和控制论中的最优化理论成为实现最优化的有效工具,通常包括活动步骤、技术手段、达到目标三部分内容。对提出的各种候选方案进行比较,找出其中最优的方案时,涉及的步骤一般有:选择目标,建立模型,寻求最优解,综合评价。虽然每个系统的优化工作的具体目标不尽相同,但使得系统整体效益最大是这些系统问题的共同追求。

2.2 西方系统工程的方法论代表

从 20 世纪 50 年代起,许多系统工程学者有意识地描述过使计划成功所需要的程序,包括必需的活动以及协调专家工作的方法,即系统工程方法论的有关步骤、工具和方法。西方对现代系统工程的研究开始较早,形成了多个具有代表性的方法论流派。

2.2.1 霍尔方法论——硬系统方法论

霍尔方法论是颇具代表性的硬系统方法论(hard system methodology),亦称霍尔三维结构,又被称作霍尔系统工程,其创始者 A. D. 霍尔(Arthur David Hall)是美国系统工程领域的专家。相较之前的软系统方法论,它最初产生于所谓的硬工程系统,在处理大多数工程项目和一些偏硬的问题时显示出较大的成效,因此受到各国学者的普遍重视。

霍尔三维结构将系统工程活动分为时间上前后紧密连接的 7 个阶段和逻辑上环环相扣的 7 个步骤,同时考虑了为完成各个阶段和步骤所需要的各种专业知识。这样为解决规模大、结构复杂、涉及因素众多的大系统问题提供了科学的思维方法。霍尔三维结构包括时间维、逻辑维和知识维,如图 2-1 所示。

1. 时间维

时间维表明了一个具体的工程项目从开始到结束的系统开发的全过程,按照时间上的先后次序可粗略地划分为 7 个阶段(有的教科书上将 7 个阶段化简到 6 个阶段,这种做法的合理性见仁见智,此处我们介绍霍尔在其论文中提出的 7 个阶段)。

(1) 规划阶段:调查研究系统对象,分析环境条件,确定所需资源,确定目标,提出初步规划,列出需要更进一步详细计划的可行方案。总之,这一阶段需要达到两个目标:一是制定总体工作纲要;二是为下一步提出的具体方案提供背景信息。

(2) 方案制定阶段:根据规划目标提出具体的系统方案、解决的具体问题和分析具体需要。与规划阶段不同之处在于,该阶段集中研究单个方案,并需要在候选方案中确定最佳方案。

(3) 开发研究阶段:以上一阶段的系统方案为基础,制订详细而具体的生产计划,为系

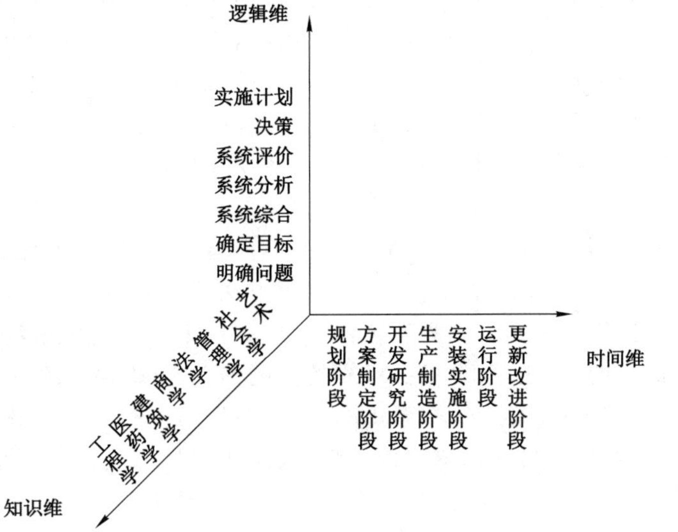

图 2-1　霍尔三维结构

统要达到的目标提供方法建议，使得工程管理者可以据此来指导整个开发研究过程。例如需要准备好供应商及施工组织的详细说明、图纸、物料清单等。这一阶段有以下 5 个要点。

① 确定总体目标。

② 确定具体目标，使得系统的总体目标可以由这些具体目标加以整合后最终确定下来。

③ 将目标与现行技术进行比较，确定已经具备的能够实现目标的技术手段，以及尚待开发的新技术，制定新的开发项目和方案。

④ 进行费用估算，使得确定的费用方案能够达到最省的目标，从而制订相应的财政计划。

⑤ 查明尚存的不确定性问题，搜集资料，做出工作计划书。

(4) 生产制造阶段：执行上一阶段的计划，生产制造所需的所有零部件，并提出详细而具体的安装计划。

(5) 安装实施阶段：安装好系统，并拟订详细的运行计划。

(6) 运行阶段：将安装好的系统投入运行。

(7) 更新改进阶段：根据在运行过程中出现的新问题，对系统进行改进或取消，建立新系统，旧系统慢慢淡出，新系统逐渐取代旧系统。

2. 逻辑维

逻辑维具体是指上述时间维中每一阶段一般都需经历的逻辑过程，通常分成明确问题、确定目标、系统综合、系统分析、系统评价、决策和实施计划这 7 个步骤，它们是运用系统工程方法解决问题的一般步骤。由于时间维上的每个阶段必须有逻辑性，因此都要按照逻辑维的步骤依次进行，不过可以反复利用这 7 个步骤直到每个阶段都达到目标为止。

(1) 明确问题：只有对所要解决问题的历史现状以及发展趋势进行调查研究，才能够洞悉问题的实质和关键，调查研究工作是明确问题这一环节的关键。系统本身的结构和功能影响了整个系统的发展方向，但是系统的发展趋势不仅取决于自身因素，外部环境也是一大作用因素。所有系统都是在一定的环境下孕育出的，并受其约束，同时用来评价系统和做出决策的事实根据亦源于环境。社会、政治、经济、人员、技术以及自然环境等方面塑造了涉及范围相当广泛的环境因素。当然，系统对环境也存在反作用，系统的功能能够改造外部环境，也就是说系统和环境之间是相互作用的。因此，在调查研究过程中对环境因素的分析是至关重要的。

(2) 确定目标：确定目标关系到整个工程的方向、范围、投资、工程周期、人员分配等问题，因此是很重要的一个环节。霍尔在《系统工程方法论》一书中明确指出："确定正确的目标比选择正确的方案更为重要。因为若选错了目标，必然会使注意力集中到次要问题上，而达不到解决问题的目的；反之，若是根据可靠的问题调查、分析得出的目标选择方案，即使在恶劣的情况下也仅仅是没有得到一个最优的方案而已。"这一环节中，正确确定任务所要达到的目标或目标分量，根据目标拟定评价标准，采用多目标方法设计评价算法，形成相应的评价指标体系是主要的工作。同时，在确定目标时应注意以下几条原则。

① 要有长远观点：应选择对系统的未来有重大影响的因素为目标，而不光考虑眼前因素。

② 要有总体观点：要从系统的总体角度出发，着眼于整体效果，而不能过分关注局部效果。

③ 注意全面性：目标中应包含对所期望解决问题方案的各方面的重要要求。

④ 注意明确性：目标应准确明了，使用数量表示各个目标可以使目标变得明确。

⑤ 注意层次性：确定多目标时，应区分主次、轻重、缓急。

⑥ 注意可行性：选择的目标应该是可以实现的，即在技术方面具有可行性，且在社会因素和价值观念等方面能够被接受。

一般的工程项目大多都是多目标的，而在多目标体系中，往往会存在目标间的冲突或矛盾。对于这种情况通常有以下两种处理办法：一种是坚持形成没有矛盾的目标系统，剔除引起矛盾的次要目标，或者忽视同时引起矛盾的那几个目标，只接受目标系统中那些相容的目标；另一种是采取妥协的处理方案，即所有的目标都将被采纳，但是根据各目标在目标体系中所占的重要或优先程度分配权重因子，然后再加以综合，最终形成折中的目标体系。

(3) 系统综合：前两个步骤旨在明确解决的问题是什么，包括系统的任务、追求的目标、必须适应的环境等，而系统综合则开始致力于怎样去解决这一问题。系统综合是一种创造性的行为，它能够为系统提供一组满足总体目标的备选方案。综合并不是将已分解的要素简单地拼接起来，而是在总体目标的支配下，根据调查研究所得到的各要素之间、要素与系统之间、系统与环境之间的联系特性，寻求系统内部新的优化结构，创造出新的系统整体。系统综合的实质是创新，创新的基本模式有以下两种。

① 集成性创新：对现有的技术以及方案进行筛选、重组和整合，利用创新的系统结构模式来集成现有的技术以创造出新的系统性能。

② 原创性创新：关键技术和系统的结构模式都是新创的，二者结合以产生全新的系统性能。

由于系统综合的过程是一个不断寻求可行方案的过程，在这个过程中，可采用以下策略用以寻求可行方案。

① 决策树方法：按照系统的层次，从目标层开始，由高层次不断分化出低层次，最后在最低层形成几组可选的系统方案，形成决策树。

② 从外向里的策略：从解决问题方案期望的效果以及表现出的外部关系出发，确定出解决问题方案所必需的组成要素。

③ 从里向外的策略：以现有的可行方案要素的组合为出发点，假设这样的要素组合能够适应外部环境状况。需要强调的是，这种策略与系统工程的基本思想是相矛盾的，如果提出的方案中的各组成部分的变化对系统的外部作用影响非常大，那么系统就不可能适应环境，制定的方案也就无法体现出优点。

④ 混合策略：综合使用从外向里策略和从里向外策略，以从外向里策略为主，以从里向外策略为辅。

(4) 系统分析：系统综合的结果基本上是定性的，而实际工程必须有定量的结论。系统分析的主要任务就是得到这些定量化的结论。系统分析具体是指按照既定的系统评价指标，从系统的性能、特点以及对预定任务的实现程度等角度，对不同方案进行严格的分析比较。分析比较时需要考虑很多问题：方案是否完整；方案是否可以达到系统目标，以及其各方面的功能(包括逻辑性、安全性、综合性和可靠性等)是否符合要求；方案的可比性如何；实施这一方案的技术、社会、经济条件是否成熟；该方案一旦实施会产生哪些效果，这些效果是否都是有利的……通过在整个系统分析过程中考察这一系列问题，便可以整合相似方案或剔除不合适的方案以减少方案的数量，为之后的评价阶段提供合适的处理条件。

这里需要注意的是，虽然系统综合和系统分析看上去是两个独立的步骤，但不能完全将二者分离，因为在形成方案的同时，即进行系统综合时，也要立刻开始对方案进行严格的分析，即进行系统分析。所形成的方案越复杂，需要完成的任务越重要，就应当越早地对方案进行严格的、系统的分析。系统分析的核心一是要根据目标建立相应的数学模型；二是要进行数学分析以及数值计算。缺少了这两步的工程组织管理还不能够被称为严格意义上的系统工程。

(5) 系统评价(方案优化)：对各方案的结果进行评价，判断其优劣程度。系统方案评价通常从技术和经济两个方面进行，在技术上领先、经济上合理的方案往往是令人满意的。系统评价是决策的准备工作，为决策者提供了决策的依据。因此可以说，没有正确的评价就不存在正确的决策。

系统评价是对各项政策、活动、控制和整个系统进行定性及定量的评价。在系统开发的不同阶段，它对应着不同的内容。在实现系统的事前有事前评价，研制过程中有事中评价，研制完成后有事后评价。评价可以对每个阶段的结果进行定性或定量的分析与估计，为本阶段和下阶段的工作提供依据。定量的数学模型给出的评价往往可以为之后的决策带来更多的方便。例如对方案进行评价时，首先可根据目标体系确定评价目标的具体内容，如性能、成本、可靠性等。其次根据各目标的重要程度确定相应的评价系数，可以围绕技术、经济、社会三大要素的可行性建立评价表，利用统计学原理计算出各方案最终的评价值，以费用少、效益高、性能优、风险小的系统方案为优。

(6) 决策：决策者在分析与评价的基础上，于多个可选方案中做出选择，确定行动方案。如果是单指标择优，那么就简单而确定；如果是多指标择优，相对来说就会比较复杂。同样，备选方案较少时择优更加容易，而备选方案较多时择优就会比较困难。倘若出现备选方案很多,同时指标也非单一,不同指标之间相互抵触,即难以存在各方面都达到最优方案的情况,必须进行综合评价,只能相对地追求多目标综合优化。考虑客观因素的影响,因此有时选定的方案不一定在理论上最优。

(7) 实施计划:具体实施最终选定的方案。在这一环节,需要交流成果,分配资源,确定最后的实施计划,并设计反馈系统以控制后续情况。

需要注意,以上各个逻辑步骤在时间的先后顺序上并没有严格的要求,它们的划分并不是绝对的,把某一个步骤分成几步来完成或者反过来都是可行的,应根据实际需要确定。

3. 知识维

工程的系统性还体现在它所用知识的系统性上。系统工程只能为工程组织管理提供一般的方法和技术,而事实上,由于实际的工程活动存在差异,各有特点,因此具体工程的造物活动需要各自领域的专业知识加以辅助,比如工程系统工程需要自然科学知识,环境系统工程需要有关环境工程的专业知识等。只有将每一种具体工程的专业知识同系统工程的一般方法联系起来,才能够形成各种部门系统工程。知识维表明了完成各个阶段和各个步骤所需的各种专业知识、技能和技术,例如艺术、社会学、管理学、法学、商学、建筑学、医药学、工程学等方面的专业知识。

系统工程方法论虽然可在三维结构空间上扩展,但在作为具体方法采用时一般只使用时间维和逻辑维,构成两维活动矩阵(见表 2-1)。矩阵要素可表示出在该阶段和该步骤的唯一行为。如表中 a_{11} 表示规划阶段的问题定义。

表 2-1　系统工程的活动矩阵

时间维	逻辑维						
	明确问题	确定目标	系统综合	系统分析	系统评价	决策	实施计划
规划阶段	a_{11}	a_{12}					a_{17}
方案制定阶段	a_{21}						
开发研究阶段	a_{31}						
生产制造阶段				a_{44}			
安装实施阶段							
运行阶段	a_{61}						a_{67}
更新改进阶段	a_{71}	a_{72}				a_{76}	a_{77}

由活动矩阵可以看出,其各项活动是相互影响、紧密联系的。为使系统在整体上取得最优效果,应将各阶段、各步骤的活动反复进行。霍尔三维结构模式形象地概括了系统工程的一般步骤和方法,从而为解决规模较大、结构复杂、因素众多的工程系统问题提供了一个大体思路。当然这只是一种一般化的总结,在具体规划和实施系统工程过程中,还有赖于对具体问题具体分析,有赖于实施系统工程的人员去创造和发展。

2.2.2　切克兰德方法论——软系统方法论

从 20 世纪 70 年代起,人们就逐渐将目光转向系统工程的相关理论在社会经济方面的推广应用。由于社会经济系统属于复杂巨系统的范畴,具有影响因素多、复杂多变以及难以进行定量分析的特点，因此很难像对待普通的工程技术系统那样，事前就能够依据若干评价标准设计出符合需要的最优系统方案。针对完全按照解决工程技术问题来处理社会经济系统问题会产生许多困难的这种情况，英国学者 P. 切克兰德(Peter Checkland)在大量实践的基础上提出了“软系统方法论”(soft systems methodology，SSM)

切克兰德认为，如果完全按照解决工程问题的思路来解决社会问题或“软科学”问题，将会遇到许多困难，因为在设计价值系统、模型化和最优化等步骤上，有许多因素很难进行定量分析，而且与问题相关的人员立场往往会有不同，价值观也有所区别，很难得到一致的看法，因此需要通过不断磋商、反馈、协调，得到最后的“可行”“满意”或“非劣”解，而不是所谓的“最优”解。他的“软系统革命”区分了软问题和硬问题、软工程和硬工程、软系统和硬系统、软方法和硬方法。软、硬范畴的引入分别从方法和技术层面丰富了系统科学和系统思想，这是研究系统问题中的一个较大的更新和转折，也为解决社会经济问题提供了新的方法和模式。切克兰德对系统科学领域的复杂性探索做出了巨大贡献，他提出的全新方法对研究系统问题发挥了重要作用，也代表着英国科学界对整个系统科学领域的探索成果。

1. 基本观点

(1) 根据客体存在于现实世界的问题特性，切克兰德把问题分为两大类。一类称为有结构问题，即“硬”系统问题，此类问题的特点是能够被描述为寻找一种有效手段以获取确定目标的问题；另一类称为无结构问题，即“软”系统问题，与第一类问题相反，它们无法被描述为寻找一种有效手段以获取确定目标的问题。

(2) 根据结构的内在特性，切克兰德把系统分为两大类：硬系统和软系统。那些机理清晰，偏重工程方向，而且完全能够用明确的数学模型来定义系统要素及其相互关系的系统被称作硬系统，也叫良结构系统，如物理系统和工程系统都属于这类系统；而那些机理不清，偏重社会方向，一般难以用明确的数学模型来描述，只能用定量和定性结合的方法或只能用定性方法来处理的系统就是软系统，也被称作不良结构系统，如社会系统和经济系统就是这类系统。

(3) 根据不同方法所决定的问题类型，切克兰德指出霍尔方法论和系统分析方法论在本质上是一致的：都是由工程师在工程领域中提出来的，主要针对具有明确的系统目标的结构化问题，也就是硬系统问题，因此把它们归结为硬系统方法论。这类方法论的最大特点是“手段-目标”的问题处理方法是其在解决现实世界问题时遵循的统一模式，通过分析系统现状、确定系统描述、选择合适方案这三个逐步解决问题的阶段，使系统从现时状态过渡到目标状态。切克兰德将自己提出的方法论称为软系统方法论，主要针对问题本身就难以定义的软系统问题。

2. 基本思路

切克兰德的软系统方法论的核心不是寻求最优，而是调查学习，在不断调查比较学习中找出改善系统的方法，也被称为调查学习法。它由 7 个阶段组成：无结构问题情景、问题情景的表达、相关系统的基本定义、概念模型、问题表达与模型比较、满意可行的变革以及改善问题情景的行动。这 7 个阶段之间的关系如图 2-2 所示。这 7 个阶段又被划分为现实世界和系统思维两部分，其中第 1、2、5、6、7 阶段表示现实世界部分，第 3、4 阶段表示系统思维部分。

(1) 阶段 1 和阶段 2：表达问题并厘清关联因素。

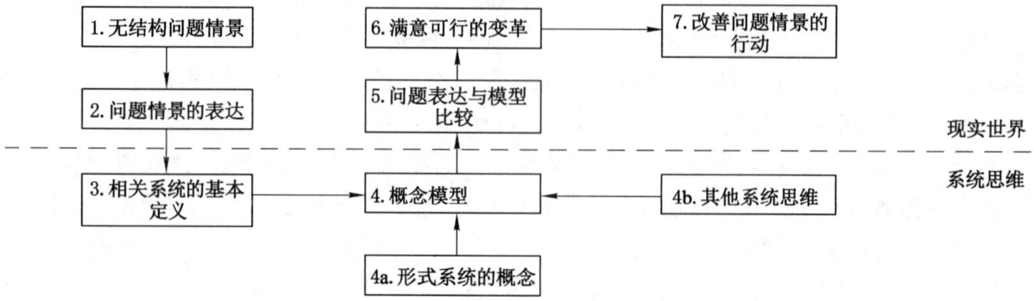

图 2-2　切克兰德方法论工作流程

首先需要弄清楚问题与问题情景的区别：问题是指实际系统状态与期望状态之间的差异；而问题情景是指感到问题存在，但无法明确定义的某种环境。在最初使用软系统方法论的时候，应当避免立即使用系统科学的专业词汇，以防曲解问题情景以及草率得出结论的情况发生，这是因为在使用硬系统方法论时，很容易给问题情景设定特定的结构。要尽可能多地广泛收集对问题的感知，产生改进局面的愿望。问题情景中缓慢变化的"结构"元素和连续变化的"过程"元素以及二者之间的相互关系是该阶段的主要考察对象。只有建立起尽可能多的问题情景，才能呈现出一系列与问题有关的观点。为进一步研究问题情景提供便利是第 1、2 阶段的主要任务。

（2）阶段 3：相关系统的基本定义。

第 3 阶段的目的是"命名"一些看起来可能与假定问题有关联的系统，可以用"大量图"(rich pictures)或语言描述简明地定义这些系统是什么，从而产生一个对系统性质的简明的陈述。当然，这些陈述并不是一成不变的，随着以后的研究工作中对这些系统理解的加深可以随时对其进行修改。这些定义是从某一特定角度出发，对人类活动系统的一种简要描述，也被称为基本定义，主要用来说明所定义系统的基本性质。

基本定义中又包含 6 个要素，也称为内核，可缩写为 CAOWTE，分别表示：

C(customer)是所建系统或所涉及问题的利益主体，包括受益者和受害者；

A(actor)是系统的直接实施者，也称执行者；

O(owner)是指系统的所有者；

W(Weltanschauung)是人们处理问题的世界观和人生观；

T(transformation)是指从输入到输出的转换过程；

E(environment)表示系统所处的环境和条件。

这 6 个要素涵盖了一般系统中涉及的人、信息变换、思考问题的依据以及系统所处的环境。这样一来，任何基本定义都能够被视作对设想为一种变换过程的一系列目的的人类活动的描述。从这个阶段开始，SSM 由实物世界进入思维世界，要自觉而全面地应用系统思维和系统语言。

（3）阶段 4：建立概念模型。

基于阶段 3 得到的基本定义，建立与其对应的人类活动系统的概念模型是该阶段的主要任务。建立概念模型不同于建立数学模型，该模型由一组结构化的，可以用来说明行为者直接进行的活动的动词所构成，但是它不同于对实际人类活动系统的状态描述，仅是根据阶段 3 所定义的所有结构的活动集合，这一阶段是 SSM 的关键步骤。通过 4a 和 4b 步骤的辅助可以有效促进阶段 4 的构造模型活动。4a 是一个评价系统，以系统理论为依据，与经验相联系但不对人类活动系统对应的现实世界表现进行描述。这个评价系统的主要作用在于将概念模型与之对照，以在检验中暴露概念模型及其依据的基本定义的不足等问题。如果证明概念模型存在不足，则需要说明原因，条件允许的话则回到基本定义阶段加以修正，根据修正结果重新构造概念模型。4b 同样用以检查概念模型的正确性，但它涉及其他系统思维，并且对模型加以扩展或修改，将模型转变为更适用于某些特定问题的形式。它是一个不断学习以改善概念模型的过程。

(4) 阶段 5：概念模型与现实的比较。

将概念模型与现实问题进行比较是第 5 阶段的工作核心。该阶段以讨论的形式为主，找出模型与现实之间存在的差异，查明产生这种差异的原因，找出符合决策者意图的可行方案。当构造出了基于基本定义的概念模型后，实际上，可以再构造一个形式上和概念模型一致的辅助模型，以便在模型与现实产生差异时，对其进行改动以重新描述概念模型。

(5) 阶段 6 和阶段 7：实施及系统更新。

在阶段 5 的比较过程的基础上，要发现差异并寻找在感知到问题情景中可能发生的结构的、过程的和态度的变革。其中，结构的变革是指对系统组织结构的改变；过程的变革是指动态元素的改变；态度的变革则是指处于问题情景中的个人或集体的意识特征的改变。最后为了达到改善问题情景的目的，需要实施这些可行的、满意的变革。

需要强调的是，软系统方法论的 7 个阶段是一个连续循环的过程，而不是一个可以按部就班执行的方法程序。软系统方法论只是用来改善问题情景，并不能提供长期的问题解决方案，这是因为即使在选定的改革方案实施之后，仍然还会产生新的问题情景，这样一来，利用软系统方法论的过程需要继续下去。也就是说，软系统方法论是一种参与型的系统方法论。

3. 切克兰德方法论的特点

切克兰德方法论有以下几个重要特点。

(1) 它认为某种世界观隐含在了相关系统的定义以及概念模型的整个建立过程中，因此，在改进系统的同时，也必须研究对系统的改进存在影响的各种世界观。通过这些世界观定义的不同系统和建立起的不同概念模型，才能深入研究这些世界观的含义。相较一般的哲学理论，切克兰德方法论更加适用于实际的问题情景，为实际行动提供理论指导。

(2) 它认为研究是一个不断深入的、开放的，以学习、调查和认识为中心的过程，而不应该看成一个封闭的解决问题的过程。

(3) 在寻找改善问题情景行为的过程中应当遵循的准则包括两点：一是系统满意性。所谓系统满意性是指通过比较概念模型和问题情景的描述，而得到的一些被认为是满意的，同时能够改善问题情景的可能变化。二是文化可行性。文化可行性是指一旦发生了关于现实世界潜在的变化，其变化的范围必须能够被特定问题情景的文化，包括特殊的准则、价值观等所能接受。

(4) 它与硬系统方法论之间很大的不同点在于：在硬系统方法论中，问题或要求都可以被看成给定的，而在软系统方法论中，必须在研究了问题情景并将其与概念模型比较后才可以明确问题以及问题情景可能发生的改变。虽然相对技术而言，软系统方法论是模糊的，但却能够提供由于精确性的需求而被排除掉的灵感。

综上所述，切克兰德提出的软系统方法论的核心是"比较"，或者说是"学习"，相比以优化为核心的工程技术，它更注重在模型和现实世界的比较中不断学习以改善现状。"比较"这一阶段并没有要求必须进行定量分析，它更多的是鼓励听取有关方面人员的意见，这也反映出了软系统方法论重视人的因素以及具备社会经济系统的特点。切克兰德的这套方法论一经提出，便逐渐被应用在欧美等国的工业、医疗、公共事业以及一些大型企业的管理中，并不断推广，取得了良好的研究效果。软系统方法论在处理问题时具备的"学习"特性，使得它今后将更加广泛地与其他学科方法交叉使用，在战略研究、科学预测和决策等领域不断发展完善。

2.2.3 兰德方法论——系统分析方法论

美国兰德公司(RAND Corporation)在长期经验积累的基础上，创立了系统分析方法论，在人口、自动化技术、新式武器系统等问题分析方面得到了很好的应用，其应用范围扩展到社会、经济、科技、生态、环境等领域。

1. 系统分析的概念与特点

系统分析是一个有目的、有步骤的探索和思考问题的过程。系统分析人员应用科学方法对系统的目的、功能、环境、费用效益等进行调查研究，并分别处理有关的资料和数据。在此基础上对有关备选的系统方案建立模型，并进行相应的模拟试验和优化计算，把计算、试验、分析的结果同预定的任务和目标进行比较和评价，最后整理成正确可靠的综合资料，作为决策者选择最优或次优系统方案的主要依据。

系统分析的特点就是把问题作为一个整体来处理，全面考虑各主要因素及其影响，强调以最少的投资和最高的效益完成预定的任务，从而获得满意的结果。

2. 系统分析的要素

系统分析方法论的要素可归结为：希望达到的目的和目标、为达到目标所必需的技术和手段(方案)、系统方案所需要的费用和可能获得的经济效益、建立的各种备选系统方案及其相应的模型以及根据有关技术经济指标确定的评价标准。

(1) 目的和目标：为了正确获得确定最优方案所需要的各种有关信息，对系统分析人员来说，首先要做的也是最重要的工作就是充分了解和建立系统的目标。系统的目标既是建立系统的依据，同时也是系统分析的出发点。目标分析的主要内容有：分析建立系统的依据是否可靠，分析和确定系统的目的和目标，分析和确定为达到系统目的和目标所必需的系统功能和技术条件，分析系统所处的环境和约束条件。

(2) 方案：为了达到预定的系统目标，可以制定若干套预备方案。通过对预备方案的分析和比较，从中选择出最优或次优的系统方案。

(3) 费用和效益：开发一个大系统需要大量的投资，而系统建成以后就可以带来效益。通常可将费用和效益折算成货币形式来表示，将费用与效益进行比较，效益大于费用，则该系统方案可取；反之，该方案应该舍弃。

(4) 模型：模型就是对系统的主要因素及其相互关系构成的描述、模仿或者抽象，是方案的一种表达形式。在建立真实系统之前用它来对系统的功能和相应的技术进行预测，并作为系统设计的基础或依据，或者用它来预测系统方案的投资效果和其他经济指标，或者用来了解和掌握系统中各要素之间的逻辑关系。

(5) 评价标准:所谓评价标准就是确定各种备选方案优先采用次序的标准。评价标准一般根据系统的具体情况而定,但标准一定要具有明确性、可度量性和适当的敏感性。明确性是指标准的概念明确、具体,尽可能唯一。可度量性是指标准尽可能做到定量。适当的敏感性是指标准在对多个目标评价时,应尽力寻找出对系统行为和输出较为敏感的输入,以便控制该输入来达到系统最佳行为或输出的结果。

3. 系统分析程序

在运用系统分析解决问题的过程中所遵循的一般步骤和要求称为系统分析程序。主要包括以下几步。

(1) 分析问题和确定目标。要解决某个实际问题,首先要对问题的性质、产生问题的根源以及解决问题所需要的条件进行客观分析,然后确定解决问题的目标。目标必须尽量符合实际,避免过高或者过低。目标必须具有数量和质量要求,以作为衡量标准。

(2) 收集资料和调查研究。为了更好地解决问题,需要对问题进行全面、系统的研究。因此必须收集与问题有关的数据资料,考察与问题相关的所有因素,研究问题中各种要素的地位、历史和现状,找出它们之间的联系,从中发现其规律。

(3) 建立系统模型。根据系统的目的和目标,建立对象系统的各种模型,表示出系统的行为。不同系统的特征及要求有所不同,应当建立与对象系统相适应的模型,所建立的模型必须满足以下条件:

① 应能正确而且明确地记述事实及其状况。

② 即使主要参量发生变化,所分析的结果仍然具有说服力。

③ 应该能探究明白产生已知结果的原因。

④ 应该能够分析不确定性带来的影响。

⑤ 应该能够明确地表示出时间的推移。

⑥ 应该能够进行多方面充分的预测。

(4) 系统最优化。运用最优化的理论和方法,对若干备选方案的模型进行模拟和优化计算,并求解相应的结果。

(5) 系统评价。在最优化系统的候选解的基础上,考虑前提条件和约束条件,结合经验和评价标准确定最优解,为选择最优方案提供足够的信息。

以上 5 个步骤相互关联,需要不断反复进行,直到得到最优方案为止。

(6) 实施方案。根据出现的新问题,对方案进行必要的调整和修改。为了防止系统方案实施过程中可能出现不平衡和偏差,需要对全过程进行系统控制,直到问题完全解决为止。

(7) 总结提高。问题解决以后,需要对解决问题的全过程进行综合分析,为解决新问题提供可借鉴的经验。

4. 系统分析原则

系统分析所解决的问题通常是复杂而又困难的。在分析时往往有许多前提条件需要做出假设,并且有一些因素是动态变化的,分析过程中不断受到分析人员和决策人员的价值观、系统观的影响,因此在进行系统分析实际中应当遵循一些原则。

(1) 坚持以系统的目的和目标为中心。在对系统方案进行分析并做出选择的过程中,必须紧紧围绕系统的目的和目标。任何脱离系统的目标而盲目追求技术先进化、投资费用节省化、社会效益高回报化都是不正确的。只有对系统的目的和目标透彻地理解和掌握，才能在错综复杂的情况下，正确地选择所需要的最优方案。

(2) 局部与总体相结合。在进行系统分析时，必须把要解决的问题看作一个整体。但是在具体分析过程中要努力揭示出系统中各个局部问题之间的相互关系，以及它们对全局所产生的影响。同时，在系统最优化处理时，系统的总体优化与各个局部的优化通常是相冲突的，在这种情况下，必须从系统的总体出发，各个子系统的最优选择要服从系统的总体优化。

(3) 定性与定量相结合。在系统分析过程中，建模、模拟、优化计算等定量分析是人们常用的手段，它们是系统评价和最优方案选择的重要依据。但是，一些政治因素、心理因素、社会效果和精神效果等对系统分析有着非常重要的、不容忽视的影响。因此系统分析要求定性分析与定量分析紧密结合。

(4) 把握主要矛盾。在系统分析过程中所遇到的问题通常是错综复杂的，必须注意剖析矛盾的机理，从中抓住主要矛盾并提出解决矛盾的途径、方式、方法和措施。如果过于拘泥于细节，就有可能忽视了问题的关键所在。

2.3 东方系统工程的方法论代表

东方的系统思想可追溯到 3 000 多年前，“天人相应”“天人合一”是东方所推崇的思想。虽然至今仍未出现将古代系统思想完美融合的系统工程方法论，但很多出自东方的方法论正在不断涌现，如钱学森的综合集成方法论、顾基发和朱志昌提出的“物理-事理-人理”系统方法论、王浣尘提出的螺旋式推进系统方法论，日本的中森义辉提出的知识构成系统论等。

2.3.1 综合集成方法论

钱学森作为享誉海内外的杰出科学家和中国航天事业的奠基人，在系统工程和系统科学领域同样有着杰出的贡献。他在 20 世纪 80 年代初期便提出了国民经济建设总体设计的概念，并坚持致力于将航天系统工程概念推广应用到整个国民经济建设中，还从社会形态和开放复杂巨系统的高度，论述了社会系统。钱学森提出处理复杂系统的定量方法学，推动了系统工程在社会系统中的应用。但是仅用定量的方法就想完全解决复杂巨系统问题，特别是社会系统工程问题，显然是不可能做到的，因为即使像数学这样广泛使用的理论和方法，也无法将这些系统具体描述出来。在这种情况下，他发展了系统学和开放的复杂巨系统理论，于 1989 年提出了从定性到定量的综合集成方法，简称综合集成，亦可称为综合集成工程。

这套方法是钱学森在研究复杂巨系统的问题时提出的，该方法从整体的角度研究解决问题的方法，采用人机结合、以人为主的思维方法和研究方式，对各个层次、不同领域的信息和知识进行综合集成，通过将专家体系、数据和信息体系、计算机技术三者有机结合，来完成从对整体的定性认识到定量认识转变，构成一个以人为主的高度智能的人机结合系统，并发挥这个系统的整体优势，去解决更多的复杂决策问题。这里的人机结合，指的是人脑的信息加工和计算机信息加工的融合。人类的创造性主要来自创造性思维，而这种创造性思维实际上是逻辑思维和形象思维的结合。所谓逻辑思维，是一种定量、微观的信息处理方式；而形象思维，则是一种定性、宏观的信息处理方式。因此人类创造性思维的实质就是定性与定量、宏观与微观相结合的信息处理方式。而计算机在逻辑思维方面比人脑更加出众。所以，以人为主的人机结合能够把人脑与机器的优势都发挥出来。

综合集成开放复杂巨系统是建立在人类积累的所有知识基础上的，需在整个现代科学知识体系中做大跨度的跳跃，集大成、出智慧，产生新思想、新知识、新方法，钱学森称其为大成智慧。在哲学上，就是要把经验与理论、定性与定量、人与机、微观与宏观、还原论与整体论辩证地统一起来。综合集成方法的要点一般可以概括为以下几点。

(1) 将实践经验，特别是专家经验和判断力与现代科学的理论知识结合起来。

(2) 由于专家经验是局部而定性的，因此应当建立模型将定性角度的知识与收集到的相关数据资料结合起来，使得原本局部定性的知识达到整体定量认知的程度。

(3) 人机结合，既要充分利用知识系统和计算机的优势，又要发挥人脑的思维创造能力，两者相辅相成，从而产生更高的效率。

综合集成的实施流程如图 2-3 所示，一般有如下几个步骤。

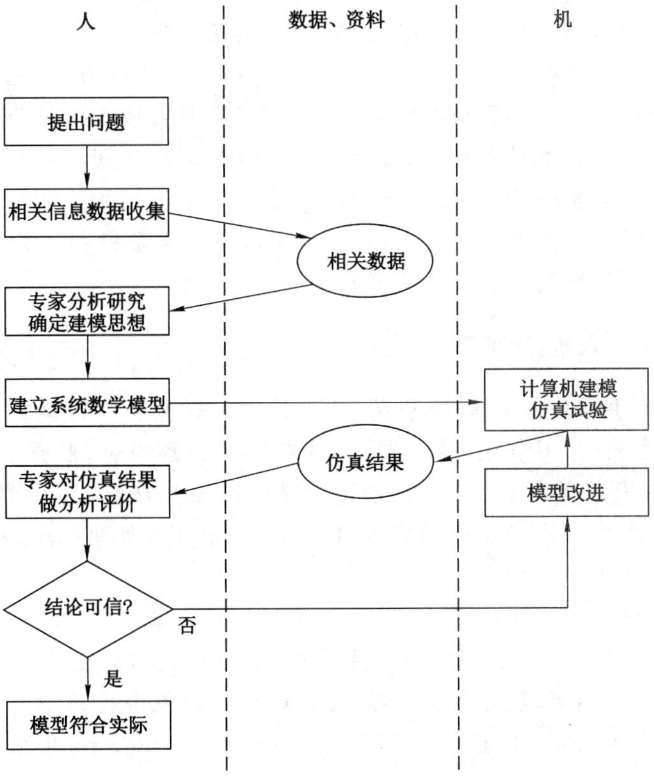

图 2-3　综合集成的实施流程

(1) 面对一个实际问题时，为研究的开展做好前期准备工作，收集相关的信息资料、统计数据(其中包括系统的定性和定量特性信息)是研究者首先要做的，这也是之后对系统进行整体定量认识以及局部定性认识的基础。

(2) 邀请问题涉及的各方面专家,通过分析研究系统的状态、特性、运行机制等,找出问题所在,定性地判断系统的可能行为走向以及解决问题的方案,形成经验型假设,明确系统状态变量、环境变量、控制变量以及输出变量等,确定系统建模思想。

(3) 以上一步得到的经验假设为基础,有效地运用理论知识,把系统的结构、功能、行为、特性和输入输出关系定量地表示出来,形成系统的数学模型,用模型研究部分地代替对实际系统的研究。

(4) 根据所建立的数学模型,将相关的数据、信息导入计算机,对系统行为做仿真模拟试验,通过试验,获得关于系统特性和行为走向的定量数据结果或预测。

(5) 组织专家对计算机的仿真试验结果进行分析评价,并检验系统模型的有效性,进一步挖掘和收集专家的经验直觉,进行更深刻的判断。专家常常能根据仿真结果做出更多符合实际的经验总结。

(6) 根据专家在仿真试验结果分析评价中给出的新见解、新认识、新判断来修改系统模型,并对有关参数进行调整,再做仿真试验,专家再对新的试验结果分析评价,根据专家新一轮的意见再修改模型,继续做仿真试验,再请专家群体分析评价……如此循环往复地进行此过程,直至计算机仿真试验结果与专家意见大致一样,这样最后得到的数学模型便符合实际系统的理论描述,通过该系统模型获取的预测结论也将是可信的。

综合集成法是整个系统工程方法论体系中极具特色的一种方法,也是现代科学技术发展的结晶。如果说科学是认知客观世界的知识和学问,那么技术就是改造客观世界的知识和学问。随着现代科学技术日新月异的发展,不同科学领域之间相互交叉、融合,形成了一个彼此联系和影响的有机整体,同时也极大地增强了人类认知和改造客观世界的能力。现代科学技术正朝着综合化的方向发展,由此产生了许多交叉学科和边缘学科。因此,综合集成方法在科学领域正逐渐发挥着极其重要的作用。

2.3.2 物理-事理-人理系统方法论

将人理、物理与事理结合始于20世纪80年代中期顾基发教授提出的作为一个好的领导干部应该做到"懂物理、明事理、通人理",而"物理""事理""人理"这三个概念在20世纪70年代就引起了专家学者的关注。后来通过总结国内外各方系统工程的研究及实践,分析其成败,探寻各方因素间联系,顾基发和朱志昌提出了"物理(wuli)-事理(shili)-人理(renli)"系统方法论(简称WSR)。

"物理"指的是物质的机理,运动和技术作用的一般规律,主要解决"物"是什么,如何工作的问题,通常要用到自然科学等知识。倘若不明物理,就难以对客观的物质世界有所了解,更不用说对一个系统的功能结构有所掌握,对研究对象进行科学分析就会变得相当困难,可能会提出违背客观规律的建议,其实施后果将变得不堪设想,带来严重危害。"事理"指的是做事的道理,是人们成功完成一件事情应当遵循的规律,例如要用什么样的要素,按照什么的顺序实施才能使效用最大化,这里通常需要用到运筹学与管理科学等方面的知识,研究如何开展工作,把握各种处理研究对象的方法,选择合适的方法去处理研究对象。"人理"指的是与人相关的规则、道理,因为在实际事务处理中都离不开人,人在系统中也起到了至关重要的作用,所以如何得当地发挥人的作用是人理主要需要解决的问题,一般会用到人文与社会科学的知识。只有通晓了问题处理过程中人与人之间的相互关系及其变化过程，并且协调这种关系，根据人们可接受的事理去实现项目才能够达到预定的目标。实际上，正是物理、事理、人理之间的交互作用形成了社会系统这个统一体，且为其运行发展提供了保障，因此不论是物理、事理还是人理，它们都在整个人类活动系统中发挥着举足轻重的作用，忽视和违背哪一方面都不可行。物理、事理、人理三者既是相互联系的，亦是相互制约的，WSR 方法论强调把三者统一起来，形成系统实践活动，将协调各种关系作为核心内容，让物的因素、事的因素、人的因素发生良性互动，以产生整体大于部分之和的表现，获得对考察的对象的全面把握。

WSR 方法论的内容易于理解，而具体实践方法与过程因实践领域与考察对象不同而灵活可变。如图 2-4 所示，WSR 方法论一般工作过程可理解为 7 步。

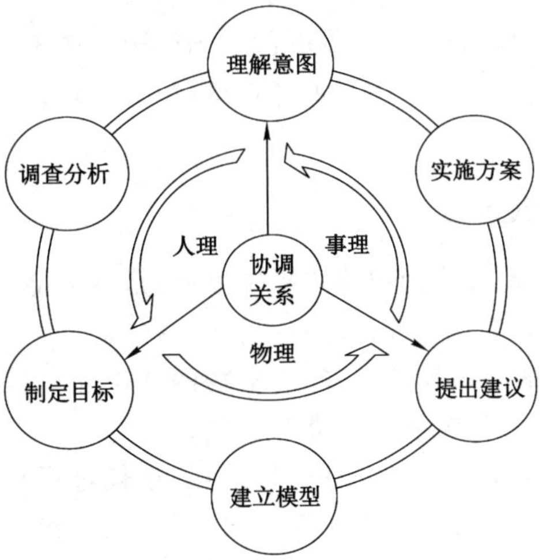

图 2-4　WSR 方法论一般工作过程

(1) 理解意图。这是问题的起点，也是解决问题的基础。这里需要做到清楚明确地理解决策者的意图，想要解决的问题。它与霍尔系统工程方法论中的逻辑维的明确问题的含义类似，由于决策者对要解决的问题或者系统的期望可能是明确的，也可能是模糊的，同时，由于他们对待问题的角度不同，自然而然对问题的理解就有所不同。通过沟通才能了解他们的意图，从而切实有效地开展系统工程活动。

(2) 调查分析。这是解决问题的关键之一，应尽可能进行深入仔细的调查，并对掌握到的资料和数据进行处理。它是一个物理分析过程，只有在进行了深入的调查之后，才能够得出可信的结论。同时应当协调好与被调查对象间的关系，对获取的资料和信息可以做必要的处理。

(3) 制定目标。这里需要确定解决问题的目标，要将问题解决到什么程度。在完成了前两个步骤，即领会决策者的意图，并且进行了深入的调查分析之后才可以确定系统目标。但是这些最终确定的目标可能与决策者的初衷有出入，也可能在之后的实践中又会有所改变，因此只有通过协调才能够使目标达成共识。

(4) 建立模型。运用事理及物理建立系统模型，包括数学模型、物理模型、概念模型、运作程序等。需要注意的是，建立的模型是在与相关工作人员协商的基础上形成的，这一阶段的主要工作就是选择合适的方法、模型对目标进行处理。

（5）提出建议。使用模型模拟，计算、分析、比较方案后，在系统工程师的模型分析基础上，综合决策者和利益相关者的建议和看法，最后决策者权衡利弊，做出判断，使相关的主体尽可能满意。在这一阶段，协调工作显得至关重要。

（6）实施方案。根据建议，将方案付诸实施。

（7）协调关系。协调是系统工程工作的核心，在之前的每一个步骤中都需要用到。在处理问题时，由于不同人对问题所持的角度、价值观、利益、认知等各有不同，因此他们对同一个问题往往存在不同的观点，此时就需要协调，相关主体在协调的过程中的权利是平等的。协调有着浓郁的东方方法论的特色，属于人理的范畴。

有一点需要指明，讲人理并不代表万事以人为先，人情大于理性，或者是看人眼色行事，而是强调将一种以人为本的思想运用到系统问题的解决方案中去，不忽视人的因素，尽量协调好系统内外的人际关系，重视人为因素但又设法避免人为的相互牵制，只有这样才能充分调动人的积极性。

2.3.3 螺旋式推进系统方法论

螺旋式推进系统方法，也被称为螺旋式系统方法，是由王浣尘教授提出的。它是一种综合了还原论、混沌理论、构成论和生成论的系统科学方法论。它认为事物是由本原在构成的约束下经螺旋式推进生成的。事物的发展、对事物的认识和分析以及解决问题的过程都遵循螺旋式推进这一规律，是一种螺旋式推进的过程。

这种螺旋式推进的过程实际上是一种循环过程、迭代过程和演化过程。整个过程具有迭代、演化和分形特征，而这些特征与非线性演化方程、混沌和分形理论从形式到本质上都存在联系，具体表现为：系统局部的旋进与整体的旋进具有自相似性，确定性可能产生非确定性，以及简单生成元经反复的迭代过程可以生成复杂结果。A 事物沿着旋进方向向 B 事物发展，当发展至 A′时就可以看成完成一个旋进环，A 演化为 A′，那么同理，A′演化后成为 A″……其具体迭代过程如图 2-5 所示。

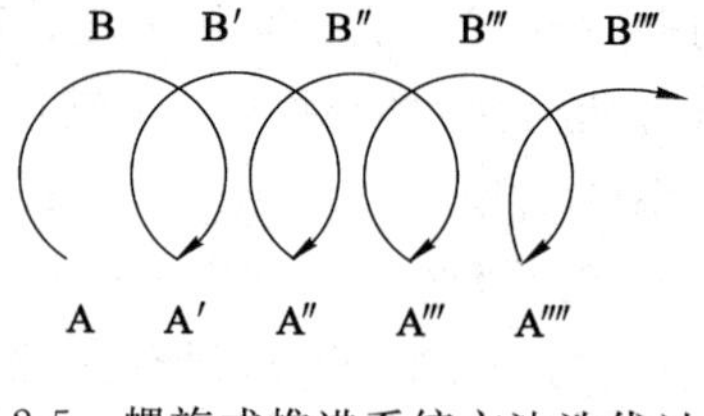

图 2-5　螺旋式推进系统方法迭代过程

实际上，螺旋式推进系统方法的整个过程是一种从定性到定量的综合集成方法，之所以这么说是因为，在螺旋式推进系统方法中首先需要将复杂问题分离处理，进行定性分析，这其中包含了还原论的思想；然后寻找子系统内部与子系统之间的动力学关系，通过这层关系来确定系统的构成成分和方式，这包含了构成论的思想；接着通过构造生成元的方式将系统各个成分用迭代方程表示出来，以反复的迭代过程来描述复杂系统长期的演化行为。它的具体步骤如下。

(1) 建立系统的逻辑模型。定性研究是定量研究的基础，它主要研究事物的性质。了解事物、认识事物与揭示事物的本质特征都需要通过定性判断，而事物的本质特征主要是通过逻辑关系反映出来的，定性研究的实质就是建立逻辑模型以反映出系统逻辑上的相互关联与制约关系。该环节旨在定义复杂系统及其子系统以及子系统之间的关系，最终建立一个能够用于描述系统功能以及子系统间的相互作用的逻辑模型。要建立逻辑模型，就需要将复杂系统中的各种因素都抽象为事物、逻辑关联和外部环境这三种因素。在外部环境的作用下，事物之间的逻辑关联会推动事物不断旋进。建立逻辑模型的过程就是对系统分析的过程，是从抽象到具体的迭代、螺旋式推进的演化过程。

(2) 建立系统的物理模型。尽管通过定性研究建立起的逻辑模型可以揭示事物的属性及其内外的联系，但是缺少定量分析提供的数据支持，定性研究就变得不可靠。定量研究在于研究事物之间的数量关系，是被精确化的定性研究。定性研究要想更好地揭示事物的本质特征，就必须建立在定量研究的基础上，因此只有定量研究才能够对实践活动起主导作用。建立系统的物理模型可以看作从定性的逻辑模型到定量的数学模型的过渡。物理模型可以用来反映动力学系统具体的相互关系，因此是建立数学模型的基础。该环节亦是一种从个别到一般的螺旋式推进的演化过程。

(3) 建立系统的数学模型。之前的环节都是为建立系统的数学模型打基础的，这一步主要利用线性或者非线性迭代方程来构建数学模型以呈现系统中各个子系统之间本质的联系。

(4) 求解模型和系统仿真。这一环节旨在对以上建立的复杂系统的数学模型求解，同时需要仿真复杂系统的演化行为，最终可以得到用来描述该复杂系统的一些图表及数据。由于迭代法是这一阶段的基本运算方法，因此这也是一种螺旋式推进的演化过程。

(5) 决策分析。在对复杂系统问题建立的模型中含有许多假设，涉及社会、政治、经济等方面，这是由复杂系统中存在的诸多不确定性因素造成的，因此需要决策者对该系统进行决策分析。一般情况下，决策者会基于以往的经验知识对模型中的假设进行调整，也可能提出全新的假设。最终的决策分析结果往往能够较好地评价模型的合理性，深入分析系统中的演化行为，为决策者对系统的行为与状态的研究提供指导，从而发现原始模型中的不合理之处。同时，整个系统的演化结果也可以为决策者提供评价模型是否合理的标准，即如果演化的结果明显不符合逻辑，则证明建立的模型不正确，就必须再次“旋进”循环迭代中去，这便是螺旋式推进的系统方法论。因此，这是一个迭代过程，也是一个反馈控制系统。

思考与练习

1. 系统工程方法论的含义是什么？它对处理系统问题起着什么样的作用？
2. 霍尔方法论的特点是什么？它主要用来处理哪些类型的系统问题？
3. 切克兰德方法论的特点是什么？它主要用来处理哪些类型的系统问题？
4. 系统分析主要涉及哪些要素？在系统分析过程中必须要遵循哪些重要原则？
5. 在系统分析过程中，为什么要建立数学模型和计算机模型？

第3章　系统模型及建模方法

3.1　模型与模型化概述

3.1.1　模型及模型化的定义

模型可以说是现实系统的替代物。模型应反映系统的主要组成部分、各部分之间的相互作用，以及在运用条件下的因果作用及相互关系。利用模型可以用较少的时间和费用对实际系统做研究和试验，可以重复演示和研究，因此更易于洞察系统的行为。建立模型是科学和艺术的结合，不仅需要科学理论和工程技术知识，也需要实践的经验和技艺。模型是现实系统的理想化抽象或简洁表示，描绘了现实系统的某些主要特点，是为了客观地研究系统而发展起来的。

模型有三个特征：① 它是现实世界部分的抽象或模仿；② 它是由那些与分析的问题有关的因素构成的；③ 它表明了有关因素间的相互关系。

模型是为了描述现实世界的一个抽象。由于模型要描述现实世界，因此它必须反映实际；由于它的抽象特征，因此又应高于实际。在构造模型时，要兼顾它的现实性和易处理性。考虑到现实性，模型必须包含现实系统中的主要因素。考虑易处理性，构造模型要采取一些理想化的办法，即去掉一些外在的影响并对一些过程做合理的简化。当然，这样会使模型的现实性有所牺牲。一个好的模型要兼顾到现实性和易处理性，偏重哪一方面，都不是一个好的模型。

模型化就是为描述系统的构成和行为，对实体系统的各种因素进行适当筛选，用一定的方式（数学、图像等）表达系统实体的方法，简而言之就是构造模型的过程。

3.1.2　模型化的本质、作用及地位

（1）本质

利用模型与原型之间某方面的相似关系，在研究过程中可以用模型来代替原型，通过对模型的研究得到关于原型的一些信息。这里的相似关系是指两事物不论其自身结构如何不同，其某些属性都是相似的。

（2）作用

① 模型本身是人们对客体系统一定程度研究结果的表达。这种表达是简洁的、形式化的。② 模型提供了脱离具体内容的逻辑演绎和计算的基础，这会导致对科学规律、理论、原理的发现。③ 利用模型可以进行“思想”试验。

总之，模型研究具有经济、方便、快速和可重复的特点，它使得人们可以对某些不允许进

行试验(如社会、经济)的系统进行模拟试验研究,快速显示它们在各种条件下漫长的反应过程,并很经济,可重复进行。

(3) 地位

模型的本质决定了它的作用的局限性。它不能代替对客观系统内容的研究,只有在和客体系统内容研究相配合时,模型的作用才能充分发挥。模型是对客体的抽象,由它得到的结果必须再拿到现实中去检验。

系统模型(化)的作用与地位如图 3-1 所示。

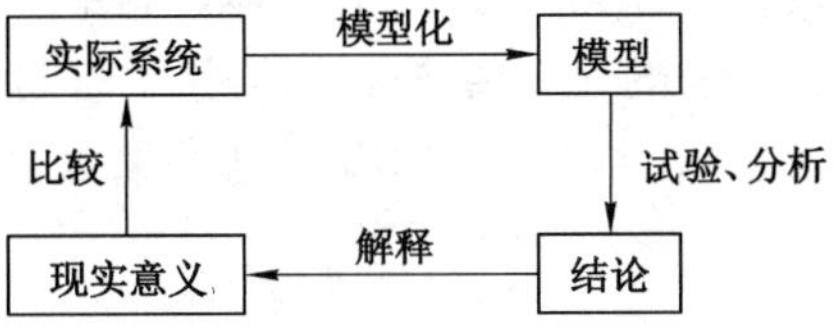

图 3-1　系统模型的作用与地位

3.1.3　模型的分类

一般说来,模型可按图 3-2 进行分类。

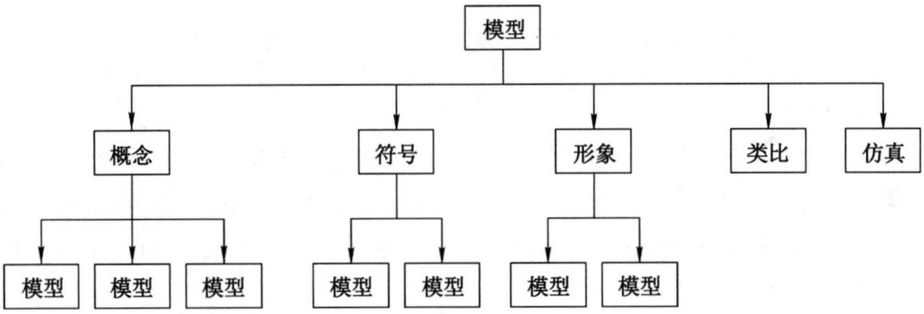

图 3-2　模型的分类

概念模型是通过人们的经验、知识和直觉形成的。它们在形式上可以是思维的、字句的或描述的。当人们试图系统地想象某一系统时,就用到这种模型。思维模型通常不好定义,不容易交流(传送)。字句模型在结构上比前者好些,但仍难于传送。描述性模型表示了高度的概念化,并可以传送。

符号模型用符号来代表系统的各种因素和它们间的相互关系。这种模型是抽象模型。它通常采用图示或数学形式,一般分为结构模型和数学模型。结构模型多采用图(如有向图)、表(如矩阵表)等形式,其优点是比较直观、便捷。数学模型采用数学表达式的形式,其优点是准确、简洁和易于操作。

类比模型和实际系统的作用相同。这种模型利用一组参数来表示实际系统的另一组参数。

仿真模型是用计算机对系统进行仿真时所使用的模型。

形象模型是把现实事物的尺寸进行改变(如放大或缩小)后的表示。这种模型有物理模型和图像模型。物理模型是由具体的、明确的材料构成的。图像模型是客体的图像。这些模型是描述的而不是解释的。

当然,模型分类的方式很多。可按它们的不同特征(如用途、变量的性质等)加以分类,这里不再一一列举。

3.1.4 构造模型的一般原则

1. 建立方框图

一个系统是由许多子系统组成的。建立方框图的目的是简化对系统内部相互作用的说明。用一个方框代表一个子系统。系统作为一个整体,可用子系统的连接来表示。这样,系统的结构就很清晰了。图 3-3 所示的工厂系统,就是用方框图表示的一个例子。图中将每个部门(子系统)用一个方框来表示。每个方框有自己的输入和输出。图 3-3 清楚地表明了工厂系统各个子系统的关系。

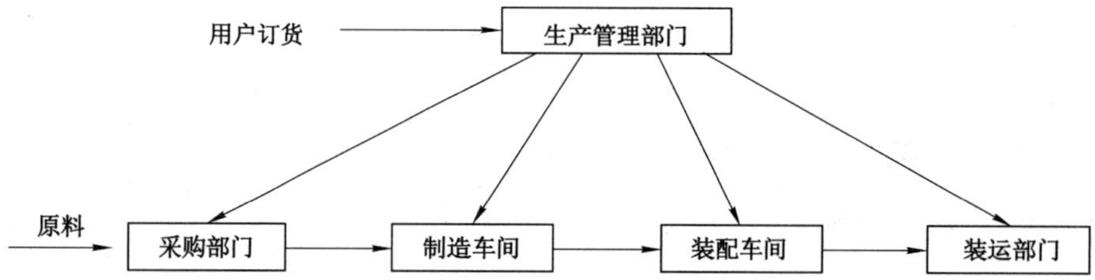

图 3-3 工厂系统各个子系统的关系

2. 考虑信息相关性

模型中只应包括系统中与研究目的有关的那些信息。例如,在煤矿管理中,研究工艺流程对生产效率的影响时,就不需要考虑工人的工资。与研究目的无关的信息包括在模型中虽然不会有什么害处,但它会增加模型的复杂性。所以,模型中只应包括有关的信息。

3. 考虑准确性

建模时,对所收集的用以建模的信息应考虑其准确性。例如,在飞机系统中,飞行的精度是靠机身运动的表达式来描述的。建模时,可以充分地认为机身是刚体,而且在结构上,机身的挠度也在许可的振动范围内。这样,就可在控制翼面运动和飞行方向间推导出很简单的关系,也可利用它估算燃料的消耗量。如果要考虑旅客对舒适的要求,就需要考虑机身的振动,需要对机身做详细的描述。

4. 考虑结集性

建模时需要进一步考虑的因素是把一些个别的实体组成更大实体的程度。例如,在工厂系统中,图 3-3 所示的描述形式能满足厂长的工作需要,但是它不能满足车间管理人员的需要,因为车间管理人员是把车间的每个工段作为一个单独实体的。对于活动的表示,也应考虑到结集性。例如,在导弹防护系统的研究中,有的项目并不需要对每次导弹发射进行详细计算,只要用概率函数表示多次发射所得到的结果就够了。

3.1.5 建模的基本步骤

对于建模,很难给出一个严格的步骤。建模主要取决于对问题的理解,建模人员的洞察力、受到的训练和掌握的建模技巧。建模的基本步骤如下:

（1）明确建模的目的和要求，以便使模型满足实际要求，不致产生太大偏差。

（2）对系统进行一般语言描述。因为系统的语言描述是进一步确定模型结构的基础。

（3）弄清楚系统中的主要因素（变量）及其相互关系（结构关系和函数关系），以便使模型准确地表示现实系统。

（4）确定模型的结构。这一步决定了模型定量方面的内容。

（5）估计模型的参数。用数量来表示系统中的因果关系。

（6）试验研究。对模型进行试验研究，进行真实性检验，以检验模型与实际系统的符合性。

（7）必要修改。根据试验结果，对模型做必要的修改。

3.1.6　模型化的基本方法

模型化是艺术性很强的工作。归纳和演绎虽然有助于建模，但还必须靠创新性思考和观察。

1. 分析法

分析法就是分析解剖问题，深入研究客体系统内部的细节（如结构形式、函数关系等）。可利用逻辑演绎法，从公理、定律导出系统模型。例如，利用图 3-4 所示的力学装置，研究某物体的运动规律，可得如下公式：

$$\begin{cases} f = ma \\ f = -(Bv + kx) + F(t) \end{cases}$$

整理得

$$m\frac{\mathrm{d}^2 x}{dt^2} + B\frac{\mathrm{d}x}{dt} + kx = F(t)$$

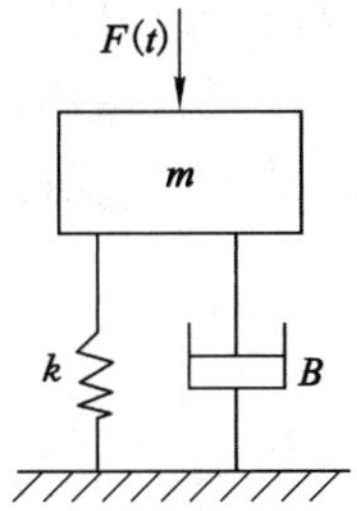

图 3-4　力学装置

2. 试验法

试验法就是通过对试验结果的观察和分析，利用逻辑归纳法导出系统模型。数理模型方法是典型代表。

试验法基本包括三类：① 模拟法；② 统计数据分析；③ 试验分析。

3. 综合法

这种方法既重视试验数据又承认理论价值，将试验数据与理论推导统一于建模之中。试验数据与理论不可分割，没有试验就建立不了理论，没有理论指导则难以得到有用的数据。在实际工作中本方法是最常用的方法。通常利用演绎法从已知定理中导出模型，对于某些不详之处，则利用试验方法来补充，再利用归纳法从试验数据中搞清楚关系，建立模型。

例如，由经济理论得知，由劳动力 A 和资本投入 P 可以得出产值 Y，因此可知

$$Y = f(A,P)$$

这一步即是由理论推出模型结构。假设是相加(广义)关系，则

$$Y = cA^{\alpha}P^{\beta}$$

这里 c、α、β 都是未知系数，利用统计数据就可以得出 c、α、β 的值，得到一个柯布-道格拉斯(Cobb-Douglas)生产函数模型。

4. 老手法

老手法主要是德尔菲(Delphi)法。对于复杂的系统，特别是有人参与的系统，要利用前述方法建模是十分困难的。其原因就在于人们对于这样的系统认识不足，因此就必须采用德尔菲法等。即通过专家们之间启发式的讨论，逐步完善对系统的认识，构造出模型。这在社会系统规划、决策中是常用的方法。这种方法的本质在于集中了专家们对于系统的认识(包括直觉、印象等不肯定因素)及经验。通过试验修正，往往可以得到较好的效果。

5. 辩证法

辩证法基本的观点是：系统是一个对立统一体，是由矛盾的两方面构成的。矛盾双方相互转化与统一乃是真实情景。同时现象不是本质，形式不是内容。因此必须构成两个相反的分析模型。相同数据可以通过两个模型来解释。这样关于未来的描述和预测是两个对立模型解释的辩证发展的结果。因此这种方法可以防止出现片面结果，其结果优于单方面的结果。

3.2 系统结构模型化方法

通过模型对系统进行描述，是我们对系统本质特征的认知过程；通过模型对系统进行刻画，是我们对系统进行再设计、再优化的过程。结构模型是一类通过图与矩阵反映系统的结构特点和因果关系的模型，由于其充分发挥了直观性的特点，从而成为认识与研究复杂系统的有效手段。

3.2.1 系统结构的概念

1. 概念

系统结构是指组成系统的各要素(子系统)之间在数量上的比例和空间或时间上的联系方式，即系统内诸要素相互依赖、相互作用的内在方式，也就是各要素在时间或空间上排列和组合的具体形式。

一切系统均有结构，结构是系统的普遍属性。没有无结构的系统，也没有离开系统的结构。无论是宏观世界还是微观世界，一切物质系统都无一例外地以一定结构形式存在、运动和变化着。

结构具有不同的形式，其基本形式有数量结构、时序结构、空间结构和逻辑结构。另外，还可以把结构划分为平衡结构与非平衡结构、有序结构与非有序结构等形式。各构成要素之间的联系排列方式保持相对不变的系统结构称为平衡结构，如晶体结构，这种系统结构中的各个要素有固定位置，它的结构稳定性非常明显。系统的各组成要素对环境经常保持着

一定的活动性，系统必须与环境不断进行物质、能量、信息交换才能保持有序性的系统结构，称为非平衡结构，这种结构本质上是一种动态结构。有序结构与非有序结构的划分主要是以系统内有无固定的秩序为标志。

2. 整体与结构的关系

整体与结构的关系是系统关系的基本内容。搞清此关系不但有助于深入揭示系统的整体特征及其发展变化的根源，同时有利于根据系统整体的不同需要而去规划、设计各种人造系统的内部结构，实现系统结构的最优化。整体与结构的关系表现为以下四个方面。

(1) 结构是系统整体存在的基础

任何系统都作为一个整体而存在。结构紧凑而合理，系统整体性就强；结构松散而不合理，系统整体性就差；结构一旦解体，整体也就不存在了。在系统中，结构联系为相互结合的各种要素提供了新的活动条件，弥补了原来各种要素在孤立状态时的缺陷，因而系统便形成新的属性和功能。

(2) 结构的变化将导致系统整体性能的变化

以下四种情况将导致系统整体性能的变化：构成整体的要素不变，其空间关系发生变化；构成整体的要素不变，其时间次序发生变化；构成整体的要素之间发生数量比例关系的变化；构成整体的要素之间的相互协调程度变化。

(3) 结构是整体与部分相互联系、相互作用的纽带

整体只有通过结构才能控制部分、支配部分，而部分只有处于一定结构中，才能反作用于整体。

(4) 结构受整体的制约

结构是整体存在和发展的基础，但同时它又受到整体的制约。任何结构都依赖整体，结构随整体特性的变化而变化。任何结构都是适应整体变化需要而诞生的，当一个结构不能满足这种要求时，它就要被新的结构所取代。

3.2.2 系统结构的特性

结构是系统要素内在有机联系的具体形式，通常具有以下特点。

1. 系统结构的稳定性

系统之所以能够保持它的有序性，是因为系统各要素之间有着稳定的联系。稳定是指系统整体状态能持续出现，这种持续出现可以是静态的，也可以是动态的。系统受到外界环境的干扰，有可能偏离某一状态而不稳定，但一旦干扰消除，系统又可恢复原来状态，继续保持稳定，系统总是趋向于保持某一状态。

2. 系统结构的层次性

系统结构的层次性包括两方面含义：等级性和多侧面性。等级性是指任何一个复杂系统都可以从纵向上分为若干等级，其中低一级的系统结构是高一级系统结构的有机组成部分。例如，从煤矿到井田、阶段、采区、工作面等就是一种等级系统结构。多侧面性则是指任何同一级的复杂系统，又可以从横向上分为若干相互联系而又各自独立的平行部分。例如，煤矿生产系统可分为采煤系统、运输系统、掘进系统、机电系统、排水系统、通风系统等。

系统结构的层次性反映了系统要素在构成上的等级和次序，也反映了要素构成系统过程中存在的质变。通常，系统层次结构的划分结果随着研究系统目的的不同而不同，但是所有的系统层次结构都满足中下层元素对上层元素是服从和支撑关系，而上层元素对中下层元素是控制关系。

针对实体系统而言，系统由部分构成，部分由子系统构成，而子系统由配件构成，表 3-1 所列是关于这类系统层次结构的一般描述。

表 3-1　系统的层次

层次	描述
系统	有特定目标的部分集成体，如“神舟”系列载人飞船
部分	是系统的主要构成，如航天员系统、飞船应用系统、运载火箭系统、发射场系统、载人飞船系统、测控通信系统和着陆场系统
子系统	部分中可实现独立功能的配件集成体，如运载火箭系统有箭体结构、控制系统、动力装置、故障检测处理系统、逃逸系统、遥测系统、外测安全系统、推进剂利用系统、附加系统、地面设备等子系统
配件	由子配件构成，并且它组成了子系统，如构成逃逸系统的发动机及整流罩的上半部分等
子配件	组分的集成体，由它组成配件
组分	由零件组成
零件	系统最底层的可识别的主体

3. 系统结构的相对性

系统结构的层次性决定了系统结构和要素之间的相对性。在系统结构的无限层次中，高一级系统内部结构的要素又包含着低一级系统的结构，复杂大系统内部结构中的要素又是一个简单的结构系统。因此，结构与要素是相对系统的等级和层次而言的。

树立系统结构具有相对性这个观点使人们在认识事物时，可以避免简单化和绝对化：既注意到把一个子系统当作大系统结构中的一个要素来对待，以求得统一和协调；又注意到一个子系统不仅是大系统中的一个要素，它本身又包含着复杂的结构，应予以区别对待。一般来说，高一级的结构层次对低一级的结构层次有着较大的制约性，而低一级结构又是高一级结构的基础，它也反作用于高一级的结构层次，它们之间具有辩证关系。

4. 系统结构的开放性

系统可以分为开放系统和封闭系统，但任何系统结构都不会是绝对封闭和绝对静态的，任何系统总存在于环境之中，总要与外界环境进行能量、物质、信息的交换，系统的结构在这种交换过程中不断变化，由量变到质变，这就是系统结构的开放性。任何系统结构在本质上都是开放的，总处于不断变化的过程中，坚持系统结构的开放性观点，才是分析事物的科学态度。

3.2.3　系统结构的逻辑关系分析方法

系统结构的逻辑关系分析是系统结构分析的重要组成部分，系统结构分析是系统分析和系统设计的理论基础。

系统结构是系统保持整体性和使系统具备必要的整体功能的内部依据，是反映系统内部要素之间相互联系、相互作用形式的形态化，是系统中元素秩序的稳定化和规范化表现。

构建系统结构的出发点是目的性，主要内涵特征是集合性、相关性和层次性，整体性和环境适应性是系统内外部协调的表征。系统结构的逻辑关系分析，就是为了找到系统应具有的合理结构。

在总目标和环境因素约束下，在系统的元素集合、元素关系集合及它们的层次分布上进行优化组合，将使系统得到优化的输出。

系统结构的逻辑关系分析方法，通常有如下三种：Delta 框图、因果关系图、结构模型法。

1. Delta 框图

Delta 是组成 Delta 框图的五个元素的英文首字母的缩写，这五个元素是决策框、事件框、逻辑框、时间箭头和活动框。在 Delta 框图中还包含连接矩阵和接地符号两个元素。接地符号是用来表示结束的。Delta 框图的 7 种符号如图 3-5 所示。它们可以像流程图一样用来表示系统结构、系统总体设计的概念和作业流程等。

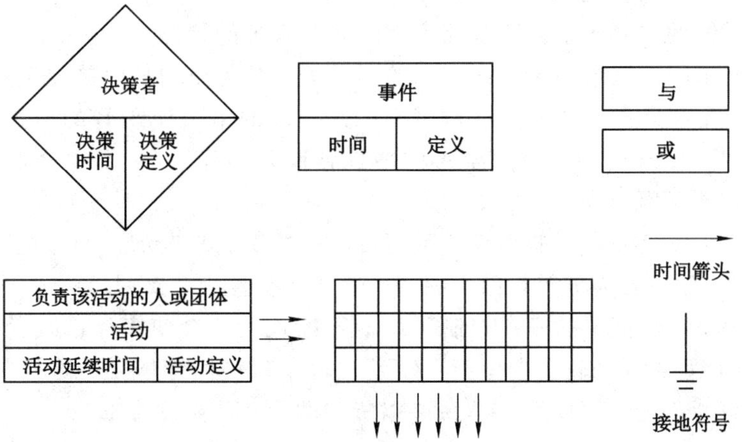

图 3-5　Delta 框图的 7 种符号

Delta 框图中不仅有事件和活动框，还有决策和逻辑框，因而允许有选择性并且可以有反馈回路。事件和活动代表的意义也可以在图中标明，在 Delta 框图中，有如下说明：

(1) 决策框代表可以在两者或多者之间进行选择。

(2) 事件框代表一个活动的完成，如商品被送到超市。

(3) 逻辑框代表“与”或“或”的逻辑关系。

(4) 时间箭头表明完成一项活动需要的时间。

(5) 活动框表明正进行或将要完成的动作，如商品正在被送往超市。

(6) 连接矩阵是表明活动框输入与输出关系的一种简捷方便的方式。输入从矩阵的左边引入，输出从矩阵底部引出。

(7) 接地符号是一个活动或项目的结束标记。

图 3-5 中，Delta 框图的有些符号根据具体问题可以进行一定的简化，例如，可以省掉日

期、延续时间、定义和连接矩阵等。如果再将 Delta 框图中的逻辑框省略，那么所得出的 Delta 框图基本类似于传统框图。

Delta 框图的自解释性及清晰性是它的主要优点，它可以被大多数人所理解。在 Delta 框图的各种应用中，表现出如下一些主要优点：

(1) 当群体共同完成一个项目时，Delta 框图能使群体较快地认识系统结构，明白如何发挥各自的功能才能很好地完成最终目标。

(2) Delta 框图的清晰性使它成为一种很有用的相互交流的工具。

(3) 按框图行事，可大大提高效率。

(4) Delta 框图提供了一种可以有效地、清晰地描述复杂系统相互关系的工具。采用这种工具可以先认识系统的结构，再认识整个系统，从而可以使复杂系统易于理解。

(5) Delta 框图尤其适用于元素较多、风险较大的系统。

2. 因果关系法

因果关系图可描述系统中元素间的因果关系、系统的结构和系统的运行机制。这对系统建模来说是非常有用的。只有把握了系统的结构和运行机制，才能建立起高质量的模型。

制作因果关系图可分为以下几个步骤：

(1) 确定系统的主要元素。这些元素应能表明系统的状态。

(2) 找出元素间的因果关系。元素间的因果关系分为正增长因果关系和负增长因果关系。例如，元素 A 和元素 B 之间存在着因果关系。A 的增长导致 B 的增长，A 的降低导致 B 的降低，这就是正增长因果关系；若 A 的增长导致 B 的降低，而 A 的降低导致 B 的增长，这就是负增长因果关系。

(3) 绘制因果图。元素间的因果关系用带箭头的实线来表示。若为正增长因果关系则在箭头旁注上"+"号；若为负增长因果关系则在箭头旁注上"－"号。

图 3-6 反映了一个简单的库存控制系统。不断地发货会使库存量减少，当库存量减至某一水平时，库存管理人员就要向生产厂家发出订单以使库存恢复。这样关于当前库存的信息就传递到订货部门，再到生产者，最终以货物的形式回到库存部门。

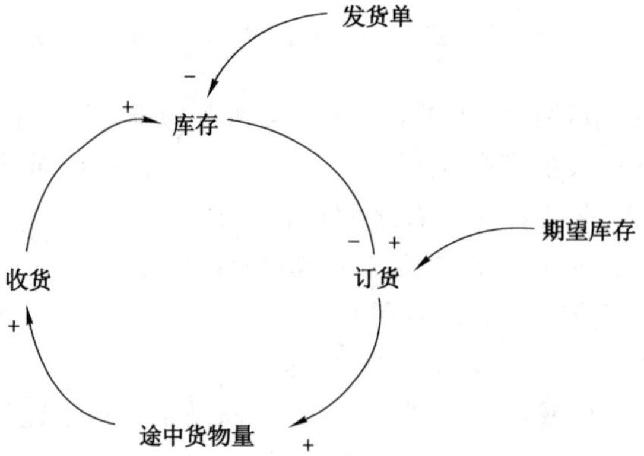

图 3-6　库存控制系统

如果某一因果关系环中全是正增长因果关系或有偶数个负增长因果关系，那么说明这个系统是正反馈环，是系统自增强的，这种系统往往是不稳定的。

社会经济系统的发展最终总要受到资源的限制,因而一般所考虑的社会经济系统都是负反馈环,均不同程度地存在着负反馈机制,具有系统的自调节功能,形成稳定的系统。所以,正确认识系统的结构和运行机制,才能建立高质量的模型,得到正确的结果。

3.2.4　系统的结构表达

要分析系统的结构,必须先弄清楚该系统中含有哪些要素,以及这些要素之间存在怎样的相互影响和相互制约关系。

1. 系统要素的选取及其关系的确定

目前还没有哪种定量的方法能够自动识别系统的要素,并判定要素的构成。因此,系统要素的选择主要还是利用系统分析人员的智慧。系统要素的选择及要素间相互关系的确定主要步骤如下。

(1) 挑选系统分析人员

成员数以 10 人左右为宜,所选成员应对所选问题持关心态度,应保证持有各种不同观点的人入选。

(2) 设定问题

由于小组成员掌握的情况、分析的目的是散乱的,各自站在不同的立场,因此为了使研究工作很好地开展,预先必须使用 K. J. 法(A 型图解法)、"5W2H"疑问法(七何分析法)等方法,明确规定所研究的问题。

(3) 选择构成问题的要素

采用 NGT(nominal group technique)——名义分组法,能把个人的想法与小组的集体创造性思考很好地结合在一起,它的程序如下:

① 选择对问题比较熟悉的人员,组成 7～8 人的小组,选出一名领导、一名记录员。领导应熟悉所研究的问题,对过程起着组织的作用,并具有高度概括的能力。

② 进行问题的设定。一定要使每个成员非常清楚地了解所研究的问题。

③ 对提出的问题,每个成员把各自想到的事情写在纸上,时间一般限制在 15 min 左右。

④ 每个成员要讲出自己的想法,记录员要把这些想法用全体成员都能看到的大字写在一张纸上(或黑板上),或通过计算机投影到屏幕上。

⑤ 全体成员边看边讨论、修改、明确。同时把意义、内容相似的方案(要素)归纳为一个。

⑥ 各成员为修正了的各个方案确定顺序,这就是 NGT 的结论。

用这种方法能在较短时间内得到很多方案,而且使小组成员参与计划的意识保持旺盛状态。要素项目以 10～30 项为宜,过多或过少会使得对模型的理解产生困难。

(4) 建立要素之间的关系

确定要素间有无关系,在结构模型的程序中至关重要。一开始必须明确关系的含义(因果关系、优先关系、包含关系、影响程度、重要程度等),判断时最好靠直觉进行,这样得出的是要素间的直接关系;若经过分析和讨论,就会包含间接的关系。如果最终意见难以统一,可构造两种或两种以上的结构模型。

从结构模型实施的整个过程我们可以了解到:结构模型是从明确问题开始的。当系统的研究对象确定后，参加制定模型的人员根据对系统及其组成部分的了解和调查，在意识中已经形成一些不完整的有关系统结构的知识。也就是说，对于系统各元素或子系统 $s_1,s_2,\cdots,s_n$ 之间的相互关系有了相当程度的掌握，能够回答所有或大部分"s_i"是否可达"s_j"，即"$s_iRs_j(i=1,2,\cdots,n;j=1,2,\cdots,n)$"的问题(通常称这种了解为"意识模型")，然后再经过相互之间的讨论形成一致的或大体一致的看法(本着求同存异的原则)。要把要素间关系输入计算机，由人和计算机经过多次对话逐渐构成结构模型所对应的矩阵。整个过程如图 3-7 所示。最终得出的结构图可以将结果与原先构思的模型进行比较。针对比较结果，或修正结构模型，或修正矩阵模型，或修正系统元素集合，直到满意为止。这个过程，也是一个统一工作人员思想、提高工作人员认识的过程。

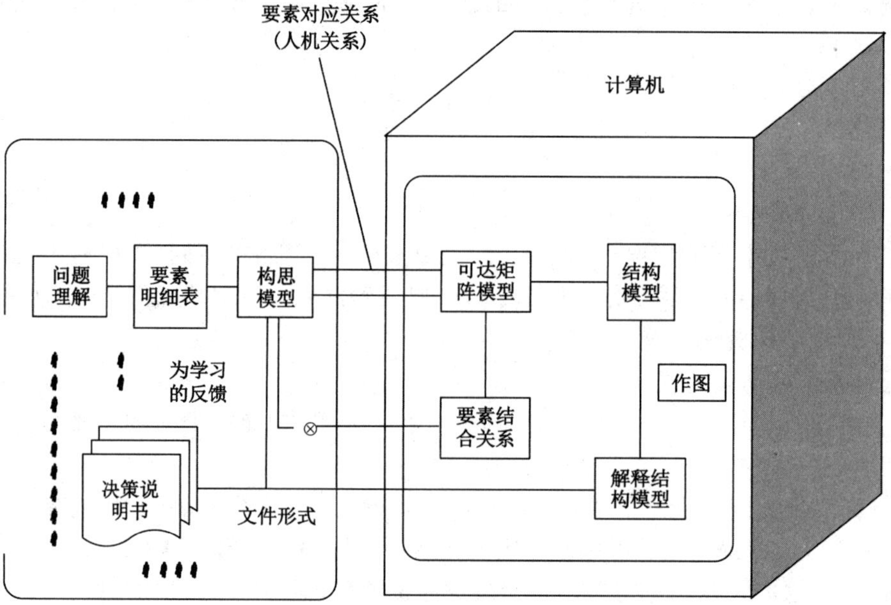

图 3-7 人机对话解释性的结构模型

2. 系统结构的构成

任何系统都含有若干要素，而且要素之间存在着一定的逻辑关系，这些关系可理解为"影响""取决于""先于""需要""导致"或其他的含义。分别记系统 S 的要素集为 X，关系集为 R，即

$$X=\{s_1,s_2,\cdots,s_n\}\quad(n\text{ 为要素数目})$$

$$R=\{r_{ij}\}\quad(i,j=1,2,\cdots,n)$$

$$r_{ij}=(s_i,s_j)\text{或者 }r_{ij}=s_i\mathrm{R}s_j\quad(\mathrm{R}\text{ 表示 }s_i\text{ 和 }s_j\text{ 存在二元关系})$$

则系统 S 可表达为

$$S=(X,R) \tag{3-1}$$

图 3-8 为一个由四个要素组成的系统。图 3-8 所示的系统 $S=(X,R)$。其中：

$$X=\{s_1,s_2,s_3,s_4\},\quad R=\{(s_1,s_2),(s_1,s_4),(s_2,s_3),(s_4,s_2),(s_4,s_3)\}$$

在系统中，由于要素间的关系都是有一定方向的，如因果关系、从属关系、支配关系等。不失一般性，本书均把 R 看成方向性的关系集，$r_{ij}=s_iRs_j$，表示 s_i 影响 s_j。

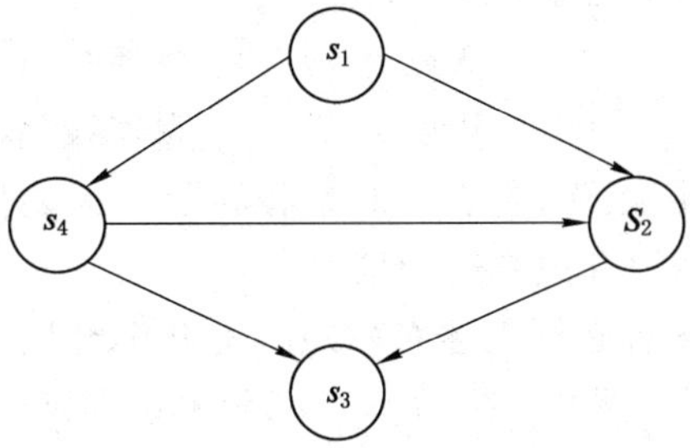

图 3-8　系统构成定义

3. 系统结构的图形表示

系统结构图是由节点和连接节点的枝所构成的。在 X 上的二元关系 (X,R) 中，当 X 是有限集合的时候，若把 X 的要素表达成点，把要素间关系 (s_i, s_j) 表达成从点 s_i 指向点 s_j 的具有方向的枝，则系统构造就可表达成系统的有向连接图。

图形表示的最大优点在于能直观、容易、明白地表示出系统的构造，并使系统的信息传递路径一目了然。

但是，如果系统为大规模系统或者复杂系统，系统的有向连接图就会变得错综复杂而难以看清。这时图形表示直观的优越性也丧失了。并且，复杂系统的图形表示不方便演算，因此，采用更有逻辑性的且能够演算的表达形式十分必要。

4. 系统结构的矩阵表示

在系统 (X,R) 中，X 是有限集合时，把 X 的要素取为行和列，并且构成矩阵 $\boldsymbol{A}$：

$$\boldsymbol{A} = \begin{array}{c} \\ s_1 \\ s_2 \\ \vdots \\ s_n \end{array} \begin{array}{c} \begin{array}{cccc} s_1 & s_2 & \cdots & s_n \end{array} \\ \begin{bmatrix} a_{11} & a_{12} & \cdots & a_{1n} \\ a_{21} & a_{22} & \cdots & a_{2n} \\ \vdots & \vdots & \ddots & \vdots \\ a_{n1} & a_{n2} & \cdots & a_{nn} \end{bmatrix} \end{array} \tag{3-2}$$

$$a_{ij} = \begin{cases} 1, & s_i \mathrm{R} s_j \\ 0, & s_j \bar{\mathrm{R}} s_j \ (\bar{\mathrm{R}}\text{ 表示 } s_i \text{ 和 } s_j \text{ 不存在关系}) \end{cases} \tag{3-3}$$

$\boldsymbol{A}$ 是一个二值矩阵即布尔矩阵，它的运算可用布尔运算进行。布尔运算关系为：

$$1+1=1 \quad 1+0=1 \quad 0+1=1 \quad 0+0=0$$

$$1\times1=1 \quad 1\times0=0 \quad 0\times1=0 \quad 0\times0=0$$

这样就建立了系统结构与矩阵之间的一一对应关系。

【例 3-1】　由图 3-8 可给出表达系统构造的布尔矩阵，如下所示：

$$\boldsymbol{A} = \begin{array}{c} \\ s_1 \\ s_2 \\ s_3 \\ s_4 \end{array} \begin{array}{c} \begin{array}{cccc} s_1 & s_2 & s_3 & s_n \end{array} \\ \begin{bmatrix} 0 & 1 & 0 & 1 \\ 0 & 0 & 1 & 0 \\ 0 & 0 & 0 & 0 \\ 0 & 1 & 1 & 0 \end{bmatrix} \end{array}$$

把布尔矩阵与图 3-8 对照可以看出，布尔矩阵就是一种表达系统有向连接图的矩阵，它将图的点取为相应的行和列，把元素 a_{ij} 取为：

$$a_{ij}=\begin{cases}1, & 从点\ s_i\ 到点\ s_j\ 有连线(枝)\\0, & 从点\ s_i\ 到点\ s_j\ 无连线(枝)\end{cases}$$

把这种矩阵称为图的邻接矩阵，它表示的是各相邻单元之间的直接关系。通过对邻接矩阵的运算，还可以得到更多的有关系统的信息。

由于 $\boldsymbol{A}$ 是布尔矩阵，因此有必要叙述布尔矩阵的几个性质。

(1) 布尔矩阵和二元关系(图)一一对应，若二元关系确定了，则布尔矩阵也就唯一确定了；反之，若布尔矩阵确定了，则二元关系也就唯一确定了。

(2) 布尔矩阵的转秩表示把二元关系的所有方向改换，即在图中使箭头方向变为反向。

(3) 布尔矩阵的运算与通常矩阵的运算相同，元素的运算根据布尔运算关系进行。

逻辑和(并)为：$\boldsymbol{A}\cup\boldsymbol{B}=\{a_{ij}\cup b_{ij}\}=\max\{a_{ij},b_{ij}\}$。

逻辑乘(交)为：$\boldsymbol{A}\cap\boldsymbol{B}=\{a_{ij}\cap b_{ij}\}=\min\{a_{ij},b_{ij}\}$。

$\boldsymbol{A}$ 与 $\boldsymbol{B}$ 的乘积：

$$\boldsymbol{A}\times\boldsymbol{B}=\left\{\sum_{k=1}^{n}a_{ik}\cdot b_{kj}\right\}=\max\{\min\{a_{ik},b_{kj}\}\}$$

(4) 布尔矩阵的积：

$$\boldsymbol{A}_n=\boldsymbol{A}\times\boldsymbol{A}\times\cdots\times\boldsymbol{A}$$

它表示在图中存在长度为 $n-1$ 的路径。

【例 3-2】 考虑图 3-9 所示的系统构造，通过计算布尔矩阵的幂来推断系统中的要素之间的可达关系。

图 3-9　系统结构图

布尔矩阵 $\boldsymbol{A}$ 及它的幂积如下所示。

$$\boldsymbol{A}=\begin{matrix} & s_1 & s_2 & s_3 & s_4\\ s_1 & 0 & 1 & 0 & 0\\ s_2 & 0 & 0 & 1 & 0\\ s_3 & 0 & 1 & 0 & 1\\ s_4 & 0 & 0 & 0 & 0\end{matrix},\quad \boldsymbol{A}^2=\begin{matrix} & s_1 & s_2 & s_3 & s_4\\ s_1 & 0 & 0 & 1 & 0\\ s_2 & 0 & 1 & 0 & 1\\ s_3 & 0 & 0 & 1 & 0\\ s_4 & 0 & 0 & 0 & 0\end{matrix}$$

$$\boldsymbol{A}^3=\begin{matrix} & s_1 & s_2 & s_3 & s_4\\ s_1 & 0 & 1 & 0 & 1\\ s_2 & 0 & 0 & 1 & 0\\ s_3 & 0 & 1 & 0 & 1\\ s_4 & 0 & 0 & 0 & 0\end{matrix},\quad \boldsymbol{A}^4=\begin{matrix} & s_1 & s_2 & s_3 & s_4\\ s_1 & 0 & 0 & 1 & 0\\ s_2 & 0 & 1 & 0 & 1\\ s_3 & 0 & 0 & 1 & 0\\ s_4 & 0 & 0 & 0 & 0\end{matrix}$$

$$
A^5 = \begin{matrix} & s_1 & s_2 & s_3 & s_4 \\ s_1 & 0 & 1 & 0 & 1 \\ s_2 & 0 & 0 & 1 & 0 \\ s_3 & 0 & 1 & 0 & 1 \\ s_4 & 0 & 0 & 0 & 0 \end{matrix}
$$

它们分别表示在步长为 1、2、3、4、5 的路径上可能到达的点的存在。因此，若二元关系是可以递推的(即如果 s_iRs_k，s_kRs_j，则 s_iRs_j)，则通过 $\boldsymbol{A}^n$ 的计算就可以把系统构造上相互关联的要素搞清楚。

(5) 在布尔矩阵中如果有一列元素(如第 i 列)全是 0，则 s_i 是系统的源点；如果有一行元素(如第 k 行)全是 0，则 s_k 是系统的汇点。

(6) 如果需要知道从某一要素 s_i 出发可能到达哪一些要素，则可以把 $\boldsymbol{A}$(直接的)，$\boldsymbol{A}^2$(间接的)，$\boldsymbol{A}^3$(间接的)，…，$\boldsymbol{A}^n$(间接的)结合在一起进行研究，取 $\boldsymbol{M}=\boldsymbol{A}\cup\boldsymbol{A}^2\cup\cdots\cup\boldsymbol{A}^n$。

为了方便起见，本书认为任何 s_i 都可以到达它本身，这样应再加一个单位阵 $\boldsymbol{I}$，取 $\boldsymbol{M}=\boldsymbol{I}\cup\boldsymbol{A}\cup\boldsymbol{A}^2\cup\cdots\cup\boldsymbol{A}^n$。

$\boldsymbol{M}$ 即为系统的可达矩阵。它的每个元素 m_{ij} 表明 s_i 能否达到(不论路有多长)s_j。

利用上面的公式计算 $\boldsymbol{M}$ 是很麻烦的，尤其是在计算机上计算，$\boldsymbol{A}$，$\boldsymbol{A}^2$，…，$\boldsymbol{A}^n$ 都要存起来，要占用许多存储单元。为了使计算简便，可以用下列办法。考虑到

$$
(\boldsymbol{I}\cup\boldsymbol{A})^2=\boldsymbol{I}\cup\boldsymbol{A}\cup\boldsymbol{A}^2\cup\cdots\cup\boldsymbol{A}^n=\boldsymbol{M}
$$

以此类推：

$$
(\boldsymbol{I}\cup\boldsymbol{A})^n=\boldsymbol{I}\cup\boldsymbol{A}\cup\boldsymbol{A}^2\cup\cdots\cup\boldsymbol{A}^n=\boldsymbol{M}
$$

所以只要计算$(\boldsymbol{I}\cup\boldsymbol{A})^n$ 即可，这时不仅计算量小，而且需要存储的中间结果也少。

【例 3-3】

$$
\boldsymbol{M}=(\boldsymbol{I}\cup\boldsymbol{A})^4=\left\{\begin{bmatrix}1&0&0&0\\0&1&0&0\\0&0&1&0\\0&0&0&1\end{bmatrix}\cup\begin{bmatrix}0&1&0&0\\0&0&1&0\\0&1&0&1\\0&0&0&0\end{bmatrix}\right\}^4=\begin{bmatrix}1&1&1&1\\0&1&1&1\\0&1&1&1\\0&0&0&1\end{bmatrix}
$$

它表明：1 可达到 1、2、3、4；2 可达到 2、3、4；3 可达到 2、3、4；4 只能达到它本身。

(7) 当给定布尔矩阵时，可达矩阵就唯一确定了，但反过来却不成立。把给定的可达矩阵中 1 的个数最少的布尔矩阵称为最小布尔矩阵。

【例 3-4】 可达矩阵，即

$$
\boldsymbol{M}=\begin{bmatrix}1&1&1\\1&1&1\\1&1&1\end{bmatrix}
$$

的布尔矩阵有多个，如

$$
\boldsymbol{A}_1=\begin{bmatrix}0&1&0\\1&0&1\\0&1&0\end{bmatrix},\quad \boldsymbol{A}_2=\begin{bmatrix}0&1&0\\0&0&1\\1&0&0\end{bmatrix},\quad \boldsymbol{A}_3=\begin{bmatrix}0&1&0\\0&0&1\\1&0&1\end{bmatrix}
$$

(8) 可达矩阵 $\boldsymbol{M}$ 和它的转置矩阵 $\boldsymbol{M}^{\mathrm{T}}$ 的共同部分 $\boldsymbol{M}\cap\boldsymbol{M}^{\mathrm{T}}$ 表示图中的强连接部分。

【例 3-5】 在前面的系统图中，若

$$M \cap M^{\mathrm{T}} = \begin{bmatrix} 0 & 0 & 0 & 0 \\ 0 & 1 & 1 & 0 \\ 0 & 1 & 1 & 0 \\ 0 & 0 & 0 & 0 \end{bmatrix}$$

则表示要素 2 和要素 3 构成强连接部分(回路)。

如果计算出 $\boldsymbol{M}$ 是满阵(各元素 m_{ij} 全是 1)，那么整个系统是强连接的。

$$\boldsymbol{P}^{-1}\boldsymbol{BP} = \begin{bmatrix} B_{11} & B_{12} \\ B_{21} & B_{22} \end{bmatrix}$$

一般来说，对于矩阵 $\boldsymbol{B}$，当置换矩阵 $\boldsymbol{P}$ 存在时，使得矩阵 $\boldsymbol{A}$ 经过 $\boldsymbol{P}$ 的列置换后，满足可约矩阵的条件。当 $B_{12}=0$ 或者 $B_{21}=0$ 时，矩阵 $\boldsymbol{B}$ 叫作可约的。即对矩阵适当地进行行和列的置换而能变成分块三角矩阵时，就称此矩阵为可约的，否则称为既约的。

(9) 对于布尔矩阵 $\boldsymbol{A}$，当且仅当它的图为强连接图时，它才称为既约的。

(10) 如果图中没有回路，则必有一个 $v(v<n)$ 存在，使得 $\boldsymbol{A}^k=0, k>v$。如果从可达矩阵看，则必然是 $\boldsymbol{M} \cap \boldsymbol{M}^{\mathrm{T}}=\boldsymbol{I}$。

3.2.5 系统结构建模方法

下面介绍两种常用的系统结构建模方法：DEMATEL(decision making trial and evaluation laboratory，决策试验和评价试验)方法和 ISM(interpretative structural method，解释结构法)方法。

1. DEMATEL 方法

复杂的系统含有的要素众多，并且要素之间关系复杂，如何筛选主要要素、简化系统结构分析的过程是进行系统建模的关键。DEMATEL 方法可以很好地帮助我们解决这一问题。

该方法是一种运用图论与矩阵工具进行系统要素分析的方法，通过分析系统中各要素之间的逻辑关系与直接影响关系，可以判断要素之间关系的有无及关系强弱。目前，该方法已经成功应用于企业创新能力评价、旅游城市评价等多个领域。

针对一个系统，聚集相关人员集思广益，收集有关内部、外部信息，以确定系统包含的一切要素，这需要认真选定有代表性的人员，确保收集的信息全面、客观，能够对系统进行正确的分析。下面是该方法的实施步骤。

(1) 分析系统要素：收集相关信息，剖析系统要素。假设某系统含有 n 个要素，记为 $s_1, s_2, \cdots, s_n$。

(2) 确定要素间的直接影响程度：分析系统各要素之间直接影响关系的有无及关系的强弱，如果要素 s_i 对要素 s_j 有直接影响，则由 s_i 画一个箭头指向 s_j，同时在箭头上用数字表明要素之间关系的强弱，其中“强”标上 3，“中”标上 2，“弱”标上 1。反之，如果有一个箭头从 s_i 出发指向要素 s_j，则说明要素 s_i 对要素 s_j 有直接影响，箭头上的数字反映了二者之间关系的强弱。

注意：当 n 充分大时，可以用式 $\boldsymbol{G}(\boldsymbol{I}-\boldsymbol{G})^{-1}$ 近似计算综合影响矩阵 $\boldsymbol{T}$，其中 $\boldsymbol{I}$ 为 $n \times n$ 的单位矩阵。

(3) 构建直接影响矩阵：将上述各要素之间的直接影响关系用矩阵表示。对于包含 n 个因素的系统而言，用 n 阶矩阵 $\boldsymbol{X}=(a_{ij})_{n\times n}$ 表示各要素之间的直接影响关系，其中 a_{ij} 为要素 s_i 与 s_j 间连线上的数据，即要素 s_i 对要素 s_j 有直接影响。若要素 s_i 和 s_j 无联系，则 $a_{ij}=0$。

(4) 计算规范化直接影响矩阵：将直接影响矩阵进行规范化处理得到规范化直接影响矩阵 $\boldsymbol{G}(\boldsymbol{G}=[g_{ij}]_{n\times n})$。

$$\boldsymbol{G}=\frac{1}{\max\limits_{1\leqslant i\leqslant n}\sum\limits_{j=1}^{n}\cdot x_{ij}}\boldsymbol{X} \tag{3-4}$$

(5) 确定综合影响矩阵：为了分析各要素之间的关系，需要求综合影响矩阵，具体方法如图 3-10 所示。

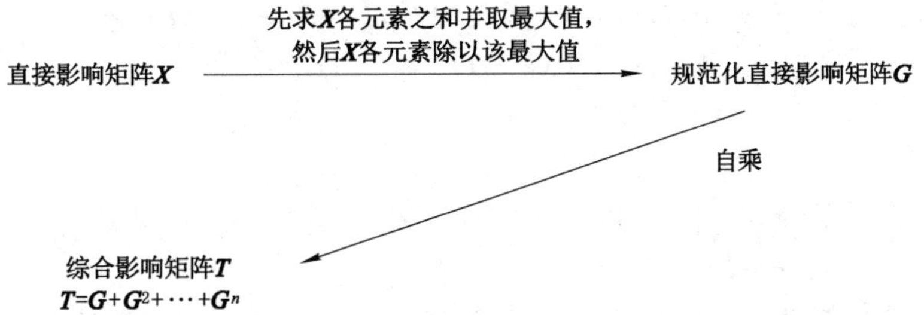

图 3-10　DEMATEL 方法的算法步骤图

(6) 计算要素的影响度和被影响度：对矩阵 $\boldsymbol{T}$ 中元素按行相加得到相应要素的影响度，对矩阵 $\boldsymbol{T}$ 中元素按列相加得到相应要素的被影响度。例如，要素 $s_i(i=1,2,\cdots,n)$ 的影响度 f_i 和被影响度 e_i 的计算公式如下：

$$f_i=\sum_{j=1}^{n}t_{ij},\quad i=1,2,\cdots,n \tag{3-5}$$

$$e_i=\sum_{j=1}^{n}t_{ji},\quad i=1,2,\cdots,n \tag{3-6}$$

(7) 计算各要素的中心度与原因度：系统要素的影响度和被影响度相加得到其中心度，系统要素的影响度和被影响度相减得到其原因度。例如，要素 $s_i(i=1,2,\cdots,n)$ 的中心度 m_i 和原因度 n_i 的计算公式如下：

$$m_i=f_i+e_i,\quad i=1,2,\cdots,n \tag{3-7}$$

$$n_i=f_i-e_i,\quad i=1,2,\cdots,n \tag{3-8}$$

如果原因度 $n_i>0$，表明该要素对其他要素影响大，称为原因要素；如果原因度 $n_i<0$，表明该要素受其他要素影响大，称为结果要素。

(8) 提出建议：通过上述计算，可以根据影响度和被影响度判断出要素间的相互影响关系、对系统整体的影响程度，再根据各要素的中心度判定出各个要素在系统中的重要程度，还可根据原因度的大小，确定各要素在系统中所处的位置。这样我们可以根据上述量化关系，删减要素的数量，简化要素之间关系的复杂程度。

定理 3-1　DEMATEL 方法求得的各要素的中心度和原因度与指标的顺序无关。

证明：(1) 不妨设 $\boldsymbol{X}_1$ 是由影响要素 $F_1,F_2,\cdots,F_n$，按照 $1,2,\cdots,n$ 排列得到的直接影响矩阵，$\boldsymbol{X}_2$ 是按照 $1,2,\cdots,n$ 的另一种排列 $1,2,\cdots,i-1,j,i+1,\cdots,j-1,i,j+1,\cdots,n$ 得到的直接影响矩阵，这里 $j>i$，则不难看出，直接影响矩阵 $\boldsymbol{X}_1$ 经过交换第 i,j 列后，再交换第 i,j 行即可得到直接影响矩阵 $\boldsymbol{X}_2$，即有初等变换矩阵 $\boldsymbol{P}(i,j)$ 使得

$$\boldsymbol{X}_2=\boldsymbol{P}(i,j)\boldsymbol{X}_1\boldsymbol{P}(i,j) \tag{3-9}$$

又因为 $\boldsymbol{P}(i,j)^{-1}=\boldsymbol{P}(i,j)$，所以 $\boldsymbol{X}_2=\boldsymbol{P}(i,j)^{-1}\boldsymbol{X}_1\boldsymbol{P}(i,j)$，即

$$\boldsymbol{X}_1=\boldsymbol{P}(i,j)\boldsymbol{X}_2\boldsymbol{P}(i,j)^{-1} \tag{3-10}$$

也就是说，$\boldsymbol{X}_1$ 与 $\boldsymbol{X}_2$ 是等价的。

由于

$$\begin{aligned}\boldsymbol{T}_1&=\boldsymbol{X}_1\left(\boldsymbol{X}_1-\boldsymbol{I}\right)^{-1}\\&=\boldsymbol{P}(i,j)\boldsymbol{X}_2\boldsymbol{P}\left(i,j\right)^{-1}\left[\boldsymbol{P}\left(i,j\right)^{-1}-\boldsymbol{I}\right]^{-1}\\&=\boldsymbol{P}(i,j)\boldsymbol{X}_2\boldsymbol{P}\left(i,j\right)^{-1}\boldsymbol{P}(i,j)\left(\boldsymbol{X}_2-\boldsymbol{I}\right)^{-1}\boldsymbol{P}(i,j)^{-1}\\&=\boldsymbol{P}(i,j)\boldsymbol{X}_2(\boldsymbol{X}_2-\boldsymbol{I})^{-1}\boldsymbol{P}\left(i,j\right)^{-1}\\&=\boldsymbol{P}(i,j)\boldsymbol{T}_2(i,j)^{-1}\end{aligned} \tag{3-11}$$

反之也有

$$\boldsymbol{T}_2=\boldsymbol{P}\left(i,j\right)^{-1}\boldsymbol{T}_1\boldsymbol{P}(i,j) \tag{3-12}$$

所以 $\boldsymbol{T}_1$ 与 $\boldsymbol{T}_2$ 是等价的。

下面证明根据综合影响矩阵 $\boldsymbol{T}_1$ 所求的要素 s_i 的中心度 m_i 和原因度 n_i，与根据综合影响矩阵 $\boldsymbol{T}_2$ 所求的相等。

根据综合影响矩阵 $\boldsymbol{T}_1$，由中心度 m_i 的定义可得，m_i 是 $\boldsymbol{T}_1$ 的第 i 行与第 i 列的和；而根据综合影响矩阵 $\boldsymbol{T}_2$，由中心度 m_i 的定义可得 m_i 是 $\boldsymbol{T}_1$ 的第 i 行与第 j 列的和。由于 $\boldsymbol{T}_2=\boldsymbol{P}(i,j)^{-1}\boldsymbol{T}_1\boldsymbol{P}(i,j)$，其中 $\boldsymbol{P}(i,j)$ 是互换两行或者两列的变换矩阵，互换行不改变列和，互换列不改变行和，所以综合影响矩阵 $\boldsymbol{T}_1$ 的第 i 行的行和与第 i 列的列和分别与综合影响矩阵 $\boldsymbol{T}_2$ 的第 j 行的行和与第 j 列的列和相等，因此根据综合影响矩阵 $\boldsymbol{T}_1$ 所求的要素 s_i 的中心度 m_i 和原因度 n_i 与根据综合影响矩阵 $\boldsymbol{T}_2$ 所求的相等。

(2) 对于一般的情况，$\boldsymbol{X}_1$ 是由影响要素 $s_i(i=1,2,\cdots,n)$ 构成的，按照从 $1,2,\cdots,n$ 的任意一种排列得到的直接影响矩阵，$\boldsymbol{X}_2$ 是按照从 $1,2,\cdots,n$ 的任意另一种排列得到的直接影响矩阵，则不难看出，$\boldsymbol{X}_1$ 与 $\boldsymbol{X}_2$ 仍然是等价的，即存在一个可逆矩阵 $\boldsymbol{P}$，且 $\boldsymbol{P}=\boldsymbol{P}(i_1,j_1)\boldsymbol{P}(i_2,j_2)\cdots\boldsymbol{P}(i_t,j_t)$ 是互换两行或者两列的变换矩阵，使得 $\boldsymbol{X}_1=\boldsymbol{P}\boldsymbol{X}_2\boldsymbol{P}^{-1}$ 成立，同理可证得 $\boldsymbol{T}_1$ 与 $\boldsymbol{T}_2$ 是等价的，由(1)的结论得出，综合影响矩阵 $\boldsymbol{T}_1$ 所求的要素 s_i 的中心度 m_i 和原因度 n_i 与根据综合影响矩阵 $\boldsymbol{T}_2$ 所求的相等。

综上所述可知，DEMATEL 方法求得的各要素的中心度和原因度与指标的顺序无关。该性质保证建立直接影响矩阵时，不需要考虑指标顺序。下面说明 DEMATEL 方法。

【例 3-6】 图 3-11 和图 3-12 所示分别为用图和矩阵反映的要素间的关系。

按照 DEMATEL 算法的步骤，可以得到各要素之间的综合影响关系以及各要素的中心度与原因度，如表 3-2 所列。

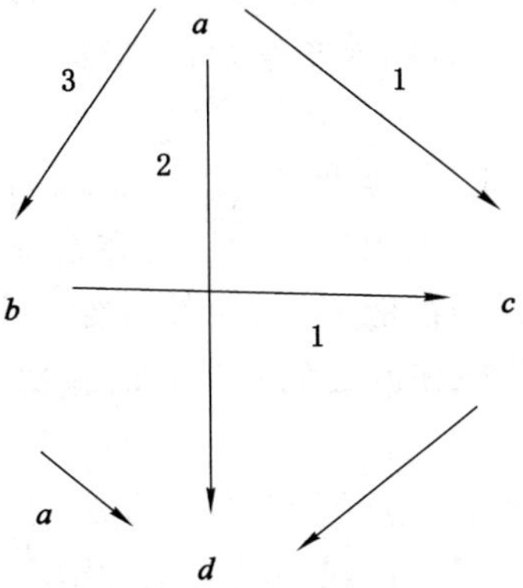

图 3-11　要素关系有向图

$X^d=$

	a	*b*	*c*	*d*
a	0	3	1	2
b	0	*c*	1	3
c	0	0	0	2
d	0	0	0	0

图 3-12　直接影响矩阵

表 3-2　各要素之间的综合影响关系及其原因度与中心度

要素	*a*	*b*	*c*	*d*	行和	原因度	中心度
a	0.00	0.50	0.25	0.67	1.42	1.42	1.42
b	0.00	0.00	0.17	0.56	0.73	0.23	1.23
c	0.00	0.00	0.00	0.33	0.33	−0.08	0.75
d	0.00	0.00	0.00	0.00	0.00	−1.56	1.56
列和	0.00	0.50	0.42	1.56	0.00		

根据表 3-2 可以看出，各要素在系统中的重要程度依次是 d、a、b、c，原因要素是 a、b，结果要素是 c、d。在该系统中，c 的原因度最小，中心度也最小，可以考虑删除该要素，达到减少要素的目的。

虽然通过 DEMATEL 方法减少了系统要素，并简化了系统要素之间的关系，但是对于大的复杂系统，如社会、经济、环境、生态系统，仍然难以分析，因此，需要使用 ISM 方法将大系统分解成若干子系统或者将大系统划分成层次结构。

2. ISM 方法

ISM 方法是结构模型化技术的一种。其特点是把复杂的系统分解为若干子系统（要素)，利用人们的实践经验和知识，以及电子计算机的帮助，最终将系统构造成一个多级递阶的结构模型。它特别适用于变量众多、关系复杂而结构不清晰的系统分析，也可用于方案的排序等。

目前，ISM 方法的应用范围很广，涉及能源、资源等国际性问题，地区开发、交通事故等国内范围的问题，以及企业、个人范围内的问题。它在系统工程的所有阶段(明确问题、确定目标、计划、分析、综合、评价、决策)都能应用，尤其对统一意见很有效。一般来讲，适于运用 ISM 方法解决的问题包括：① 想抓住问题的本质；② 想找到解决问题的有效对策；③ 想得到多数人的同意。

ISM 方法的操作步骤除了包含挑选实施 ISM 方法的成员、设定问题、选择构成问题的要素、建立要素之间的关系外，还包含构建结构模型和解释结构模型的意义。其中构建结构模型又分两个阶段：第一阶段根据问题建立可达矩阵；第二阶段根据可达矩阵建立解释结构模型。由于本章前面已经介绍过可达矩阵的计算，本节着重介绍系统结构模型的建立。在介绍上述实施 ISM 方法的详细步骤之前，首先介绍一些基本定义。

(1) 基本概念

假设某系统 X 的要素集为 $X=(s_1,\cdots,s_n)$，系统的可达矩阵为 $\boldsymbol{M}=(m_{ij})_{n\times n}$。

① 没有回路的上位集：要素 s_i 没有回路的上位集记作 $A(s_i)$。其中 $A(s_i)$ 中的要素与 s_i 无关，而 s_i 与 $A(s_i)$ 中的要素有关，即有向图上从 s_i 到 $A(s_i)$ 存在有向边，而从 $A(s_i)$ 到 s_i 却不存在有向边。

② 有回路的上位集：要素 s_i 有回路的上位集记作 $B(s_i)$。其中 $B(s_i)$ 中的要素与 s_i 有关，s_i 与 $B(s_i)$ 中的要素也有关，即有向图上从 s_i 到 $B(s_i)$ 存在有向边，而从 $B(s_i)$ 到 s_i 也存在有向边。

③ 无关集：要素 s_i 的无关集记作 $C(s_i)$。其中 $C(s_i)$ 中的要素与 s_i 无关，s_i 与 $C(s_i)$ 中的要素也无关，即有向图上从 s_i 到 $C(s_i)$ 不存在有向边，而从 $C(s_i)$ 到 s_i 也不存在有向边。

④ 下位集：要素 s_i 的下位集记作 $D(s_i)$。其中 $D(s_i)$ 中的要素与 s_i 有关，s_i 与 $D(s_i)$ 中的要素无关，即有向图上从 s_i 到 $D(s_i)$ 不存在有向边，而从 $D(s_i)$ 到 s_i 存在有向边。

图 3-13 反映了要素 s_i 与 $A(s_i)$、$B(s_i)$、$C(s_i)$ 和 $D(s_i)$ 之间的关系。

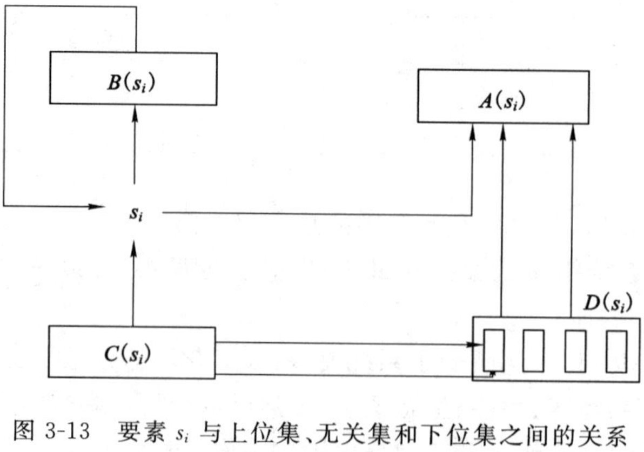

图 3-13　要素 s_i 与上位集、无关集和下位集之间的关系

⑤ 可达集合：要素 s_i 的上位集[包含没有回路的上位集 $A(s_i)$ 和有回路的上位集 $B(s_i)$]

又称为可达集合，记作 $L(s_i)=\{s_j\in X|m_{ij}=1\}$。从有向图上看，即从 s_i 节点出发能够去到 $L(s_i)$ 节点的集合。

⑥ 先行集合：与可达集合相对应，要素 s_i 的下位集又称为先行集合，记作 $F(s_i)=\{s_j\in X|m_{ji}=1\}$。先行集合又被称为前向集合。从有向图上看，即所有可到达 s_i 节点的 $F(s_i)$ 节点的集合。

(2) 实施 ISM 方法的步骤

实施 ISM 方法的详细步骤可以归纳如下。

第 1 步：找出影响系统问题的主要因素，判断要素间的直接(相邻)影响关系。

第 2 步：考虑因果等关系的传递性，建立反映诸要素间关系的可达矩阵(该类矩阵属于反映逻辑关系的布尔矩阵)。

第 3 步：考虑要素间可能存在的强连接(相互影响)关系，仅保留其中的代表要素，形成可达矩阵的缩减矩阵。

第 4 步：缩减矩阵的层次化处理，分为两步。

① 按照矩阵每一行"1"的个数的少与多，从前到后重新排列矩阵，此矩阵应为严格的下三角矩阵。

② 从矩阵的左上到右下依次找出最大单位矩阵，逐步形成不同层次的要素集合。

第 5 步：作出多级递阶有向图。作图过程如下。

① 按照每个最大单位子矩阵框定的要素，使各要素按层次分布。

② 将第 3 步被缩减掉的要素随其代表要素同级补入，并标明其间的相互作用关系。

③ 用从下到上的有向弧来显示逐级要素间的关系。

④ 补充必要的越级关系。

第 6 步：经直接转换，建立解释结构模型。

(3) 区域分解

基于可达矩阵，将系统的要素分解为几个相互无联系或联系极少的区域。其具体操作如下。

① 确定各要素的可达集合和前向集合

依据可达集合和前向集合的定义，确定系统中各要素的可达集合和前向集合。

② 分析要素的共同集合

系统要素的共同集合记为 T，其中 $T=\{s_j\in X|L(s_i)\cap F(s_i)=F(s_i)\}$，$T$ 中的要素为底层要素。

③ 区域划分

区域划分就是把要素之间的关系分为可达与不可达，并且判断这些要素的连通性，即把系统分为有关系的几个部分或子部分。

分析 T 中的要素，并且找出与它们在同一部分的要素。如果要素在同一部分内，则它们的可达集的交集非空。即对于要素 s_i 和 s_j 而言，若 $L(s_i)\cap L(s_j)=\varnothing$，则它们分别属于两个连通域；否则它们属于同一连通域。

经上述操作，可将系统 X 划分为若干个区域，记为

$$\prod(X)=p_1,p_2,\cdots,p_M \tag{3-13}$$

式中　M——分区数目。

【例 3-7】 假设某系统的可达矩阵如下：

$$M = \begin{array}{c} \\ 1 \\ 2 \\ 3 \\ 4 \\ 5 \\ 6 \\ 7 \end{array} \begin{array}{c} \begin{array}{ccccccc} 1 & 2 & 3 & 4 & 5 & 6 & 7 \end{array} \\ \begin{bmatrix} 1 & 0 & 0 & 0 & 0 & 0 & 0 \\ 1 & 1 & 0 & 0 & 0 & 0 & 0 \\ 0 & 0 & 1 & 1 & 1 & 1 & 0 \\ 0 & 0 & 0 & 1 & 1 & 1 & 0 \\ 0 & 0 & 0 & 0 & 1 & 0 & 0 \\ 0 & 0 & 0 & 1 & 1 & 1 & 0 \\ 1 & 1 & 0 & 0 & 0 & 0 & 1 \end{bmatrix} \end{array}$$

为了对 $\boldsymbol{M}$ 进行区域分解，计算系统中各要素的可达集合和先行集合及二者的共同集合，如表 3-3 所列。

表 3-3　可达集合、先行集合和共同集合

i	$L(s_i)$	$F(s_i)$	$L(s_i)\cap L(s_i)$
1	1	1,2,7	1
2	1,2	2,7	2
3	3,4,5,6	3	3
4	4,5,6	3,4,6	4,6
5	5	3,4,5,6	5
6	4,5,6	3,4,6	4,6
7	1,2,7	7	7

由表 3-3 可知，$T=\{s_3 s_7\}$。

由于 $L(s_3)\cap L(s_7)=\varnothing$，因此 s_3 与 s_7 分别属于两个区域。

另外，由于 s_4、s_5 和 s_6 的可达集合与 s_3 的可达集合交集非空，所以 s_4、s_5、s_6 和 s_3 在同一区域。同理，s_1、s_2 和 s_7 在同一区域。

故整个系统可划分为两个区域：

$$\prod(X) = p_1, p_2 \tag{3-14}$$

式中，$P_1=\{s_3,s_4,s_5,s_6\}$；$P_2=\{s_1,s_2,s_7\}$。

依据区域划分的结构，可将可达矩阵中的要素进行重新排列，得到矩阵 $\boldsymbol{M}_H$：

$$M_H = \begin{array}{c} \\ 3 \\ 4 \\ 5 \\ 6 \\ 1 \\ 2 \\ 7 \end{array} \begin{array}{c} \begin{array}{ccccccc} 3 & 4 & 5 & 6 & 1 & 2 & 7 \end{array} \\ \left[\begin{array}{cccc|ccc} 1 & 1 & 1 & 1 & & & \\ 0 & 1 & 1 & 1 & & 0 & \\ 0 & 0 & 1 & 0 & & & \\ 0 & 1 & 1 & 1 & & & \\ & & & & 1 & 0 & 0 \\ & & 0 & & 1 & 1 & 0 \\ & & & & 1 & 1 & 1 \end{array}\right] \end{array}$$

和矩阵 $\boldsymbol{M}$ 不同，矩阵 $\boldsymbol{M}_H$ 的结构更为清晰。

(4) 区域内级间划分

级间划分就是将系统中的所有要素划分成不同级(层)次。

依据可达集合和先行集合的定义可知:在一个多级结构中,系统的最上级要素的可行集只能由其本身和其强连接要素组成。两要素的强连接是指这两个要素互为可达,在有向连接图中表现为都有连线指向对方。具有强连接性的要素称为强连接要素。最高级要素的先行集只能由其本身和结构中下一级可能到达该要素的要素及要素的强连接要素构成。因此,系统的最上级要素 s_i 必须满足以下条件:

$$L(s_i) \cap F(s_i) = L(s_i) \tag{3-15}$$

找出最上级要素后,在可达矩阵中划除它们,然后继续寻找划除后的最上级要素,直至划除所有要素。级间分解的步骤可归纳如下。

① 如果 $L(s_i) \cap F(s_i) = L(s_i)$,则 s_i 属于第一级要素。

② 在可达矩阵 $\boldsymbol{M}$ 中划去该要素所对应的行和列,重复步骤①得到次一级要素。

③ 继续执行步骤①和步骤②,直至对所有要素分级。

根据分级的先后次序重新对矩阵进行排列。

根据以上级间分解原理和方法,对前面经过区域分解的分块可达矩阵 $\boldsymbol{M}_H$ 中的区域 P_1 和 P_2 进行分级。同表 3-3 中可达集合、先行集合、共同集合的划分办法一样,取表 3-3 中 $i=3,4,5,6$ 的部分,得表 3-4。

表 3-4　要素 s_3, s_4, s_5, s_6 可达集合、先行集合和共同集合

i	$L(s_i)$	$F(s_i)$	$L(s_i) \cap L(s_i)$
3	3,4,5,6	3	3
4	4,5,6	3,4,6	4,6
5	5	3,4,5,6	5
6	4,5,6	3,4,6	4,6

依据表 3-4,进行区域间层级分析。

$$\begin{aligned} L_1 &= \{s_i \in P_1 \mid L(s_i) \cap F(s_i) = L(s_i)\} \\ &= \{s_i \in \{s_3, s_4, s_5, s_6\} \mid L(s_i) \cap F(s_i) = L(s_i)\} \\ &= \{s_5\} \end{aligned}$$

即第一级要素为 s_5,剩余要素为

$$\{P - L_1\} = \{s_3, s_4, s_5, s_6\} - \{s_5\} = \{s_3, s_4, s_6\}$$

计算剩余要素的可达集合、先行集合及两者的共同集合,得表 3-5。

表 3-5　要素 s_3, s_4, s_6 可达集合、先行集合和共同集合

i	$L(s_i)$	$F(s_i)$	$L(s_i) \cap L(s_i)$
3	3,4,6	3	3
4	4,6	3,4,6	4,6
6	4,6	3,4,6	4,6

$$\begin{aligned} L_2 &= \{s_i \in P_1 - L_1 \mid L(s_i) \cap F(s_i) = L(s_i)\} \\ &= \{s_i \in \{s_3, s_4, s_6\} \mid L(s_i) \cap F(s_i) = L(s_i)\} \\ &= \{s_4, s_6\} \end{aligned}$$

即第二级要素为 s_4 和 s_6，剩余要素为

$$\{P - L_1 - L_2\} = \{s_3, s_4, s_5, s_6\} - \{s_5\} - \{s_4, s_6\} = \{s_3\}$$

剩余要素见表 3-6。

表 3-6 要素 s_3 可达集合、先行集合和共同集合

i	$L(s_i)$	$F(s_i)$	$L(s_i) \cap L(s_i)$
3	3	3	3

$$\begin{aligned} L_3 &= \{s_i \in P_1 - L_1 - L_2 \mid L(s_i) \cap F(s_i) = L(s_i)\} \\ &= \{s_i \in \{s_3\} \mid L(s_i) \cap F(s_i) = L(s_i)\} \\ &= \{s_3\} \end{aligned}$$

即第三级要素为 s_3，剩余要素为

$$\{P - L_1 - L_2 - L_3\} = \{s_3, s_4, s_5, s_6\} - \{s_5\} - \{s_4, s_6\} - \{s_3\} = \varnothing$$

至此，所有要素均被分级。故区域 P_1 共分为如下三级：

第一级元素为 s_5。

第二级元素为 s_4, s_6。

第三级元素为 s_3。

同理，可将区域 P_2 进行分级，则可得第一级为 s_1，第二级为 s_2，第三级为 s_7，用公式表达为：

$$P_1 = L_1^1, L_2^1, L_3^1 = \{s_5\}, \{s_4, s_6\}, \{s_3\}$$

$$P_2 = L_1^2, L_2^2, L_3^2 = \{s_1\}, \{s_2\}, \{s_7\}$$

依据层级分解的结果，将可达矩阵 $\boldsymbol{M}_H$ 按级变位，得 $\boldsymbol{M}'_H$：

$$\boldsymbol{M}'_H = \begin{array}{c} \\ 5 \\ 4 \\ 6 \\ 3 \\ 1 \\ 2 \\ 7 \end{array} \begin{array}{c} \begin{array}{ccccccc} 5 & 4 & 6 & 3 & 1 & 2 & 7 \end{array} \\ \left[\begin{array}{cccc|ccc} 1 & 0 & 0 & 0 & & & \\ 1 & 1 & 1 & 0 & & 0 & \\ 1 & 1 & 1 & 0 & & & \\ 1 & 1 & 1 & 1 & & & \\ \hline & & & & 1 & 0 & 0 \\ & 0 & & & 1 & 1 & 0 \\ & & & & 1 & 1 & 1 \end{array}\right] \end{array}$$

需要注意的是，对于结构不太复杂的系统，级间分解可直接在可达矩阵上进行。如图 3-14 所示，首先找出矩阵元素全部为 1 的各列，把该列与其相对应的行抽去，作为第一级，得到一个新的缩减矩阵 $\boldsymbol{M}'$；再用同样的方法找出矩阵元素全部为 1 的新一列，再抽出其相应的列与行，作为第二级；如此重复下去，直到分解完为止。

(5) 强连通块划分

$$
\begin{array}{c} \\ 3 \\ 4 \\ 5 \\ 6 \\ 1 \\ 2 \\ 7 \end{array}
\begin{array}{c}
\begin{array}{cccccccc} 3 & 4 & 5 & 6 & & 1 & 2 & 7 \end{array} \\
\left[\begin{array}{cccc:ccc}
1 & 1 & 1 & 1 & & & \\
0 & 1 & 1 & 1 & & 0 & \\
0 & 0 & 1 & 0 & & & \\
0 & 1 & 1 & 1 & & & \\ \hdashline
 & & & & 1 & 0 & 0 \\
 & 0 & & & 1 & 1 & 0 \\
 & & & & 1 & 1 & 1
\end{array}\right]
\end{array}
\xrightarrow[①]{⑤}
$$

$$
\begin{array}{c} \\ 3 \\ 4 \\ 5 \\ 6 \\ 1 \\ 2 \\ 7 \end{array}
\begin{array}{c}
\begin{array}{cccccc} 3 & 4 & 6 & & 2 & 7 \end{array} \\
\left[\begin{array}{ccc:cc}
1 & 1 & 1 & & \\
0 & 1 & 1 & 0 & \\
0 & 0 & 0 & & \\
0 & 1 & 1 & & \\ \hdashline
 & & & 0 & 0 \\
 & 0 & & 1 & 0 \\
 & & & 1 & 1
\end{array}\right]
\end{array}
\xrightarrow[②]{④\ ⑥}
\begin{array}{c} \\ 3 \\ 7 \end{array}
\begin{array}{c}
\begin{array}{cc} 3 & 7 \end{array} \\
\left[\begin{array}{cc} 1 & 0 \\ 0 & 1 \end{array}\right]
\end{array}
$$

图 3-14　分解过程图

从矩阵 $\boldsymbol{M}'$ 中可知，$\{s_4, s_6\}$ 的相应行和列的矩阵元素完全一样。因此，可以把两者当作一个系统来对待，从而可缩减相应的行和列，得到新的递阶结构分块可达矩阵 $\boldsymbol{M}'$（称为缩减矩阵）。将 s_6 除去后，得

$$
\boldsymbol{M}' = \begin{array}{c} \\ 5 \\ 4 \\ 3 \\ 1 \\ 2 \\ 7 \end{array}
\begin{array}{c}
\begin{array}{cccccc} 5 & 4 & 3 & 1 & 2 & 7 \end{array} \\
\left[\begin{array}{cccccc}
1 & 0 & 0 & & & \\
1 & 1 & 0 & & 0 & \\
1 & 1 & 1 & & & \\
 & & & 1 & 0 & 0 \\
 & 0 & & 1 & 1 & 0 \\
 & & & 1 & 1 & 1
\end{array}\right]
\end{array}
$$

（6）结构模型的建立

在区域划分和级间分解的基础上，可求解结构模型。求解结构模型就是要建立结构矩阵，这个结构矩阵主要用来反映系统多级递阶结构的问题，使系统层次分明，结构清晰。令 $\boldsymbol{A}'$ 代表结构矩阵，它可以由缩减后的可达矩阵 $\boldsymbol{M}'$ 通过一系列的计算求得。下面给出一个简易的计算方法。缩减矩阵 $\boldsymbol{M}'$ 减去单位矩阵 $\boldsymbol{I}$，得到一个新的矩阵 $\boldsymbol{M}''$，再从 $\boldsymbol{M}''$ 中分析找出结构矩阵。这个步骤正好等于把对系统进行整理而求得的可达矩阵再还原回去，得到原系统的分级递阶结构有向连接图。但它已实现了对系统更高一级的认识。

$$
\boldsymbol{M}'' = \boldsymbol{M}' - \boldsymbol{I} = \begin{array}{c} \\ 5 \\ 4 \\ 3 \\ 1 \\ 2 \\ 7 \end{array}\begin{array}{c} \begin{array}{cccccc} 5 & 4 & 3 & 1 & 2 & 7 \end{array} \\ \left[\begin{array}{cccccc} 0 & 0 & 0 & & & \\ 1 & 0 & 0 & & 0 & \\ 1 & 1 & 0 & & & \\ & & & 0 & 0 & 0 \\ & 0 & & 1 & 0 & 0 \\ & & & 1 & 1 & 0 \end{array}\right] \end{array}
$$

现以例 3-7 为例求解，因为前面缩减矩阵 $\boldsymbol{M}'$ 已知，故可继续求 $\boldsymbol{M}''$，即在矩阵 $\boldsymbol{M}''$ 中，先找第一级与第二级之间的关系，再找第二级与第三级之间的关系，直到把每一分区的各级找完为止，则可求出结构矩阵 $\boldsymbol{A}'$。

从矩阵 $\boldsymbol{M}''$ 中可知，$m''_{45}=1$，说明节点 s_4 与处于第一级的节点 s_5 有关，即 $s_4 \to s_5$，然后抽去 s_5 的行和列再找第二级与第三级之间的关系，又知 $m''_{34}=1$，说明节点间 s_3 和 s_4 有 $s_3 \to s_4$ 的关系。依此可把 P_2 区域中的节点间关系也找出来：

$$m''_{21}=1，则有\ s_2 \to s_1$$

$$m''_{72}=1，则有\ s_7 \to s_2$$

最后，把 $m''_{45}=1$，$m''_{34}=1$，$m''_{21}=1$，$m''_{72}=1$ 作为结构矩阵的元素，得出结构矩阵 $\boldsymbol{A}'$ 如下：

$$
\boldsymbol{A}' = \begin{array}{c} \\ 5 \\ 4 \\ 3 \\ 1 \\ 2 \\ 7 \end{array}\begin{array}{c} \begin{array}{cccccc} 5 & 4 & 3 & 1 & 2 & 7 \end{array} \\ \left[\begin{array}{cccccc} 0 & 0 & 0 & & & \\ 1 & 0 & 0 & & 0 & \\ 1 & 1 & 0 & & & \\ & & & 0 & 0 & 0 \\ & 0 & & 1 & 0 & 0 \\ & & & 1 & 1 & 0 \end{array}\right] \end{array}
$$

有了结构矩阵 $\boldsymbol{A}'$，就可以绘制出系统的多级递阶有向结构图来，如图 3-15 所示。

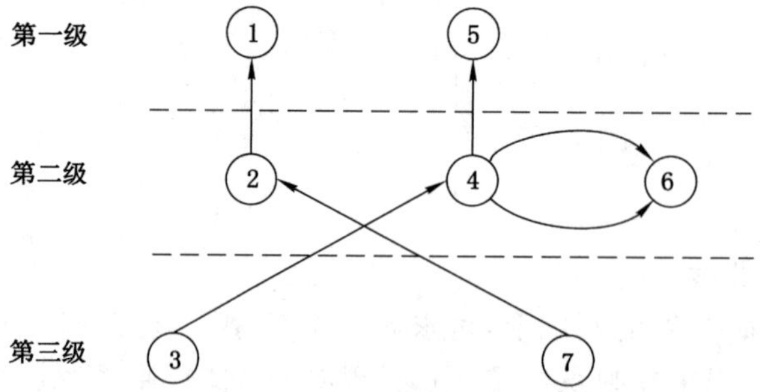

图 3-15　多级递阶有向结构图

这个实例看起来很简单，通过观察也可以画出其多级递阶有向结构图，但实际系统的元素之间的关系要比这复杂得多。

3.3　解析结构模型

近年来，结构模型解析法在制订复杂的计划和决策、区域环境规划、城市规划设计等社会系统方面被逐渐应用起来。通过这种结构模型，可以确定组成复杂系统的大量元素之间存在着怎样的关系（这种关系有因果关系、大小关系、上下关系等）。并通过与电子计算机的对话形式，来明确这种关系，最后可使复杂的系统分析分解成相对简单的系统。

结构模型属于宏观模型，结构模型解析法通过有向图和邻接矩阵的有关运算，使复杂系统问题得以简化。

3.3.1　有向图

在系统中，用点表示事物，用点与点之间的有向线表示事物之间的联系所作出的抽象图称为有向图，如图 3-16 所示。

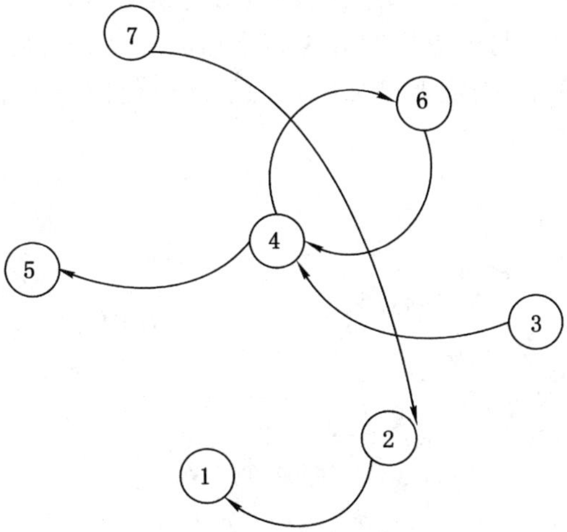

图 3-16　有向图

3.3.2　邻接矩阵

除了用图表示系统结构外，还可以使用与有向图相对应的矩阵来表示系统结构，其中最直接的一种称为邻接矩阵。其定义如下：

$$\boldsymbol{X} = [x_{ij}]$$

式中，

$$x_{ij} = \begin{cases} 1, & \text{如果有一条边出自 } i \text{ 点指向点 } j \\ 0, & \text{如果没有边出自 } i \text{ 点指向点 } j \end{cases}$$

因此，图 3-16 的邻阶矩阵为

$$
\begin{array}{cc}
 & \begin{array}{ccccccc} 1 & 2 & 3 & 4 & 5 & 6 & 7 \end{array} \\
X = \begin{array}{c} 1 \\ 2 \\ 3 \\ 4 \\ 5 \\ 6 \\ 7 \end{array} & \begin{bmatrix} 0 & 0 & 0 & 0 & 0 & 0 & 0 \\ 1 & 0 & 0 & 0 & 0 & 0 & 0 \\ 0 & 0 & 0 & 1 & 0 & 0 & 0 \\ 0 & 0 & 0 & 0 & 1 & 1 & 0 \\ 0 & 0 & 0 & 0 & 0 & 0 & 0 \\ 0 & 0 & 0 & 1 & 0 & 0 & 0 \\ 0 & 1 & 0 & 0 & 0 & 0 & 0 \end{bmatrix}
\end{array}
$$

3.3.3 系统结构模型举例

【例 3-8】 图书借阅关系结构模型。

从系统的角度来看，图书馆系统是一个典型的复杂系统，通过图书借阅过程，在图书和读者之间建立某种联系，可用二部图表示这种系统结构。

该系统二部图包含两类节点，一类是代表图书的索书号，称之为项目；另一类是借阅图书的读者，称之为节点；项目与节点之间如果存在借阅关系，则将二者用一条线相连，构成一条边。在加权网络的研究中，把读者借阅图书的借阅天数作为这条边的边权值。图 3-17 所示是包含四个项目的加权二部图。

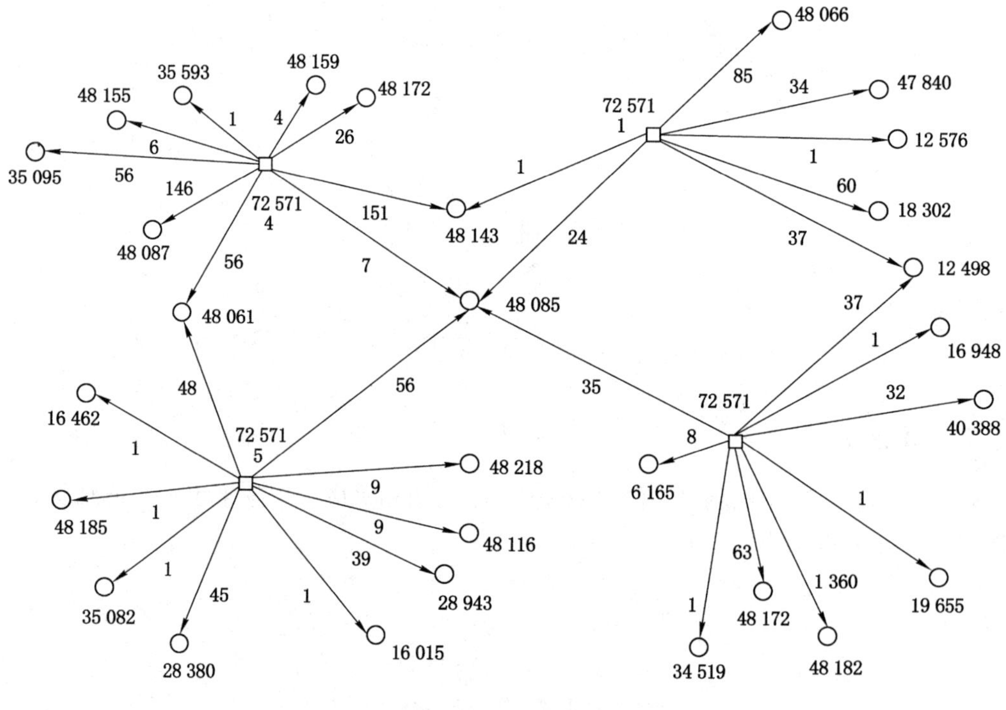

注：图中正方形表示项目，圆表示节点。

图 3-17　二部图

【例 3-9】 公交线路系统结构模型。

考虑节点为××市的各条以数字命名的公交线路，有公共站点的公交线路之间建立一条边。如公交 54 路车和公交 57 路车在江苏路这一站有公共的站点，则 54 路这个节点和 57 路这个节点之间有一条边相连。该系统结构模型主要研究××市各条公交线路之间的关系，经统计得到，××市公交线路系统共有 504 条，即网络的节点数为 504，边共有 24 799 条。

【例 3-10】 以停靠站点为节点，同一条线路(875 路)上的停靠站点之间完全连接。

以停靠站点为顶点，令同一条线路上的站点之间进行完全连接，构建了公交换乘系统结构模型，连接方式如图 3-18 所示。研究该网络的网络性质和××市出行平均需要换乘次数，图 3-19 所示为其网络连接图(完全连接)。

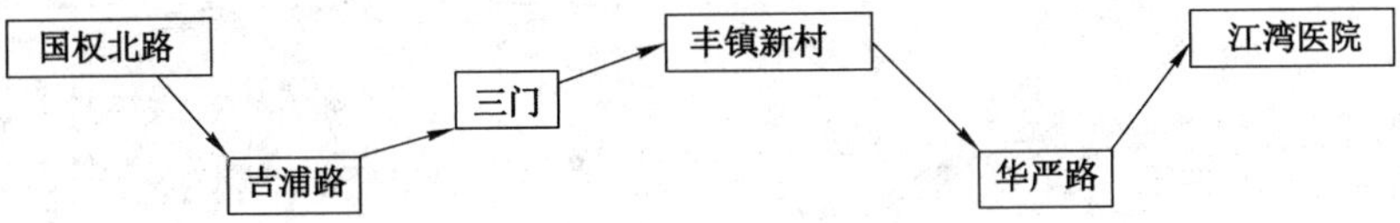

图 3-18　公交 875 路部分站点图

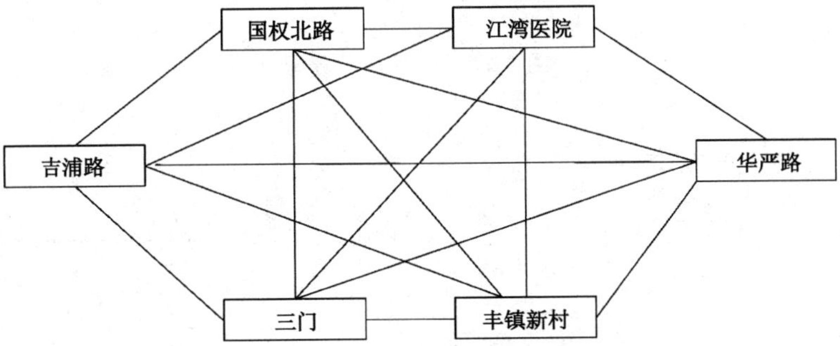

图 3-19　网络连接图(完全连接)

【例 3-11】 中国汽车零部件企业系统结构模型。

通过搜集 2006 年中国汽车零部件生产企业的相关信息，选择其中的 145 类汽车零部件和对应的 9 298 个生产零部件的企业作为研究对象，企业间的竞争关系作为边，构建了中国汽车零部件企业竞争网。

定义生产零部件的企业为节点，企业所生产的零部件为项目；项目与节点之间若存在被生产与生产的关系，则称项目与节点之间的关系为合作关系，并把二者用一条线相连，构成一条边。所有的项目与节点之间就构成了一种隶属网络，而这种网络又可以用一个二分图来描述，所以把零部件和生产零部件的企业构成的隶属网络称为二分图。选取了四个项目构成的二分图如图 3-20 所示。

3.3.4　结构分解

【例 3-12】 结构模型应用于复杂系统的结构分解(见图 3-21)。

图 3-21(a)所示的邻接矩阵为

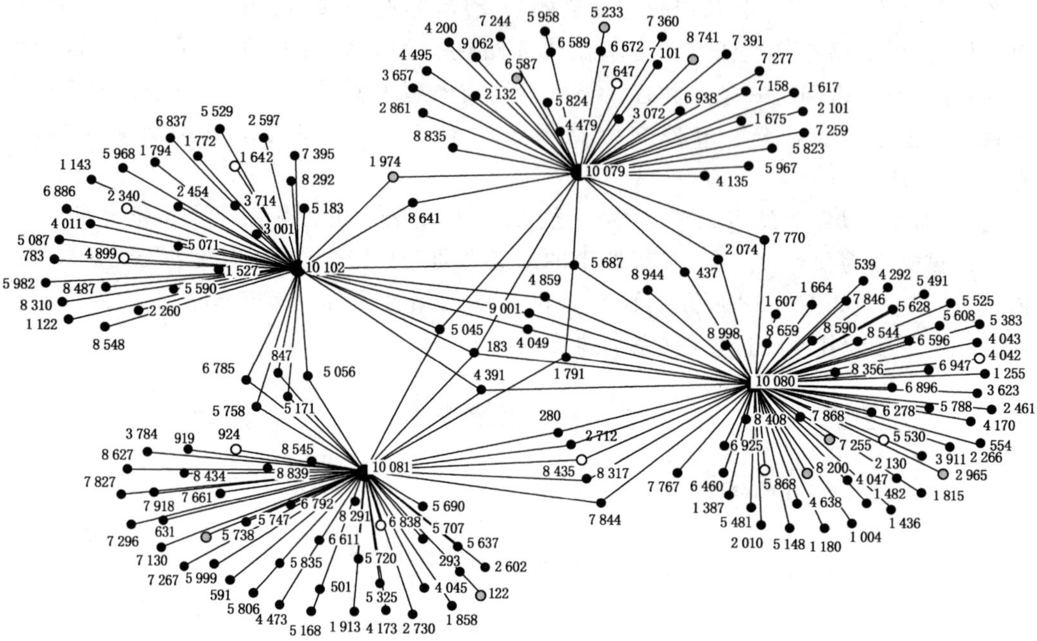

图 3-20 四项目二分图

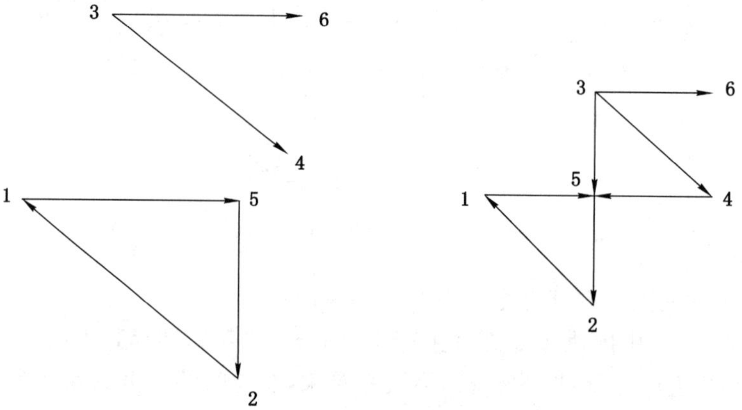

(a) (b)

图 3-21 例 3-12 示意图

$$
\boldsymbol{X}_{\mathrm{a}} = \begin{matrix} & v_1 & v_2 & v_3 & v_4 & v_5 & v_6 \\ v_1 & 0 & 0 & 0 & 0 & 1 & 0 \\ v_2 & 1 & 0 & 0 & 0 & 0 & 0 \\ v_3 & 0 & 0 & 0 & 1 & 0 & 1 \\ v_4 & 0 & 0 & 0 & 0 & 0 & 0 \\ v_5 & 0 & 1 & 0 & 0 & 0 & 0 \\ v_6 & 0 & 0 & 0 & 0 & 0 & 0 \end{matrix}
$$

图 3-21(a)所示的邻接矩阵节点顺序变换后可得

$$\widetilde{\boldsymbol{X}}_{\mathrm{a}}=\begin{array}{c|cccccc} & v_1 & v_2 & v_3 & v_4 & v_5 & v_6 \\ \hline v_1 & 0 & 0 & 1 & 0 & 0 & 0 \\ v_2 & 1 & 0 & 0 & 0 & 0 & 0 \\ v_3 & 0 & 1 & 0 & 0 & 0 & 0 \\ v_4 & 0 & 0 & 0 & 0 & 1 & 1 \\ v_5 & 0 & 0 & 0 & 0 & 0 & 0 \\ v_6 & 0 & 0 & 0 & 0 & 0 & 0 \end{array}=\begin{array}{c|cccccc} & v_1 & v_2 & v_3 & v_4 & v_5 & v_6 \\ \hline v_1 & 0 & 0 & 1 & & & \\ v_2 & 1 & 0 & 0 & & 0 & \\ v_3 & 0 & 1 & 0 & & & \\ v_4 & & & & 0 & 1 & 1 \\ v_5 & & 0 & & 0 & 0 & 0 \\ v_6 & & & & 0 & 0 & 0 \end{array}$$

该矩阵为分块对角阵，分别表示与图 3-21(a)对应的两个不连通子图的邻接矩阵。

图 3-21(b)的邻接矩阵为

$$\boldsymbol{X}_{\mathrm{b}}=\begin{array}{c|cccccc} & v_1 & v_2 & v_3 & v_4 & v_5 & v_6 \\ \hline v_1 & 0 & 0 & 0 & 0 & 1 & 0 \\ v_2 & 1 & 0 & 0 & 0 & 0 & 0 \\ v_3 & 0 & 0 & 0 & 1 & 1 & 1 \\ v_4 & 0 & 0 & 0 & 0 & 1 & 0 \\ v_5 & 0 & 1 & 0 & 0 & 0 & 0 \\ v_6 & 0 & 0 & 0 & 0 & 0 & 0 \end{array}$$

图 3-21(b)所示的邻接矩阵节点顺序变换后可得

$$\widetilde{\boldsymbol{X}}_{\mathrm{b}}=\begin{array}{c|cccccc} & v_1 & v_2 & v_3 & v_4 & v_5 & v_6 \\ \hline v_1 & 0 & 0 & 1 & 0 & 0 & 0 \\ v_2 & 1 & 0 & 0 & 0 & 0 & 0 \\ v_3 & 0 & 1 & 0 & 0 & 0 & 0 \\ v_4 & 0 & 0 & 1 & 0 & 1 & 1 \\ v_5 & 0 & 0 & 1 & 0 & 0 & 0 \\ v_6 & 0 & 0 & 0 & 0 & 0 & 0 \end{array}=\begin{array}{c|cccccc} & v_1 & v_2 & v_3 & v_4 & v_5 & v_6 \\ \hline v_1 & 0 & 0 & 1 & & & \\ v_2 & 1 & 0 & 0 & & 0 & \\ v_3 & 0 & 1 & 0 & & & \\ v_4 & 0 & 0 & 1 & 0 & 1 & 1 \\ v_5 & 0 & 0 & 1 & 0 & 0 & 0 \\ v_6 & 0 & 0 & 0 & 0 & 0 & 0 \end{array}$$

该矩阵为下三角分块阵，两个对角分块阵与图 3-21(a)是对应的，左下角表示子系统二对子系统一的影响。

3.4　系统动力学模型

3.4.1　系统动力学基本原理

首先通过对实际系统进行观察，采集有关对象系统状态的信息，随后使用有关信息进行决策。决策的后续是采取行动。行动又作用于实际系统，使系统的状态发生变化。这种变化又为观察者提供新的信息，从而形成系统中的反馈回路[图 3-22(a)]。这个过程可用 SD（系统动力学）流（程）图表示[图 3-22(b)]。

据此可归结出 SD 的四个基本要素、两个基本变量和一个基本（核心）思想如下：

SD 的四个基本要素——状态或水准、信息、决策或速率、行动或实物流。

SD 的两个基本变量——水准变量(level)、速率变量(rate)。

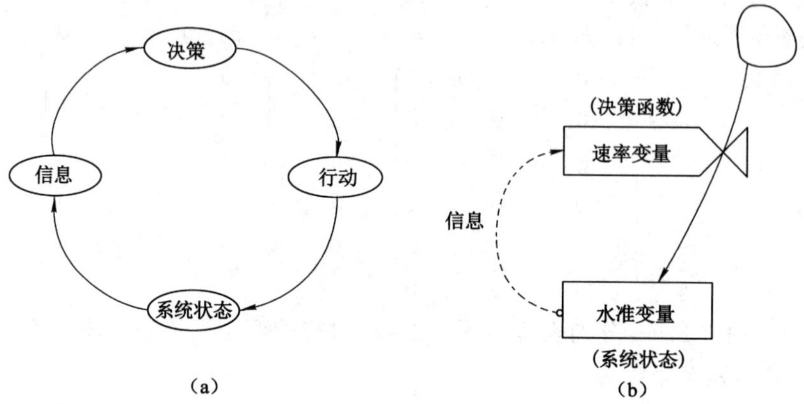

图 3-22 SD 的基本工作原理

SD 的一个基本思想——反馈控制。

还需要说明的是:① 信息流与实体流不同,前者源于对象系统内部,后者源于系统外部;② 信息是决策的基础,通过信息流形成反馈回路是构造 SD 模型的重要环节。

3.4.2 因果关系图和流(程)图

1. 因果关系图

因果(反馈)关系是 SD 方法的核心和基础。因果关系图举例见图 3-23,其中包含了因果箭、因果链、因果反馈回路和多重因果反馈回路等。

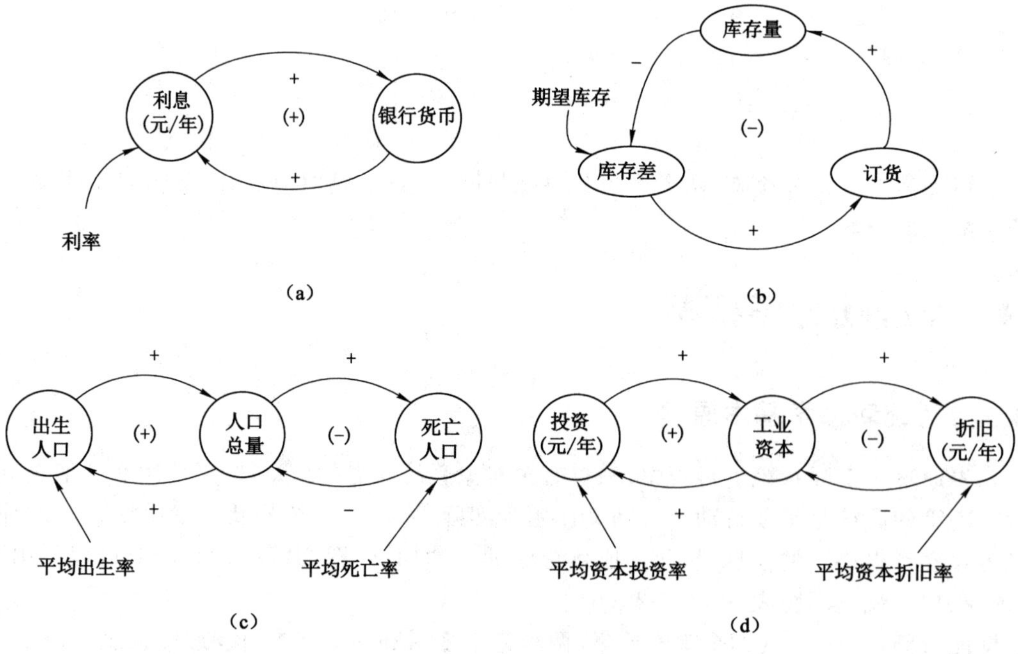

图 3-23 因果关系例图

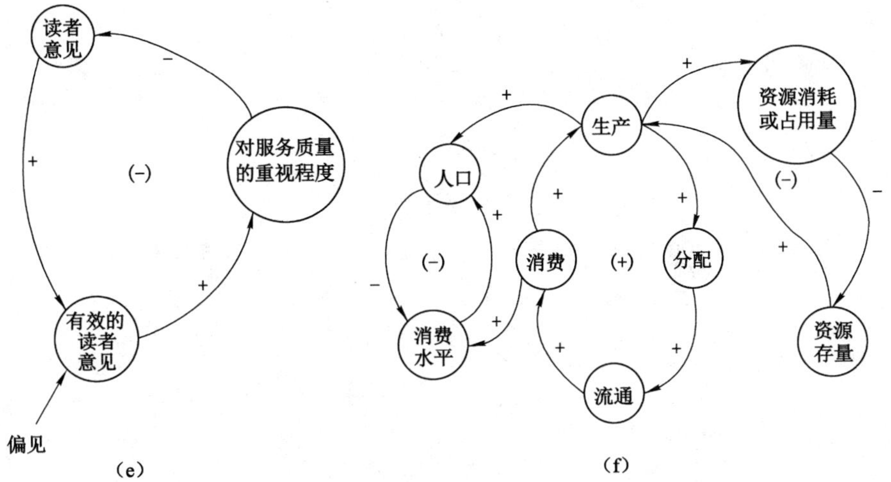

图 3-23 （续）

(1) 因果箭:连接因果要素的有向线段。箭尾始于原因,箭头终于结果。因果关系有正负极性之分。正(＋)为加强,负(－)为削弱。

因果链:因果关系具有传递性。用因果箭对具有递推性质的因素关系加以描绘即得到因果链。

因果链极性的判别:在同一因果链中,若含有奇数条极性为负的因果箭,则整条因果链是负的因果链;否则,该条因果链极性为正。

(2) 因果(反馈)回路:原因和结果的相互作用形成因果关系回路(因果反馈回路、环)。它是一种特殊的(封闭的、首尾相接的)因果链,其极性判别准则参照因果链,如图 3-23(a)、(b)、(e)所示。

社会系统中的因果反馈环是社会系统中各要素的因果关系本身所固有的。正反馈回路起到自我强化的作用,负反馈回路具有内部稳定器的作用。

多重因果(反馈)回路:社会系统的动态行为是由系统本身存在着的许多正反馈和负反馈回路决定的,从而形成多重反馈回路,如图 3-23(c)、(d)、(f)所示。

SD 方法认为,系统的性质和行为主要取决于系统中存在的反馈回路,系统的结构主要是指系统中反馈回路的结构。

反馈的过程是一个"学习"的过程,SD 与学习型组织或组织学习具有内在联系。学习型组织的基本原理可用图 3-24 所示的因果反馈关系来简要表达。

图 3-24 中,组织目标与组织所处的内外部环境密切相关,可看作组织学习三要素间主回路的外生变量(用双圆圈表示)。系统比较主要是通过对组织目标(愿景)与组织效能(现状)的比较,找出问题(差距、不足、缺陷),明确改进的方向。系统比较还与本组织纵向(历史)比较和同类组织间横向比较结果有关,并共同构成了多重比较。整个回路各要素的相互作用和有序运行,是一个完整的组织学习或组织进化的过程,也是一个组织自我净化、自我完善、自我革新、自我提高的过程,揭示了学习型组织在结构及行为上的本质特征。该结构与切克兰德方法论、圣吉"五项修炼"(自我超越、改善心智模式、共同愿景、团队学习、系统思

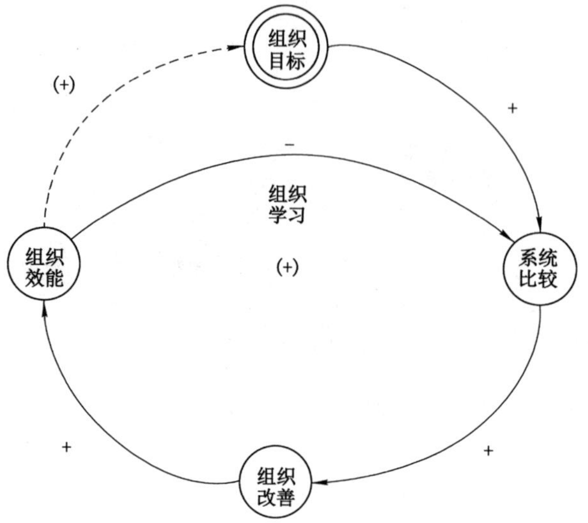

图 3-24　学习型组织的因果反馈关系

考)有相通之处,均体现了对组织学习与发展机制的系统化思考。另外,图 3-24 与图 3-23(b)及(e)、(f)(部分)等还有一定的同构关系。

2. 流(程)图

流(程)图(flow diagram)是 SD 结构模型的基本形式,绘制流(程)图是 SD 建模的核心内容。流(程)图通常由以下各要素构成:

(1) 流(flow)。它是系统中的活动和行为,通常只区分出实体流和信息流。其符号如图 3-25(a)所示。

(2) 水准(level)。它是系统中子系统的状态,是实物流的积累。其符号如图 3-25(b)所示。

(3) 速率(rate)。它表示系统中流的活动状态,是流的时间变化。在 SD 中,R 表示决策函数。其符号如图 3-25(c)所示。

(4) 参数(量)(parameter)。它是系统中的各种常数,或者是在一次运行中保持不变的量。其符号如图 3-25(d)所示。

(5) 辅助变量(auxiliary variable)。其作用在于简化 R 的表示,使复杂的决策函数易于理解。其符号如图 3-25(e)所示。

(6) 源(source)与汇(sink)。其含义和符号如图 3-25(f)所示。

(7) 信息(information)。信息的取出常见情况及其符号如图 3-25(g)所示。

(8) 滞后或延迟(delay)。由于信息和物质运动需要一定的时间,于是就带来原因和结果、输入和输出、发送和接收等之间的时差,并有实物流和信息流滞后。在 SD 中共有如下四种情况:

DELAY1——对实物流速率进行一阶指数延迟运算(一阶指数物质延迟)。其符号见图 3-25(h)。

DELAY3——三阶指数物质延迟。其符号如图 3-25(h)所示。

SMOOTH——对信息流进行一阶平滑(一阶信息延迟)。其符号如图 3-25(i)所示。

DLINF3——三阶信息延迟。其符号如图 3-25(j)所示。

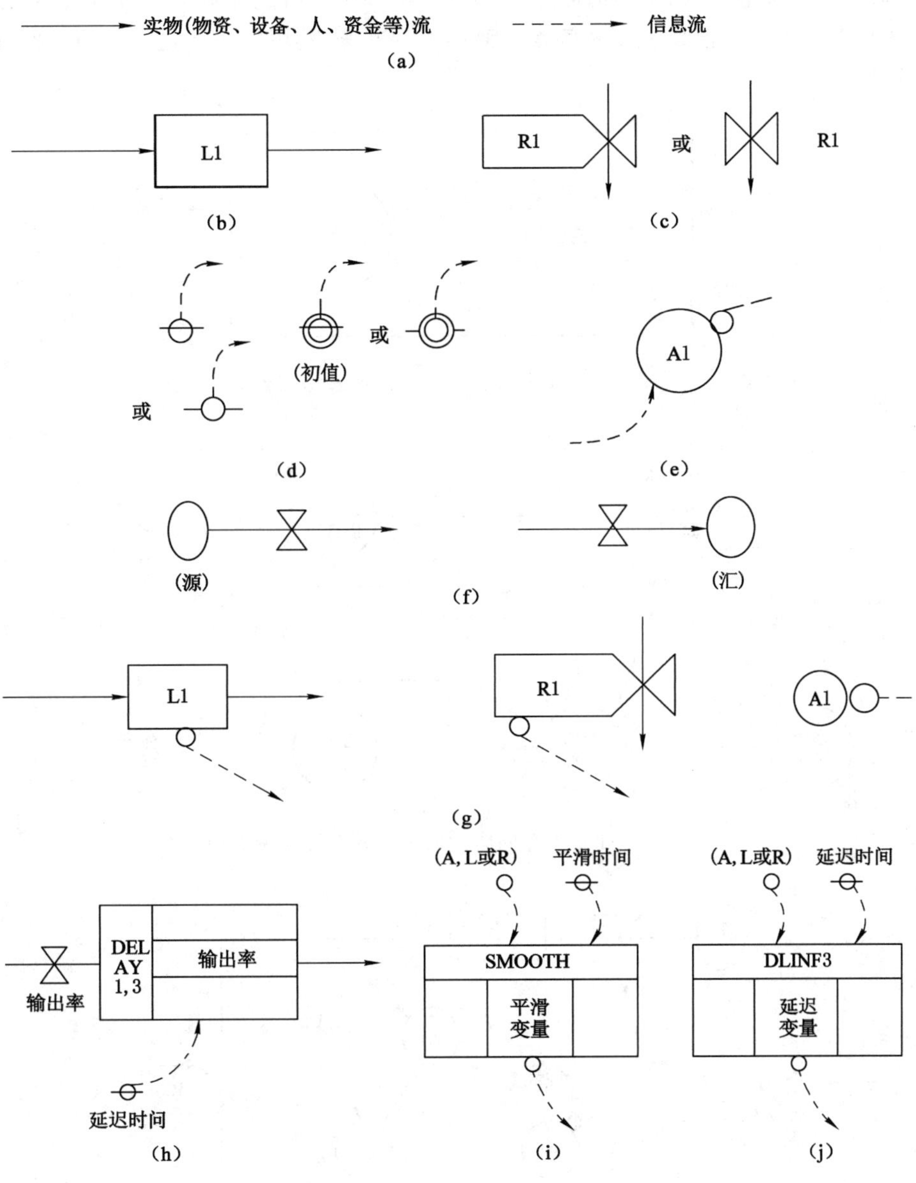

图 3-25　流(程)图的构成要素

3.4.3　系统动力学的建模步骤

建立 SD 结构模型或得到 SD 流图的一般过程如下。

(1) 明确系统边界,即确定对象系统的范围。

(2) 阐明形成系统结构的反馈回路,即明确系统内部活动的因果关系链。

(3) 确定反馈回路中的水准变量和速率变量。水准变量是由系统内的活动产生的量,是由流的积累形成的,说明系统某个时点状态的变量;速率变量是控制流的变量,表示活动进行的状态。

(4) 阐明速率变量的子结构或完善、形成各个决策函数，建立起 SD 结构模型(流图)。

【例 3-13】 SD 结构模型建模举例——商店库存问题(建模的主要过程如图 3-26、图 3-27、图 3-28 所示)。

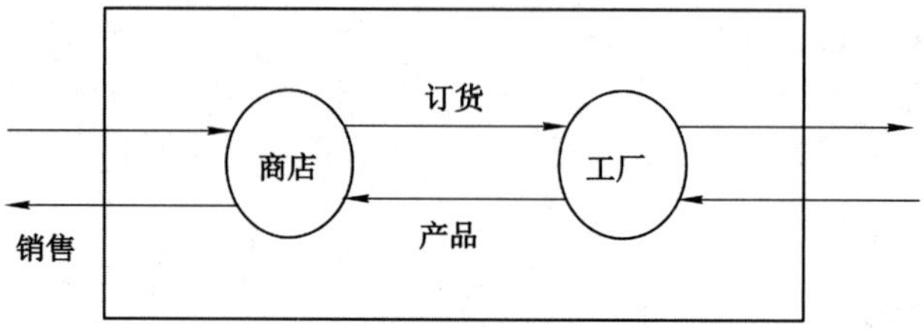

图 3-26　商店库存问题的对象系统界定

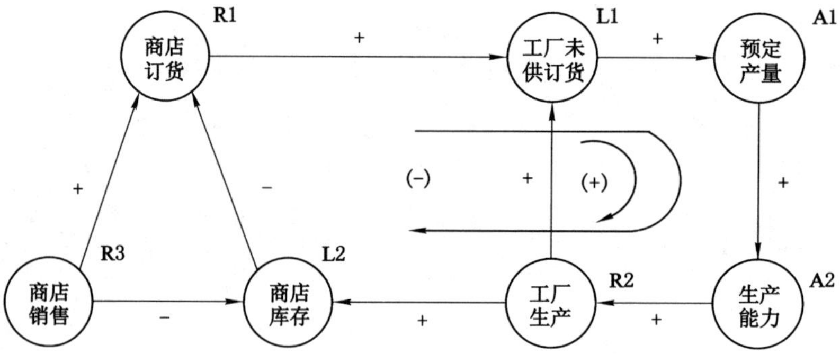

图 3-27　商店库存问题的因果关系图及变量类型

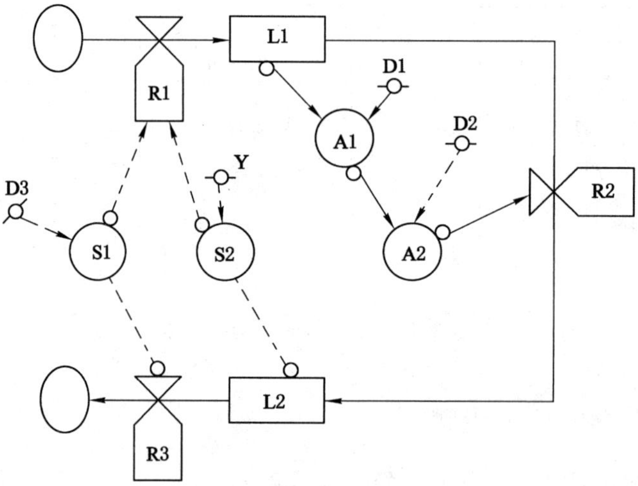

图 3-28　商店库存问题的流(程)图

D1——期望的完成未供订货时间。

D2——调整生产时间。

D3——商店订货平滑化时间。

S1——平均销售量。

S2——库存差额。

Y——期望库存。

思考与练习

1. 简述模型化的定义及其作用。

2. 在构建模型的过程中，常用的模型化方法有哪些？结合实际应用，讨论这些方法的优缺点。

3. 搜集你所在地区的商品需求量相对价格以及消费者可支配收入的数据，建立模型进行线性回归分析，并对模型进行检验。

4. 简述系统动力学模型检验的原则和方法。

5. 对系统结构进行分析时，应当关注哪些关键因素？结合所学内容讨论如何进行有效的结构分析。

第4章　系统优化方法

最优化理论是一个重要的数学分支,它所研究的问题是在众多的方案中什么样的方案最优以及怎样找出最优方案。早在古希腊时期,数学家毕达哥拉斯就已发现了黄金分割法,17世纪牛顿发明微积分时已经提出极值问题,后来又出现拉格朗日乘数法。1847年柯西提出了最速下降法,还有求无约束极值的变分法。这些统称为古典最优化方法。

人们关于最优化问题的研究学习,随着历史的发展不断深入。最优化理论与方法在第二次世界大战后迅速发展,成为一门新兴学科,并且随着科学技术的进步和现代化生产的发展,越来越受到人们的重视,其发展日趋成熟。现在,最优化理论和方法已经被广泛应用于生产管理、经济规划、交通运输、能源开发、环境保护以及军事作战等多个领域的实践中。

4.1　最优化问题概述

把要做的事情尽量办好,是事之常理,把这个朴素的事理学原则用现代科学语言表达出来,就叫作最优化原理。在既定约束条件下实现最优目标的方法,就称为最优化方法。最优化概念反映了人类实践活动中十分普遍的现象,即要在尽可能节省人力、物力和时间的前提下,争取获得最佳效果。人们不能超越客观条件的限制期望目标的实现,但是可以而且必须在客观条件的限制之内,能动地争取目标的实现。这种能动性原则,是指导一切事理活动的原则,最优化概念体现了这种能动性。

在中国战国时期,曾经有过一次流传后世的赛马比赛,就是田忌赛马。这个故事说明在已有的条件下,经过筹划、安排,选择一个最好的方案,就会取得最好的效果。可见,筹划安排是十分重要的。

在生产经营活动中经常遇到这样一类问题,即如何合理地利用有限的人力、物力、财力等资源,得到最好的经济效益,也就是在现有的各项资源条件的限制下,如何确定方案,使预期目标达到最优。最优化问题不仅具有趣味性,而且由于解题方法灵活,技巧性强,因此对于开阔解题思路,增强数学能力很有益处。解决这类问题需要的基础知识相当广泛,很难做到一一列举。下面首先从一个生产计划问题开始来说明最优化问题。

【例 4-1】 某工厂在计划期内要安排生产A、B两种产品,已知生产单位产品所占用的设备的台时,Ⅰ、Ⅱ两种原材料的消耗及每单位产品的利润,如表4-1所列。如何安排生产计划能使该工厂获利最多?

表 4-1　原材料消耗、设备台时及每单位产品利润

	A	B	每天可用能力
设备台时/h	1	2	8
原材料Ⅰ/kg	2	0	3
原材料Ⅱ/kg	0	1	3
单位产品利润/元	2	3	

这是一个在原材料和设备台时有限的情况下寻求最大利润的生产计划问题。

设在计划期间 A、B 产品的产量分别为 x_1、x_2。

设备的有限台时是 8 h，这是一个限制产量的条件，所以在确定 A、B 产品的产量时，要考虑不超过设备的有效台时，即可用不等式表示为

$$x_1 + 2x_2 \leqslant 8$$

同理，因原材料Ⅰ，Ⅱ的限量，可以得到以下不等式：

$$2x_1 \leqslant 8$$

$$x_2 \leqslant 3$$

此外，产量不能为负值，所以必须满足 $x_1 \geqslant 0$，$x_2 \geqslant 0$。

该工厂的目标是在不超过所有资源限制的条件下，确定产量 x_1，x_2，以得到最大的利润，若用 z 表示利润，这时 $z = 2x_1 + 3x_2$。

综上所述，该生产计划问题可用以下数学模型来表示：

$$\text{目标函数} \quad \max z = 2x_1 + 3x_2$$

$$\text{约束条件} \quad \begin{cases} x_1 + 2x_2 \leqslant 8 \\ 2x_1 \leqslant 8 \\ 2x_2 \leqslant 3 \\ x_1, x_2 \geqslant 0 \end{cases}$$

【例 4-2】　设有四项任务 B_1，B_2，B_3，B_4，派四个人 A_1，A_2，A_3，A_4 去完成。每个人都可以承担四项任务中的任何一项，但所耗费的资金不同，设 A_i 完成 B_j 所需资金为 c_{ij}。那么如何分配任务能使总支出最少？

这是一个指派问题。设变量

$$x_{ij} = \begin{cases} 1, & \text{指派 } A_i \text{ 完成 } B_j \\ 0, & \text{不指派 } A_i \text{ 完成 } B_j \end{cases}$$

则总支出为

$$S = \sum_{i=1}^{4} \sum_{j=1}^{4} c_{ij} x_{ij}$$

综上所述，该指派问题可用下列数学模型来表示：

$$\text{目标函数} \quad \min S = \sum_{i=1}^{4} \sum_{j=1}^{4} c_{ij} x_{ij}$$

$$\text{约束条件}\begin{cases}\sum_{j=1}^{4}x_{ij}=1, & i=1,2,3,4\\ \sum_{i=1}^{4}x_{ij}=1, & j=1,2,3,4\\ x_{ij}=0\text{ 或者 }1\end{cases}$$

这里的变量 x_{ij} 称为 0-1 变量。

由上面的例子可知，在满足约束条件的解中确定使目标函数达到最大或最小值的问题就是最优化问题，最优化问题的一般数学模型为

$$\text{目标函数}\quad \max(\min)\ f(x)$$
$$\text{约束条件}\quad \text{s.t.}\ x\in S$$

模型由如下三个要素组成：

(1) 变量。变量又称为决策变量，是问题中要确定的未知量，用以表明最优化问题中用数量表示的方案、措施，可以由决策者决定和控制。满足约束条件的解$(x_1,x_2,\cdots,x_n)$称为可行解，可行解的全体组成的集合称为该问题的可行域。

(2) 目标函数。目标函数是决策变量的函数，按优化目标的不同分别在这个函数前加上“max”或“min”。

(3) 约束条件。约束条件指决策变量取值时受到的各种资源条件的限制，通常表达为含决策变量的等式或不等式。

最优化问题根据变量的取值是连续的还是离散的可分为连续型最优化问题和离散型最优化问题。连续型最优化问题根据目标函数和约束条件的不同形式，还可以分为不同的类型。

(1) 根据目标函数和约束条件函数类型分类：若目标函数和约束条件均是线性函数，最优化问题称为线性规划，线性规划满足严格的比例性和可叠加性；若其中至少一个为非线性函数，则最优化问题称为非线性规划问题。

(2) 根据数学模型中有无约束条件分类：不含约束条件的最优化问题称为无约束最优化问题，否则称为约束最优化问题。

此外还有一些特殊类型的最优化问题。如目标函数是二次函数，约束条件全部是线性函数的最优化问题被称为二次规划问题。当目标函数不是数量函数而是向量函数时，又称为多目标规划问题等。

4.2 线性规划

4.2.1 线性规划问题及其数学模型

【例 4-3】 (生产组织问题)某矿开采两层煤，第一层的粉煤采出率为 20%，第二层粉煤采出率为 30%。由于生产工艺环节上的限制，第一层煤最大年产量不超过 50 万 t，第二层煤最大年产量不超过 20 万 t。由于采掘工作超前条件的限制，第二层年产量不能超过第一层的年产量。按照粉煤的供销情况，矿井粉煤年产量不应超过 12 万 t。试确定这两个煤层的合理年产量，使得全矿产量为最大。

设第一层煤的产量为 x_1 万 t/a，第二层煤的产量为 x_2 万 t/a，根据已知条件可建立如下数学模型：

$$\max z = x_1 + x_2$$

$$\text{s. t.}\begin{cases} x_1 \leqslant 50 \\ x_2 \leqslant 20 \\ x_2 \leqslant x_1 \\ 0.2x_1 + 0.3x_2 \leqslant 12 \\ x_1, x_2 \geqslant 0 \end{cases}$$

【例 4-4】（运输问题）某矿区有三个矿井 A_1、A_2、A_3，所产原煤全部运到两个选煤厂 B_1、B_2 进行筛选。各矿日产量及选煤厂的分选能力，各矿到选煤厂的吨煤运价如表 4-2 所列。如何分配各矿井运往各选煤厂的煤量才能使总的运费最省？

表 4-2　矿井到洗煤厂的吨煤运价

矿井	洗煤厂		
	B_1	B_2	产煤量 t/d
A_1	$C_{11}=4$ x_{11}	$C_{12}=6$ x_{12}	600
A_2	$C_{21}=1$ x_{21}	$C_{22}=5$ x_{22}	900
A_3	$C_{31}=3$ x_{31}	$C_{32}=4$ x_{32}	1 000
分选能力 t/d	1 000	1 500	2 500

设 C_{ij} 表示由 A_i 矿运往 B_j 选煤厂的吨煤运价，x_{ij} 表示 A_i 矿运往 B_j 选煤厂的煤量（$i=1,2,3;j=1,2$），例如 C_{11} 表示由 A_1 矿到 B_1 选煤厂的吨煤运价，x_{11} 表示 A_1 矿运往 B_1 选煤厂的煤量等。根据已知条件可建立如下数学模型：

$$\min z = 4x_{11} + 6x_{12} + x_{21} + 5x_{22} + 3x_{31} + 4x_{32}$$

$$\text{s. t.}\begin{cases} x_{11} + x_{12} = 600 \\ x_{21} + x_{22} = 900 \\ x_{31} + x_{32} = 1\,000 \\ x_{11} + x_{21} + x_{31} = 1\,000 \\ x_{12} + x_{22} + x_{32} = 1\,500 \\ x_{ij} \geqslant 0 \quad (i = 1,2,3; j = 1,2) \end{cases}$$

【例 4-5】（配料问题）有三个矿井向一家工厂提供炼焦煤。精煤产量应不少于 3 500 t/d，有关煤的数量与质量、采煤费用以及运煤到工厂的费用、铁路通过能力等数据如表 4-3 所列。试求如何安排煤炭运量，才能使总费用最少。

表 4-3　矿井产煤量、煤质、生产费用及铁路运输能力

矿井编号	产煤量/(t/d)	灰分/%	含硫量/%	精煤回收率/%	由矿井到工厂铁路的通过能力/(t/d)	开采和运输费用/(元/t)
1	2 200	14	2	75	2 400	14
2	2 500	20	0.8	60	2 400	10
3	1 500	16	1.2	75	1 200	12
工厂订货	—	≤17	≤1.4	3 500 t/d(精煤需求量)	—	最小

设 x_1、x_2 和 x_3 分别为 1、2 和 3 号矿井分别运给工厂的煤量。则可列出如下的约束条件表达式。

精煤量的约束条件为

$$0.75x_1 + 0.6x_2 + 0.75x_3 \geqslant 3\,500$$

矿井采煤量的约束条件为

$$x_1 \leqslant 2\,200,\quad x_2 \leqslant 2\,500,\quad x_3 \leqslant 1\,500$$

铁路通过能力约束条件为

$$x_1 \leqslant 2\,400,\quad x_2 \leqslant 2\,400,\quad x_3 \leqslant 1\,200$$

灰分约束条件为

$$0.14x_1 + 0.2x_2 + 0.16x_3 \leqslant 0.17(x_1 + x_2 + x_3)$$

含硫量约束条件为

$$0.02x_1 + 0.008x_2 + 0.012x_3 \leqslant 0.014(x_1 + x_2 + x_3)$$

经整理和去掉多余约束条件，得该问题的数学模型为：

$$\min z = 14x_1 + 10x_2 + 12x_3$$

$$\text{s. t.}\begin{cases} 0.75x_1 + 0.6x_2 + 0.75x_3 \geqslant 3\,500 \\ x_1 \leqslant 2\,200 \\ x_2 \leqslant 2\,400 \\ x_3 \leqslant 1\,200 \\ -0.03x_1 + 0.03x_2 - 0.01x_3 \leqslant 0 \\ 0.006x_1 - 0.006x_2 - 0.002x_3 \leqslant 0 \\ x_1, x_2, x_3 \geqslant 0 \end{cases}$$

上述三个例子描述的问题就是线性规划问题，线性规划问题的数学模型就是线性规划模型。

从数学上看，所有线性规划问题都具有以下共同特征：

(1) 每一问题都可以用一组变量($x_1, x_2, \cdots, x_n$)表示某一方案。一般情况下，变量的取值是非负的。

(2) 约束条件用线性等式或线性不等式表示。

(3) 都有一个目标函数，且这个目标函数可表示为一组变量的线性函数。

(4) 每一个问题要求目标函数实现最大化(max)或者最小化(min)。

由于问题的性质不同，线性规划模型也有不同的形式，一般可以描述为：

$$\max(\min)\ z = c_1x_1 + c_2x_2 + \cdots + c_nx_n \tag{4-1}$$

$$\text{s. t.}\begin{cases} a_{11}x_1 + a_{12}x_2 + \cdots + a_{1n}x_n \leqslant (= / \geqslant) b_1 \\ a_{21}x_1 + a_{22}x_2 + \cdots + a_{2n}x_n \leqslant (= / \geqslant) b_2 \\ \vdots \\ a_{m1}x_1 + a_{m2}x_2 + \cdots + a_{mn}x_n \leqslant (= / \geqslant) b_m \\ x_1, x_2, \cdots, x_n \geqslant 0 \end{cases} \tag{4-2}$$

式中，z 为目标函数。$x_1, x_2, \cdots, x_n$ 为决策变量。$c_1, c_2, \cdots, c_n; b_1, b_2, \cdots, b_m; a_{11}, a_{12}, \cdots, a_{1n}; a_{21}, a_{22}, \cdots, a_{2n}; \cdots; a_{m1}, a_{m2}, \cdots, a_{mn}$ 都是常数。

这就是线形规划问题的一般数学模型。其中“s. t.”是“subject to(以…为条件)”的缩写。式(4-1)称为目标函数，式(4-2)称为约束条件。

4.2.2　线性规划模型的标准型及其转化

线性规划模型中约束条件出现了三种形式(≤，=，≥)，目标函数存在两种形式(max，min)。这种多样性对讨论问题带来不便，因此规定了线性规划模型的标准型：

$$\max\ z = c_1x_1 + c_2x_2 + \cdots + c_nx_n \tag{4-3}$$

$$\text{s. t.}\begin{cases} a_{11}x_1 + a_{12}x_2 + \cdots + a_{1n}x_n = b_1 \\ a_{21}x_1 + a_{22}x_2 + \cdots + a_{2n}x_n = b_2 \\ \vdots \\ a_{m1}x_1 + a_{m2}x_2 + \cdots + a_{mn}x_n = b_m \\ x_1, x_2, \cdots, x_n \geqslant 0 \end{cases} \tag{4-4}$$

这种形式可简记为

$$\max\ z = \sum_{j=1}^{n} c_jx_j \tag{4-5}$$

$$\text{s. t.}\begin{cases} \sum_{j=1}^{n} a_{ij}x_j = b_i, \quad (i = 1, 2, \cdots, m) \\ x_j \geqslant 0, \quad (j = 1, 2, \cdots, n) \end{cases} \tag{4-6}$$

这里假设 $b_i \geqslant 0$。

如果引入如下向量和矩阵：

$$\boldsymbol{C} = (c_1, c_2, \cdots, c_n)$$

$$\boldsymbol{X} = (x_1, x_2, \cdots, x_n)^{\mathrm{T}}$$

$$\boldsymbol{b} = (b_1, b_2, \cdots, b_n)^{\mathrm{T}}$$

$$\boldsymbol{p}_j = (a_{1j}, a_{2j}, \cdots, a_{mj})^{\mathrm{T}}, \quad (j = 1, 2, \cdots, n)$$

$$\boldsymbol{A} = \begin{bmatrix} a_{11} & a_{12} & \cdots & a_{1n} \\ a_{21} & a_{22} & \cdots & a_{2n} \\ \vdots & \vdots & \ddots & \vdots \\ a_{m1} & a_{m2} & \cdots & a_{mn} \end{bmatrix} = (p_1, p_2, \cdots, p_n)$$

则上述线性规划标准型就可表述为以下两种形式：

向量形式为

$$\max z = \boldsymbol{CX} \tag{4-7}$$

$$\text{s.t.}\begin{cases}\sum\limits_{j=1}^{n}\boldsymbol{p}_j x_j = \boldsymbol{b} \\ x_j \geqslant 0, \quad (j = 1,2,\cdots,n)\end{cases} \tag{4-8}$$

矩阵形式为

$$\max z = \boldsymbol{CX} \tag{4-9}$$

$$\text{s.t.}\begin{cases}\boldsymbol{AX} = \boldsymbol{b} \\ \boldsymbol{X} \geqslant 0\end{cases} \tag{4-10}$$

式中，$\boldsymbol{A}$ 称为约束方程组的系数矩阵（$m\times n$ 阶），一般情况下 $m<n$，m 为线性规划的阶数（约束方程的个数），n 为线性规划的维数（未知量个数）；$\boldsymbol{b}$ 为限定向量；$\boldsymbol{C}$ 为价值向量。

4.2.3 线性规划问题的解

设有线性规划问题

$$\max z = \sum_{j=1}^{n} c_j x_j \tag{4-11}$$

$$\text{s.t.}\begin{cases}\sum_{j=1}^{n} a_{ij}x_j = b_i, & (i = 1,\cdots,m) \quad (4\text{-}12) \\ x_j \geqslant 0, & (j = 1,\cdots,n) \quad (4\text{-}13)\end{cases}$$

（1）可行解：满足上述约束条件式(4-12)、式(4-13)的解 $\boldsymbol{X}=(x_1,\cdots,x_n)^{\mathrm{T}}$，称为线性规划问题的可行解。全部可行解的集合称为可行域。

（2）最优解：使目标函数式(4-11)达到最大值的可行解称为最优解。

（3）基：设 $\boldsymbol{A}$ 为约束方程组式(4-12)的 $m\times n$ 阶系数矩阵（设 $n>m$），其秩为 m，$\boldsymbol{B}$ 是矩阵 $\boldsymbol{A}$ 的一个 $m\times m$ 阶的满秩子矩阵，称 $\boldsymbol{B}$ 是线性规划问题的一个基。不失一般性，设

$$\boldsymbol{B} = \begin{pmatrix} a_{11} & \cdots & a_{1m} \\ \vdots & & \vdots \\ a_{m1} & \cdots & a_{mm}\end{pmatrix} = (\boldsymbol{P}_1,\cdots,\boldsymbol{P}_m)$$

$\boldsymbol{B}$ 中的每一个列向量 $\boldsymbol{P}_j(j=1,\cdots,m)$ 称为基向量，与基向量 $\boldsymbol{P}_j$ 对应的变量 x_j 称为基变量。线性规划中除基变量以外的变量称为非基变量。

（4）基解：在约束方程组式(4-12)中，令所有非基变量 $x_{m+1}=x_{m+2}=\cdots=x_n=0$，又因为有 $|\boldsymbol{B}|\neq 0$，根据克莱姆规则，由 m 个约束方程可解出 m 个基变量的唯一解 $\boldsymbol{X}_B=(x_1, x_2,\cdots,x_m)^{\mathrm{T}}$。将这个解加上非基变量取 0 的值有 $\boldsymbol{X}=(x_1,x_2,\cdots,x_m,0,\cdots,0)^{\mathrm{T}}$，称 $\boldsymbol{X}$ 为线性规划问题的基解。

（5）基可行解：满足变量非负的约束条件式(4-13)的基解称为基可行解。

（6）可行基：对应于基可行解的基称为可行基。

4.2.4 线性规划的图解法与基本定理

1. 图解法

对于一般形式的线性规划问题，当只含有两个决策变量时，可用图解法求解。图解法简

单直观，便于我们理解线性规划解的几何意义和一般解法的基本思想。下面我们通过例 4-3 来说明图解法。先将例 4-3 的数学模型重列如下：

$$\max z = x_1 + x_2 \tag{4-14}$$

$$\begin{cases} x_1 \leqslant 50 \\ x_2 \leqslant 20 \\ x_2 \leqslant x_1 \\ 0.2x_1 + 0.3x_2 \leqslant 12 \\ x_1, x_2 \geqslant 0 \end{cases} \tag{4-15}$$

首先在 x_1Ox_2 坐标系中画出满足约束条件的可行域，如图 4-1 所示。由非负约束可知，可行域应该在第一象限，然后逐个考虑满足每个约束条件的非负解。满足条件 $x_1 \leqslant 50$ 的区域为直线 L_1 的左边部分，满足条件 $x_2 \leqslant 20$ 的区域为直线 L_2 的下方部分，满足条件 $x_2 \leqslant x_1$ 的区域为直线 L_3 的下方部分，满足条件 $0.2x_1 + 0.3x_2 \leqslant 12$ 的区域为直线 L_4 的下方部分。综合考虑所有约束条件，得到问题的可行域，如图 4-1 阴影部分所示。

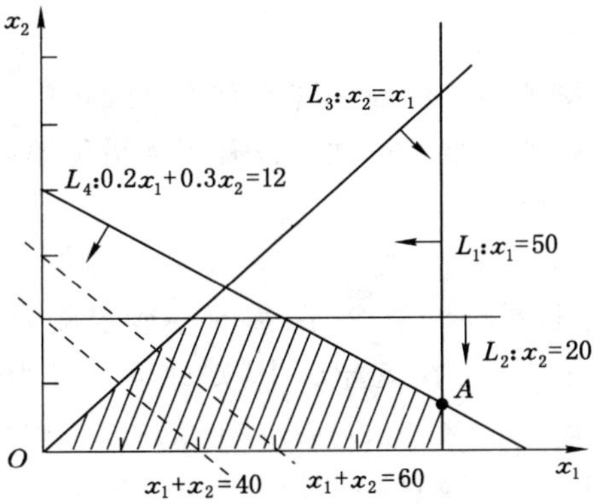

图 4-1　图解法求解

确定了可行域以后，我们希望找到可行域中哪些解是最优解，也就是使目标函数 $z = x_1 + x_2$ 取尽可能大的可行解。考虑给目标函数一个值，例如给定 $z=40$，可以在图中画出一条直线 $x_1 + x_2 = 40$，在直线上的任一点处，对应的目标函数值均为 40，故称该直线为目标函数的等值线。对于其他 z 的给定值，如 $z=60$ 也可以在图上画出一条直线 $x_1 + x_2 = 60$。显然，对于不同给定值 k，$x_1 + x_2 = k$ 是一组平行的直线，当 k 值由小变大时，目标函数的等值线平行移动，它的最后一个与可行域的交点（一般是可行域的一个顶点）就是所求的最优点，即图 4-1 中的 A 点(50,20/3)。最优解为 $z=170/3$。

通过上面的图解法可以看出，当目标函数的等值线在可行域中平行移动时，可能出现以下几种特殊情况。

（1）存在多个最优解

通过图解法对上面例 4-3 的求解过程分析可知道，最优解在目标函数直线与可行域边界的交点处实现。如果目标函数等值线与可行域的一个边界所在的约束直线重合，出现这种情况时，则问题就有多个最优解。对于有多个最优解的线性规划问题，意味着有很多决策变量的组合可供选择，决策者可从中选择一个最理想的。

(2) 无可行解

如果没有一个点能同时满足所有的约束条件和非负条件,则可行域不存在,因此目标函数也就不可能与可行域相交,此时没有可行解。

在实际问题中,一般情况下,如果问题不存在可行解,一般与目标函数无关,说明约束条件过于严格,通常解决的方法是去掉一个或多个约束条件。如果修改后的问题有最优解,则说明去掉的这些约束条件导致了问题无可行解。

(3) 有无界解

当目标函数等值线的 k 值无限增大时(对最大化问题而言),该等值线仍在可行域中,即如果线性规划问题的解无限地变大时,仍满足约束条件,对于这样的最大化问题的解称为无界解。对于最小化问题,如果它的可行解无限地变小时,仍满足约束条件,则它的解称为是无界的。

在实际问题中,如果出现线性规划的解是无界的,则说明所建立的数学模型不能真实地反映实际问题。其原因通常是遗漏了一些约束条件。

可行域与最优解具有如下关系:

当可行域为空集时,则无最优解。

当可行域为有界集时,则或有唯一最优解或有多个最优解。

当可行域为无界集时,则或有唯一最优解或有多个最优解或有无界解。

2. 凸集、凸组合及顶点的概念

(1) 凸集

凸集是线性规划中一个很重要的概念,凸集的一般定义为:如果在集合 C 中任意取两个点 x_1,x_2,其连线上的所有点也都在集合 C 中,则称集合 C 为凸集合。用数学解析式表达为:对任意 $x_1,x_2\in C$,如均有 $\alpha x_1+(1-\alpha)x_2\in C(0<\alpha<1)$,则称 C 为凸集合。

如图 4-2 中的(a)和(c)不是凸集,(b)是凸集。

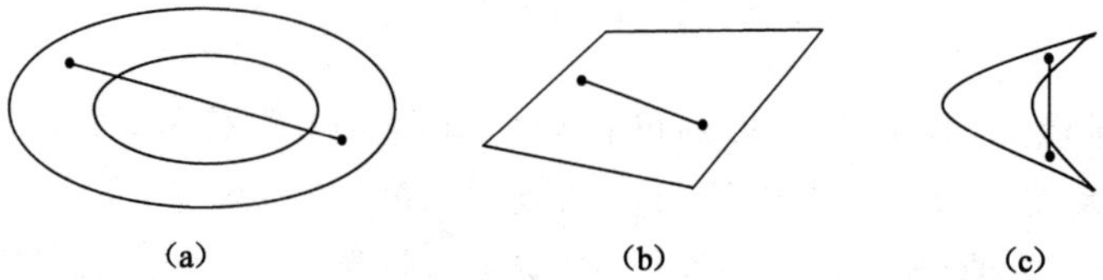

图 4-2 凸集与非凸集

(2) 凸组合

如果 $x_1,x_2,\cdots,x_k$ 是集合 C 中任意取得的 k 个点,若存在数 $u_1,u_2,\cdots,u_k$,且 $0<u_i<1(i=1,2,\cdots,k)$,$\sum_{i=1}^{n}u_i=1$,使得 $x=u_1x_1+u_2x_2+\cdots+u_kx_k$ 成立,则称 x 为 $x_1,x_2,\cdots,x_k$ 的凸组合。

(3) 顶点

凸集 C 中满足下述条件的点 x 称为顶点:如果 C 中不存在两个不同的点 x_1,x_2,使 x 成为这两个点连线上的一个点。或者这样叙述:对任何 $x_1\in C,x_2\in C$,如果 x 不能表示为 $x=\alpha x_1+(1-\alpha)x_2(\forall\alpha\in(0,1))$,则称 x 是凸集 C 的顶点。

3. 线性规划的基本定理

定理 4-1　线性规划问题的可行解集是凸集，即连接线性规划问题任意两个可行解的线段上的点仍然是可行解。

定理 4-2　线性规划问题的可行解 x 为基可行解的充分必要条件是：x 的非零分量所对应的系数矩阵 $\mathbf{A}$ 的列向量是线性无关的。

定理 4-3　线性规划问题的可行解集 D 中的点 x 是顶点的充分必要条件是：x 是基可行解。

推论 1　可行解集 D 中的顶点个数是有限的。

推论 2　若可行解集 D 是有界的凸集，则 D 中任意点 x，都可表示成 D 的顶点的凸组合。

定理 4-4　若可行解集 D 有界，则线性规划问题的最优解，必定在 D 的顶点上实现。

说明 1　若可行解集 D 无界，则线性规划问题可能有最优解，也可能无最优解。若有最优解，也必在顶点上实现。

说明 2　有时目标函数也可能在多个顶点上达到最优。这些顶点的凸组合也是最优值（有无穷多最优解）。

4.2.5　单纯形法

单纯形法是一种迭代方法，它的思路是：从可行域的某个顶点出发，转换到相邻的一个顶点，使目标函数逐渐接近最优值，当目标函数达到最优值时，线性规划问题的解就找到了。几何上从一个顶点到另一个顶点的迭代，对应代数上从一个基本可行解到另一个基本可行解。

用凸集理论不难证明：两个变量的线性规划问题，满足其约束条件的一切可行解构成凸多边形。n 个变量的线性规划问题，满足其约束条件的可行域是 n 维凸多面体。n 维凸多面体有 $n+1$ 个顶点，几何上这种凸多面体被称为单纯形。线性规划问题是在凸多面体顶点集中迭代求解，因此，将线性规划问题的求解方法称为单纯形法。

运用单纯形这一算法第一个要解决的问题是，如何确定初始基本可行解（即顶点）；第二是如何判断一个基本可行解是否为最优解；第三个问题是，如不是最优解，则如何构造一个更优的基本可行解。

1. 初始基本可行解的确定

为了求得初始可行解，首先要找出初始可行基，其方法如下。

(1) 对于等式约束（系数矩阵存在单位阵）的情况

$$\max z = \sum_{j=1}^{n} c_j x_j \tag{4-16}$$

$$\text{s.t.} \begin{cases} \sum_{j=1}^{n} p_j x_j = b \\ x_j \geqslant 0, \quad (j = 1,2,\cdots,n) \end{cases} \tag{4-17}$$

若 p_j 中能直接观察到 m 个线性独立的单位向量，那么经过重新安排其顺序便得到一个可行基

$$\boldsymbol{B}=(p_1,p_2,\cdots,p_m)=\begin{pmatrix}1&0&\cdots&0\\0&1&\cdots&0\\\vdots&\vdots&\ddots&\vdots\\0&0&\cdots&1\end{pmatrix} \tag{4-18}$$

实际上，若 $\boldsymbol{B}$ 是单位矩阵，则约束方程式可表示为

$$\begin{cases}x_1+a_{1,m+1}x_{m+1}+\cdots+a_{1n}x_n=b_1\\x_2+a_{2,m+1}x_{m+1}+\cdots+a_{2n}x_n=b_2\\\qquad\vdots\\x_m+a_{m,m+1}x_{m+1}+\cdots+a_{mn}x_n=b_m\\x_j\geqslant 0,\quad(j=1,2,\cdots,n)\end{cases} \tag{4-19}$$

令非基变量 $x_{m+1}=x_{m+2}=\cdots=x_n=0$，由式(4-19)可得

$$x_i=b_i,\quad(i=1,2,\cdots,m) \tag{4-20}$$

又因为 $b_i\geqslant 0$，于是得到初始基本可行解为

$$\boldsymbol{x}^{(0)}=(x_1,\cdots,x_m,0,\cdots,0)^{\mathrm{T}}=(b_1,\cdots,b_m,0,\cdots,0)^{\mathrm{T}} \tag{4-21}$$

(2) 对于约束是“≤”形式的不等式约束情况

这时，在每个不等式约束的左端加上一个非负的松弛变量，重新对 x_j 和 $a_{ij}(i=1,2,\cdots,m;j=1,2,\cdots,n)$ 进行编号，可得到下面的方程组：

$$\begin{cases}x_1+a_{1,m+1}x_{m+1}+\cdots+a_{1n}x_n=b_1\\x_2+a_{2,m+1}x_{m+1}+\cdots+a_{2n}x_n=b_2\\\qquad\vdots\\x_m+a_{m,m+1}x_{m+1}+\cdots+a_{mn}x_n=b_m\\x_j\geqslant 0,\quad(j=1,2,\cdots,n)\end{cases} \tag{4-22}$$

显然我们可以得到一个 $m\times m$ 阶的单位矩阵：

$$\boldsymbol{B}=(p_1,p_2,\cdots,p_m)=\begin{pmatrix}1&0&\cdots&0\\0&1&\cdots&0\\\vdots&\vdots&\ddots&\vdots\\0&0&\cdots&1\end{pmatrix} \tag{4-23}$$

将 $\boldsymbol{B}$ 作为初始可行基，并令非基变量 $x_{m+1}=x_{m+2}=\cdots=x_n=0$，就得到初始可行解：

$$\boldsymbol{x}^{(0)}=(b_1,\cdots,b_m,0,\cdots,0)^{\mathrm{T}} \tag{4-24}$$

(3) 对于约束是“≥”或“=”(不存在单位矩阵)的情况

对“≥”形式的不等式约束，在其左端减去一个非负的剩余变量，将不等式约束变为等式约束，只要在等式的左端加上一个非负的人工变量，然后用大 M 法或两阶段法求解，就可以得到初始基本可行解。

大 M 法是处理人工变量的一种方法。当在线性规划的约束条件中加入人工变量后，以人工变量对应的系数列向量作为基向量，可以得到一个初始可行基。为了使人工变量不影响目标函数的取值，就需要在迭代过程中尽快把人工变量从基变量中替换出来变为非基变量。为此，对目标函数实现最大化的问题，就必须假定人工变量在目标函数中的价值系数为“$-M$”(M 为无穷大的正数)，这样只要在基变量中还存在人工变量，目标函数就不可能实现最大化。若目标函数是实现最小化的问题，必须假定人工变量在目标函数中的价值系数

为"$+M$"。这种方法称为大 M 法。

现考虑如下线性规划问题：

$$\max z = c_1x_1 + c_2x_2 + \cdots + c_nx_n \tag{4-25}$$

$$\text{s. t.}\begin{cases} a_{11}x_1 + a_{12}x_2 + \cdots + a_{1n}x_n \geqslant b_1 \\ a_{21}x_1 + a_{22}x_2 + \cdots + a_{2n}x_n \geqslant b_2 \\ \quad\vdots \\ a_{m1}x_1 + a_{m2}x_2 + \cdots + a_{mn}x_n \geqslant b_m \\ x_j \geqslant 0, \quad (j = 1,2,\cdots,n) \end{cases} \tag{4-26}$$

在上述问题的约束条件中，引入剩余变量 $x'_1, x'_2, \cdots, x'_m$ 和人工变量 $x''_1, x''_2, \cdots, x''_m$ 可得标准型：

$$\max z = c_1x_1 + c_2x_2 + \cdots + c_nx_n - Mx''_1 - \cdots - Mx''_m \tag{4-27}$$

$$\text{s. t.}\begin{cases} a_{11}x_1 + a_{12}x_2 + \cdots + a_{1n}x_n - x'_1 + x''_1 = b_1 \\ a_{21}x_1 + a_{22}x_2 + \cdots + a_{2n}x_n - x'_2 + x''_2 = b_2 \\ \quad\vdots \\ a_{m1}x_1 + a_{m2}x_2 + \cdots + a_{mn}x_n - x'_m + x''_m = b_m \\ x_j \geqslant 0, \quad (j = 1,2,\cdots,n) \\ x'_i \geqslant 0, \quad (i = 1,2,\cdots,m) \\ x''_i \geqslant 0, \quad (i = 1,2,\cdots,m) \end{cases} \tag{4-28}$$

其中 M 是一个无穷大的正数。

两阶段法是处理人工变量的另一种方法。它把加入人工变量后的线性规划问题分为两个阶段来求解。第一阶段通过单纯形迭代，把人工变量从基变量中置换出来，找到原问题的一个基本可行解，再转入第二阶段，对原目标要求继续迭代，直到求得最优解。

第一阶段：构造一个辅助线性规划，其目标函数为所有人工变量之和。当人工变量从基变量中逐步置换出来时，此目标函数值逐渐减小，直至为 0，故目标要求为最小。约束条件仍为原问题的标准约束条件，即

$$\min \omega = \sum_{i=1}^{m} x_{n+i} \tag{4-29}$$

$$\text{s. t.}\begin{cases} \sum_{j=1}^{n}(a_{ij}x_j + x_{n+i}) = b, \quad (i = 1,2,\cdots,m) \\ x_j \geqslant 0, x_{n+i} \geqslant 0 \end{cases} \tag{4-30}$$

式中，x_{n+i} 为引入的人工变量。

对辅助线性规划用单纯形法求最优解。如果最优解的目标函数 $\min \omega = 0$，说明所有人工变量都为 0，于是可以去掉人工变量，转入第二阶段继续计算；如果 $\min \omega > 0$，说明仍有某些人工变量没有降到 0，表示原问题没有可行解，停止计算。

第二阶段：若原问题有解，则在辅助规划的最优单纯形表中，划去人工变量所在的列，并将目标函数换成原线性规划的目标函数，重新计算 σ_j，就得到原线性规划的单纯形表，再应用单纯形表进行计算，确定最优解。

2. 最优解检验

得到初始基本可行解后，就进入迭代过程，但在开始迭代之前应建立一个判断准则，以

便检验每次迭代后的基本可行解是否是最优解，从而决定迭代过程是停止还是继续。

最优解检验用式(4-31)：

$$\sigma_j = c_j - \sum_{i=1}^{m} c_i a_{ij} \tag{4-31}$$

判断准则为：(1) 若目标函数为最大化函数，要求 $\sigma_j \leqslant 0$；(2) 若目标函数为最小化函数，要求 $\sigma_j \geqslant 0$。

3. 基变换

若在最优解的检验中，初始基本可行解 $x^{(0)}$ 既不是最优解，也不属于无有限最优解的情况，就需要进一步寻找新的基本可行解，即在保证线性独立的基础上，将原可行基换一个列向量，从而得到一个新的可行基，这称为基变换。

(1) 换入变量的确定

对于最大化问题，当某些 $\sigma_j > 0$ 时，x_j 增加则目标函数值也要增加，这就要将某一个非基变量 x_j 换到基变量中去。若有两个以上的 $\sigma_j > 0$，为了使目标函数增加更快，一般应选 $\sigma_j > 0$ 中的最大值，即

$$\max_j(\sigma_j \mid \sigma_j > 0) = \sigma_k \tag{4-32}$$

则对应的非基变量 x_k 为换入变量。

(2) 换出变量的确定

当确定非基变量 x_k 为换入变量(基变量)后，它的取值从零变为非零了，而其他非基变量仍为零。则存在

$$\begin{cases} x_1 = b_1 - a_{1k}x_k \geqslant 0 \\ x_2 = b_2 - a_{2k}x_k \geqslant 0 \\ \qquad \vdots \\ x_m = b_m - a_{mk}x_k \geqslant 0 \end{cases} \tag{4-33}$$

由式(4-33)可以看出，当 $a_{ik} > 0$ 时，x_k 的增大必将使 x_i 变小，甚至还可能出现负值。为了保证变量非负，应取出随 x_k 的增大而首先变为零的那个基变量，换句话说，就是要从

$$\frac{b_1}{a_{1k}}, \frac{b_2}{a_{2k}}, \cdots, \frac{b_m}{a_{mk}} \tag{4-34}$$

中取出最小值所对应的那个基变量。因此，换出变量可以按下式确定：

$$\theta = \min_i\left(\frac{b_i}{a_{ik}} \mid a_{ik} > 0\right) = \frac{b_l}{a_{lk}} \tag{4-35}$$

其对应的基变量 x_l 为换出变量。按最小值确定 θ 称为最小比值规则(或 θ 规则)。

4. 旋转运算

在确定了换入变量 x_k 和换出变量 x_l 之后，要把 x_k 和 x_l 的位置进行交换，为此需要把 x_k 所对应的系数列向量 $\boldsymbol{P}_k$ 变成单位列向量。这只要对系数矩阵的增广矩阵进行行的初等变换即可。我们称这种行的初等变换过程为旋转运算。

4.2.6 单纯形法的计算步骤

1. 单纯形表

为了便于计算和检验，人们设计了一种与增广矩阵相似的计算表，称为单纯形表。将标

准型约束方程组和目标函数一起组成 $n+1$ 个变量，$m+1$ 个方程的系数写成增广矩阵形式：

$$\begin{matrix} -z & x_1 & x_2 & \cdots & x_m & x_{m+1} & \cdots & x & b \end{matrix}$$

$$\begin{bmatrix} 0 & 1 & 0 & \cdots & 0 & a_{1,m+1} & \cdots & a_{1n} & b_1 \\ 0 & 0 & 1 & \cdots & 0 & a_{2,m+1} & \cdots & a_{2n} & b_2 \\ \vdots & \vdots & \vdots & \ddots & \vdots & \vdots & & \vdots & \vdots \\ 0 & 0 & 0 & \cdots & 1 & a_{m,m+1} & \cdots & a_{mn} & b_m \\ 1 & c_1 & c_2 & \cdots & c_m & c_{m+1} & \cdots & c_n & 0 \end{bmatrix} \tag{4-36}$$

将目标函数 z 看作不参与基变换的基变量。它和 $x_1,x_2,\cdots,x_m$ 的系数构成一个基，因此，需要采用行的初等变换将 $c_1,c_2,\cdots,c_m$ 变为零。根据初等变换后的增广矩阵，设计成一种计算表，即单纯形表，如表 4-4 所列。

表 4-4　单纯形表

$c_j \rightarrow$			c_1	$\cdots$	c_m	c_{m+1}	$\cdots$	c_n	θ_i
c_B	x_B	b	x_1	$\cdots$	x_m	x_{m+1}	$\cdots$	x_n	
c_1	x_1	b_1	1	$\cdots$	0	$a_{1,m+1}$	$\cdots$	$a_{1,n}$	θ_1
c_2	x_2	b_2	0	$\cdots$	0	$a_{2,m+1}$	$\cdots$	$a_{2,n}$	θ_2
				$\cdots$			$\cdots$		
c_m	x_m	b_m	0	$\cdots$	1	$a_{m,m+1}$	$\cdots$	$a_{m,n}$	θ_m
$c_j - z_j$		$\sum_{i=1}^{m} c_i b_i$	0	$\cdots$	0	$c_{m+1} - \sum_{i=1}^{m} c_i a_{i,m} + 1$	$\cdots$	$c_n - \sum_{i=1}^{m} c_i a_{i,n}$	

表 4-4 中，x_B 列为基变量；c_B 列为基变量的价值系数；b 列为约束方程组右端的常数；c_j 行为各变量的价值系数；最后一行为检验数，对应各非基变量 x_j 的检验数是 $c_j - \sum_{i=1}^{m} c_i a_{ij}$，即 $\sigma_j = c_j - z_j (j = m+1,\cdots,n)$；$\theta$ 列是按 θ 规则算出来的，作为确定换入变量准则。

表 4-4 称为初始单纯形表，以它为起点进行迭代。每迭代一次就得到一个新的单纯形表。

2. 单纯形法的计算步骤

综上所述，单纯形法求解线性规划问题的步骤可归纳如下：

(1) 找出初始可行基，确定初始基本可行解，建立初始单纯形表。

(2) 检查对应于非基变量的检验数 σ_j，如果所有的 $\sigma_j \leqslant 0$，则停止计算，所得到的结果已是最优解；在所有 $\sigma_j > 0$ 中，若有一个 σ_k 对应 x_k 的系数列向量 $\boldsymbol{P}_k \leqslant 0$，即对 $i=1,2,\cdots,m$ 均有 $a_{ik} \leqslant 0$，则此问题无界，停止计算；在所有 $\sigma_j > 0$ 中，若有一个 σ_k 所对应的非基变量 x_k 的系数列向量 $\boldsymbol{P}_k$ 存在正分量，则基本可行解不是最优解，转入下一步。

(3) 根据 $\max(\sigma_j \mid \sigma_j > 0) = \sigma_k$，确定 x_k 为换入变量，根据

$$\theta = \min_i \left(\frac{b_i}{a_{ik}} \middle| a_{ik} > 0 \right) = \frac{b_l}{a_{lk}}$$

确定 x_l 为换出变量，于是得到主元素 a_{lk}，转入下一步。

(4) 以 a_{lk} 为主元素，用高斯消去法进行迭代，把 x_k 的系数列向量转为单位列向量，即

$$\boldsymbol{P}_k = \begin{bmatrix} a_{1k} \\ \vdots \\ a_{lk} \\ \vdots \\ a_{mk} \end{bmatrix} \xrightarrow{\text{迭代}} \begin{bmatrix} 0 \\ \vdots \\ 1 \\ \vdots \\ 0 \end{bmatrix} \xleftarrow{\text{第 1 行}}$$

将 x_k 与 x_l 的位置对换,则得新的单纯形表,再以它为起点重复(2)～(4)步骤,直到得到最优解为止。

下面通过例子说明用单纯形表求解线性规划问题的方法。

【例 4-6】 用单纯形法求解如下线性规划问题:

$$\max z = 7x_1 + 12x_2$$

$$\text{s. t.} \begin{cases} 9x_1 + 4x_2 \leqslant 360 \\ 4x_1 + 5x_2 \leqslant 200 \\ 3x_1 + 10x_2 \leqslant 300 \\ x_1 \geqslant 0, x_2 \geqslant 0 \end{cases}$$

首先引入松弛变量 x_3, x_4, x_5,将上述线性规划问题化为标准形:

$$\max z = 7x_1 + 12x_2$$

$$\text{s. t.} \begin{cases} 9x_1 + 4x_2 + x_3 = 360 \\ 4x_1 + 5x_2 + x_4 = 200 \\ 3x_1 + 10x_2 + x_5 = 300 \\ x_1, x_2, \cdots, x_5 \geqslant 0 \end{cases}$$

第一步:写出初始单纯形表,见表 4-5。

表 4-5　例 4-6 初始单纯形表

$c_j \rightarrow$			7	12	0	0	0	θ_i
c_B	x_B	b	x_1	x_2	x_3	x_4	x_5	
0	x_3	360	9	4	1	0	0	
0	x_4	200	4	5	0	1	0	
0	x_5	300	3	10	0	0	1	
$c_j - z_j$			7	12	0	0	0	

由于 x_3, x_4, x_5 在系数矩阵中所对应的列是线性无关的,所以取 x_3, x_4, x_5 作为基变量,写在表 4-5 的基变量 x_B 列中。c_j 表示目标函数中各变量的系数。在表 4-5 中,c_B 列的值是基变量在目标函数中的系数,它们将随基变量的改变而改变,并与基变量相对应,在本例中初始的 c_B 都是 0;b 列是约束方程组右边的常数;最后一行,称为检验数行,对应子非基变量 x_j 的检验数是:

$$c_j - \sum_{i=1}^{m} c_{B_i} a_{ij} = c_j - z_j$$

其中 c_{B_i} 是表 4-5 中的系数矩阵第 i 行对应的基变量在目标函数中的系数(本例中基变量为 x_3,x_4,x_5,它们在目标函数中的系数均为 0),c_j 是目标函数中 x_j 的系数,所以

$$c_1 - z_1 = 7 - (0\times 9 + 0\times 4 + 0\times 3) = 7$$

$$c_2 - z_2 = 12 - (0\times 4 + 0\times 5 + 0\times 10) = 12$$

θ 列是确定进基或退基变量列。

令 $x_1=x_2=0$,得$(0,0,360,200,300)^T$ 为一初始基本可行解,所对应的目标函数值是 $z=7\times 0+12\times 0$。

第二步:判断基本可行解是否最优。如果检验数行的元素均小于或等于 0(对于最大值问题),则基本可行解最优。否则继续第三步(在本例中,x_2 所对应的检验数 12 是最大的)。

第三步:找出检验数行中最大者所在列作为主列,即第二列作为主列。将主列中大于零的元素分别除以 b 列中相应的值,即得$\frac{360}{4}=90$,$\frac{200}{5}=40$,$\frac{300}{10}=30$,将它们写在表 4-5 右边的 θ 列中,见表 4-6。

表 4-6　例 4-6 单纯形表二

$c_j \rightarrow$			7	12	0	0	0	θ_i
c_B	x_B	b	x_1	x_2	x_3	x_4	x_5	
0	x_3	360	9	4	1	0	0	90
0	x_4	200	4	5	0	1	0	40
0	x_5	300	3	10	0	0	1	30
$c_j - z_j$			7	12	0	0	0	

将最大检验数所在主列(即第二列)对应的变量 x_2 作为换入变量,替换 θ 列中最小值 30 所对应行(即第三行)的基变量 x_5。同时用行变换把这行与主列的交叉元素 $a_{32}=10$ 化为 1,主列的其他元素化为 0,得到表 4-7。

表 4-7　例 4-6 单纯形表三

$c_j \rightarrow$			7	12	0	0	0	θ_i
c_B	x_B	b	x_1	x_2	x_3	x_4	x_5	
0	x_3	240	7.8	0	1	0	−0.4	30.8
0	x_4	50	2.5	0	0	1	−0.5	20
12	x_2	30	0.3	1	0	0	0.1	100
$c_j - z_j$			3.4	0	0	0	−1.2	

第四步:因为表 4-7 中检验数有大于 0 的数 3.4,所以重复第三步,得表 4-8。

表 4-8　例 4-6 单纯形表四

$c_j\to$			$c_j\to$	12	0	0	0	θ_i
c_B	x_B	b	x_1	x_2	x_3	x_4	x_5	
0	x_3	84	0	0	1	−3.12	1.16	
7	x_1	20	1	0	0	0.4	−0.2	
12	x_2	24	0	1	0	−0.12	0.16	
c_j-z_j	0	0	0	−1.36	−0.522			

对于最大值问题，由表 4-8 知，由于所有的检验数都小于或等于零，所以得到最优解：$x_1=20, x_2=24, x_3=84, x_4=0, x_5=0$。从而得到最大目标函数值：$z_{\max}=428$。

同理，利用上面介绍的单纯形法求解例 4-3，首先将原模型化为标准形式：

$$\max z = x_1 + x_2$$

$$\text{s. t.}\begin{cases} x_1 + x_3 = 50 \\ x_2 + x_4 = 20 \\ -x_1 + x_2 + x_5 = 0 \\ 2x_1 + 3x_2 + x_6 = 120 \\ x_1, x_2, \cdots, x_6 \geqslant 0 \end{cases}$$

则 x_3, x_4, x_5, x_6 为基变量，x_1, x_2 为非基变量。则可到初始基可行解 $\boldsymbol{x}^{(0)}=(0,0,50,20,0,120)^{\mathrm{T}}$。列初始单纯形表(表 4-9)并进行迭代。

表 4-9　例 4-3 初始单纯形表

$c_j\to$			1	1	0	0	0	0	θ_i
c_B	c_B	c_B	x_1	x_2	x_3	x_4	x_5	x_6	
0	x_3	50	1	0	1	0	0	0	50
0	x_4	20	0	1	0	1	0	0	
0	x_5	0	−1	1	0	0	1	0	
0	x_6	120	2	3	0	0	0	1	60
c_j-z_j			1	1	0	0	0	0	
1	x_1	50	1	0	1	0	0	0	
0	x_4	20	0	1	0	1	0	0	20
0	x_5	50	0	1	1	0	1	0	50
0	x_6	20	0	3	−2	0	0	1	20/3
c_j-z_j			1	1	0	0	0	0	
1	x_1	50	1	0	1	0	0	0	
0	x_4	40/3	0	0	2/3	1	0	−1/3	
0	x_5	130/3	0	0	5/3	0	1	−1/3	
1	x_2	20/3	0	1	−2/3	0	0	1/3	
c_j-z_j			0	0	−1/3	0	0	−1/3	

该检验数均为负数或零，说明该模型已得到最优解，即：$\boldsymbol{X}^*=(50,20/3,0,40/3,130/3)$，目标函数值 $z^*=170/3$。

【例 4-7】 某矿近期计划安排 4 对新建矿井投产，产量达到 90 万 t，4 对已设计完成的片盘斜井基本情况如表 4-10 所列。

表 4-10　片盘斜井生产情况

斜井	生产能力/万 t	吨煤投资/(元/t)	吨煤成本/(元/t)
1	27	60	8
2	36	77	9
3	27	81	9
4	36	55	11

共有投资 7 300 万元，那么各片盘斜井产量安排多少时，总生产成本最少？

设 x_1,x_2,x_3,x_4 为各片盘斜井的产量(万 t)，根据已知条件可建立如下数学模型：

$$\min z = 8x_1 + 9x_2 + 9x_3 + 11x_4$$

$$\text{s.t.}\begin{cases} 60x_1 + 77x_2 + 81x_3 + 55x_4 \leqslant 7\,300 \\ x_1 + x_2 + x_3 + x_4 \geqslant 90 \\ x_1 \leqslant 27 \\ x_2 \leqslant 36 \\ x_3 \leqslant 27 \\ x_4 \leqslant 36 \\ x_1,x_2,x_3,x_4 \geqslant 0 \end{cases}$$

在约束条件中引入松弛变量和剩余变量后，则约束条件可变为

$$\begin{cases} 60x_1 + 77x_2 + 81x_3 + 55x_4 + x_5 = 7\,300 \\ x_1 + x_2 + x_3 + x_4 - x_6 = 90 \\ x_1 + x_7 = 27 \\ x_2 + x_8 = 36 \\ x_3 + x_9 = 27 \\ x_4 + x_{10} = 36 \\ x_1,x_2,\cdots,x_{10} \geqslant 0 \end{cases}$$

由于第二个约束条件无单位矩阵，因此构不成初始可行基，所以要加入人工变量 x_{11}，则数学模型变为

$$\min z = 8x_1 + 9x_2 + 9x_3 + 11x_4 + Mx_{11}$$

$$\text{s.t.}\begin{cases} 60x_1 + 77x_2 + 81x_3 + 55x_4 + x_5 = 7\,300 \\ x_1 + x_2 + x_3 + x_4 - x_6 + x_{11} = 90 \\ x_1 + x_7 = 27 \\ x_2 + x_8 = 36 \\ x_3 + x_9 = 27 \\ x_4 + x_{10} = 36 \\ x_1,x_2,\cdots,x_{11} \geqslant 0 \end{cases}$$

用单纯形法求解上述问题，在迭代中，注意最大判别数中的 M 是很大的正数，比每个已知的正数都大。其求解过程如表 4-11 所列。

表 4-11　例 4-7 求解

$c_j \to$			8	9	9	11	0	0	0	0	0	0	M	θ_i
c_B	c_B	b	x_1	x_2	x_3	x_4	x_5	x_6	x_7	x_8	x_9	x_{10}	x_{11}	
0	x_5	7 300	60	77	81	55	1	0	0	0	0	0	0	121.7
M	x_6	90	1	1	1	1	0	-1	0	0	0	0	1	90
0	x_7	27	[1]	0	0	0	0	0	1	0	0	0	0	27
0	x_8	36	0	1	0	0	0	0	0	1	0	0	0	
0	x_9	27	0	0	1	0	0	0	0	0	1	0	0	
0	x_{10}	36	0	0	0	1	0	0	0	0	0	1	0	
$c_j - z_j$			$8-M$	$9-M$	$9-M$	$11-M$	0	M	0	0	0	0	0	
0	x_5	5 680	0	77	81	55	1	0	-60	0	0	0	0	73.8
M	x_{11}	63	0	1	1	1	0	-1	-1	0	0	0	1	63
8	x_1	27	1	0	0	0	0	0	1	0	0	0	0	
0	x_8	36	0	[1]	0	0	0	0	0	1	0	0	0	36
0	x_9	27	0	0	1	0	0	0	0	0	1	0	0	
0	x_{10}	36	0	0	0	1	0	0	0	0	0	1	0	
$c_j - z_j$			0	$9-M$	$9-M$	$11-M$	0	M	$M-8$	0	0	0	0	
0	x_5	2 908	0	0	81	55	1	0	-60	-77	0	0	0	39
M	x_{11}	27	0	0	[1]	1	0	-1	-1	-1	0	0	1	27
8	x_1	27	1	0	0	0	0	0	1	0	0	0	0	
9	x_2	36	0	1	0	0	0	0	0	1	0	0	0	
0	x_9	27	0	0	1	0	0	0	0	0	1	0	0	27
0	x_{10}	36	0	0	0	1	0	0	0	0	0	1	0	
$c_j - z_j$			0	0	$9-M$	$11-M$	0	M	$M-8$	$M-9$	0	0	0	
0	x_5	721	0	0	0	-26	1	81	21	4	0	0	-81	
9	x_3	27	0	0	1	1	0	-1	-1	-1	0	0	1	
8	x_1	27	1	0	0	0	0	0	1	0	0	0	0	
9	x_2	36	0	1	0	0	0	0	0	1	0	0	0	
0	x_9	0	0	0	0	-1	0	1	1	1	1	0	-1	
0	x_{10}	36	0	0	0	1	0	0	0	0	0	1	0	
$c_j - z_j$			0	0	0	2	0	9	1	0	0	0	$M-9$	

注：表中中括号表示当前迭代步骤中，被选定为进入基变量的那些变量的集合。这些变量在当前迭代步骤中将被视为决策变量，其值将被调整以优化目标函数。下同。

由于 M 是很大的正数，因是最小化问题，由表 4-11 知，所有检验数 $c_j - z_j \geqslant 0$，所以目标函数达到最小值。并且因为人工变量 $x_{11}=0$，故原问题的最优解为 $\boldsymbol{X}^* = (27,36,27,0,721,0,0,0,0,36,0)^{\mathrm{T}}$，目标函数值 $z^* = 783$ 万元。

【例 4-8】 针对例 4-7 用两阶段法求解时，第一阶段的线性规划问题可写为：

$$\min \omega = x_{11}$$

$$\text{s.t.}\begin{cases} 60x_1 + 77x_2 + 81x_3 + 55x_4 + x_5 = 7\ 300 \\ x_1 + x_2 + x_3 + x_4 - x_6 + x_{11} = 90 \\ x_1 + x_7 = 27 \\ x_2 + x_8 = 36 \\ x_3 + x_9 = 27 \\ x_4 + x_{10} = 36 \\ x_1, x_2, \cdots, x_{11} \geqslant 0 \end{cases}$$

用单纯形法求解上述线性规划问题,其结果如表 4-12 所列。

表 4-12　例 4-8 求解表一

$c_j \rightarrow$			0	0	0	0	0	0	0	0	0	0	1	θ_i
c_B	c_B	b	x_1	x_2	x_3	x_4	x_5	x_6	x_7	x_8	x_9	x_{10}	x_{11}	
0	x_5	7 300	60	77	81	55	1	0	0	0	0	0	0	121.7
1	x_{11}	90	1	1	1	1	0	−1	0	0	0	0	1	90
0	x_7	27	[1]	0	0	0	0	0	1	0	0	0	0	27
0	x_8	36	0	1	0	0	0	0	0	1	0	0	0	
0	x_9	27	0	0	1	0	0	0	0	0	1	0	0	
0	x_{10}	36	0	0	0	1	0	0	0	0	0	1	0	
$c_j - z_j$			−1	−1	−1	−1	0	1	0	0	0	0	0	
0	x_5	5 680	0	77	81	55	1	0	−60	0	0	0	0	73.8
1	x_{11}	63	0	1	1	1	0	−1	−1	0	0	0	1	63
0	x_1	27	1	0	0	0	0	0	1	0	0	0	0	
0	x_8	36	0	[1]	0	0	0	0	0	1	0	0	0	36
0	x_9	27	0	0	1	0	0	0	0	0	1	0	0	
0	x_{10}	36	0	0	0	1	0	0	0	0	0	1	0	
$c_j - z_j$			0	−1	−1	−1	0	1	1	0	0	0	0	
0	x_5	2 908	0	0	81	55	1	0	−60	−77	0	0	0	35.9
1	x_{11}	27	0	0	[1]	1	0	−1	−1	−1	0	0	1	27
0	x_1	27	1	0	0	0	0	0	1	0	0	0	0	
0	x_2	36	0	1	0	0	0	0	0	1	0	0	0	
0	x_9	27	0	0	1	0	0	0	0	0	1	0	0	27
0	x_{10}	36	0	0	0	1	0	0	0	0	0	1	0	
$c_j - z_j$			0	0	−1	−1	0	1	1	1	0	0	0	
0	x_5	721	0	0	0	−26	1	81	21	4	0	0	−81	
0	x_3	27	0	0	1	1	0	−1	−1	−1	0	0	1	
0	x_1	27	1	0	0	0	0	0	1	0	0	0	0	
0	x_2	36	0	1	0	0	0	0	0	1	0	0	0	

表 4-12(续)

$c_j \to$			0	0	0	0	0	0	0	0	0	0	1	θ_i
c_B	c_B	b	x_1	x_2	x_3	x_4	x_5	x_6	x_7	x_8	x_9	x_{10}	x_{11}	
0	x_9	0	0	0	0	−1	0	1	1	1	1	0	−1	
0	x_{10}	36	0	0	0	1	0	0	0	0	0	1	0	
$c_j - z_j$			0	0	0	0	0	0	0	0	0	0	1	

因是最小化问题,所以当 $c_j - z_j \geqslant 0$ 时,目标函数达到最小值,$\min \omega = 0$,因此此模型有最优解。下面开始第二阶段。将第一阶段的最终计算表 4-12 中的人工变量取消,并将目标函数改为原问题的目标函数。即求下列线性规划问题:

$$\min z = 8x_1 + 9x_2 + 9x_3 + 11x_4$$

$$\text{s.t.}\begin{cases} -26x_4 + x_5 + 81x_6 + 21x_7 + 4x_8 = 721 \\ x_3 + x_4 - x_6 - x_7 - x_8 = 27 \\ x_1 + x_7 = 27 \\ x_2 + x_8 = 36 \\ -x_4 + x_6 + x_7 + x_8 + x_9 = 0 \\ x_4 + x_{10} = 36 \\ x_1, x_2, \cdots, x_{10} \geqslant 0 \end{cases}$$

第二阶段:用单纯形法求解上述线性规划问题,其求解过程如表 4-13 所列。

表 4-13　例 4-8 求解表二

$c_j \to$			10	9	9	11	0	0	0	0	0	0	θ_i
c_B	c_B	b	x_1	x_2	x_3	x_4	x_5	x_6	x_7	x_8	x_9	x_{10}	
0	x_5	721	0	0	0	−26	1	81	21	4	0	0	
9	x_3	27	0	0	1	1	0	−1	−1	−1	0	0	
8	x_1	27	1	0	0	0	0	0	1	0	0	0	
9	x_2	36	0	1	0	0	0	0	0	1	0	0	
0	x_9	0	0	0	0	−1	0	1	1	1	1	0	
0	x_{10}	36	0	0	0	1	0	0	0	0	0	1	
$c_j - z_j$			0	0	0	2	0	9	1	0	0	0	

因是最小化问题,从表 4-13 中可知,所有检验数 $c_j - z_j \geqslant 0$,所以得到最优解是 $\boldsymbol{X}^* = (27,36,27,0,721,0,0,0,0,36,0)^{\mathrm{T}}$,目标函数值 $z^* = 783$ 万元。

4.3　整数规划法

前面讨论的线性规划问题,其最优解变量的值,可能是整数,也可能是小数或分数。但有许多实际问题要求线性规划最优解的部分变量或全部变量取整数值,例如确定人员、机器的台数、运输车辆数等数量时,决策变量就必须取非负整数值。这种就是部分变量或全部变量取整数值的数学规划问题，称为整数规划问题(interger programming)。

整数规划中全部变量都必须为整数时，就称为纯整数规划，如果只要求部分变量必须为整数，则称为混合整数规划。整数规划的一种特殊情形是它的变量取值仅限于 0 或 1，称为 0-1 规划。

整数规划是近几十年来发展起来的规划论中的一个分支，它在矿业中应用十分广泛，如用于采掘进度计划的编制、设备的配置和人员分配、矿区发展规划等。

整数规划问题的解法很多，这里主要介绍常用的分支定界法和解 0-1 规划的隐枚举法。

4.3.1　分支定界法

分支定界法用搜索的方法来寻求最优整数解，它通过考虑整数规划问题的连续形式来求解整数问题。这种方法的基本思想是首先把整数规划问题按连续变量线性规划模型求解，假定 x_r 是一个有整数约束的变量，而它的最优连续值 x_r^* 是分数，则因区间内不包含任何整数，x_r 的可行整数值必满足两个条件之一。把这两个条件作为约束条件加到原来的可行域中去，使原来的可行域被分割为两个部分，相应地把这个约束条件分别加到原问题中去，形成两个互斥的问题，这就是“分支”。这样原来的问题被分割为两个部分问题。这样做，实际上是利用了整数性的必要条件，在划分的过程中删去了不含可行整数点的部分连续空间，缩小了原来作为连续变量线性规划的可行域。

$$([x_r^*],[x_r^*]+1) \tag{4-37}$$

$$x_r \leqslant [x_r^*] \quad 或 \quad x_r \geqslant [x_r^*]+1 \tag{4-38}$$

把每一个部分问题，以原目标函数按一般线性规划求解。如果部分问题的最优解都满足整数条件，那么就把最好的一个记录下来作为最优解。在这种情况下，就不需要再进一步划分部分问题了，因为通过增加约束条件划分部分问题缩小了可行域，不可能产生更好的整数解。如果仍有整数变量的最优值是分数，那么再把整数条件加进去而将部分问题再划分为两个部分问题进行求解。当某一个部分问题得到一个比记录在案的整数解更好的整数可行解时，就用它来代替现有的一个。按此步骤进行下去，直到每一个部分问题得到一个整数解或者明显看出不能产生一个更好的整数解为止。此时，最后记录下来的满足整数条件的可行解，就是问题的最优整数解。

所谓“定界”，就是如果一个部分问题的连续最优解的目标函数值比已得到的最好整数解的目标函数值还差，那么就不值得进一步去研究这个部分问题了。因为通过增加整数约束条件缩减可行域所求得部分问题的整数解，不会比相应的连续变量下的最优解更好。在这种情况下，我们称这个部分问题已被“查清”了，从此可以舍去。也就是说，一旦求出一个可行整数解，它的相应目标函数值可以用来作为一个界(对于最大化问题是下界，而对于最小化问题是上界)来舍弃那些较差的部分问题。因此，运用定界的概念可以提高计算效率。

下面通过例子来说明分支定界法的具体步骤。

【例 4-9】　求解整数规划：

$$\max z = 3x_1 + 2x_2 \tag{4-39}$$

$$\text{s.t.}\begin{cases} 2x_1 + 3x_2 \leqslant 14 \\ 4x_1 + 2x_2 \leqslant 18 \\ x_1, x_2 \geqslant 0，且\ x_1, x_2\ 取整数 \end{cases} \tag{4-40A}$$

(1) 将式(4-39)和式(4-40)结合，转换为相应线性规划形式，如式(4-40-B)所列。

$$\max z = 3x_1 + 2x_2$$
$$\text{s. t.}\begin{cases} 2x_1 + 3x_2 \leqslant 14 \\ 4x_1 + 2x_2 \leqslant 18 \\ x_1, x_2 \geqslant 0 \end{cases} \tag{4-40-B}$$

求式(4-40-B)得最优解为 $x_1 = 3.25, x_2 = 2.5$，目标函数值为：$z_0 = 14.75$，该值为整数规划式(4-40)的上界。

(2) 分支过程：任选一个取分数值的变量，如选 x_1 进行分支，构造如下两个新的约束条件。

$$x_1 \leqslant [3.25] = 3 \tag{4-41}$$
$$x_1 \geqslant [3.25] + 1 = 4 \tag{4-42}$$

将式(4-41)添加到式(4-40-B)中，构成线性规划式(4-40-B_1)，将式(4-42)添加到式(4-40-B)中，构成线性规划式(4-40-B_2)。

$$\max z = 3x_1 + 2x_2$$
$$\text{s. t.}\begin{cases} 2x_1 + 3x_2 \leqslant 14 \\ 4x_1 + 2x_2 \leqslant 18 \\ x_1 \leqslant 3 \\ x_1, x_2 \geqslant 0 \end{cases} \tag{4-40-B$_1$}$$

$$\max z = 3x_1 + 2x_2$$
$$\text{s. t.}\begin{cases} 2x_1 + 3x_2 \leqslant 14 \\ 4x_1 + 2x_2 \leqslant 18 \\ x_1 \geqslant 4 \\ x_1, x_2 \geqslant 0 \end{cases} \tag{4-40-B$_2$}$$

求解分支式(4-40-B_1)得最优解为 $x_1 = 3, x_2 = 8/3$，相应的目标函数值为$z_1^{(1)} = 14\frac{1}{3}$。求解分支式(4-40-$B_2$)得最优解为 $x_1 = 4, x_2 = 1$，相应的目标函数值为 $z_2^{(1)} = 14$。由于式(4-40-B_2)的最优解是整数解，所以该分支无须再分支，并且该值可以作为所有其余各个节点的下界，即任何一个最优解 $z \leqslant 14$ 的节点都可以舍弃。而 $z_2^{(1)} = 14 < z_1^{(1)} = 14\frac{1}{3}$，式(4-40-$B_1$)的最优解是非整数解，所以，对式(4-40-$B_1$)继续分支，所得整数解的目标函数值有可能比 $z_2^{(1)} = 14$ 大，也可能比 $z_2^{(1)} = 14$ 小，故需要对式(4-40-B_1)继续分支，得线性规划式(4-40-B_{11})和式(4-40-B_{12})。

$$\max z = 3x_1 + 2x_2$$
$$\text{s. t.}\begin{cases} 2x_1 + 3x_2 \leqslant 14 \\ 4x_1 + 2x_2 \leqslant 18 \\ x_1 \leqslant 3 \\ x_2 \leqslant 2 \\ x_1, x_2 \geqslant 0 \end{cases} \tag{4-40-B$_{11}$}$$

$$\max z = 3x_1 + 2x_2$$

$$\text{s. t.} \begin{cases} 2x_1 + 3x_2 \leqslant 14 \\ 4x_1 + 2x_2 \leqslant 18 \\ x_1 \leqslant 3 \\ x_2 \geqslant 3 \\ x_1, x_2 \geqslant 0 \end{cases} \tag{4-40-B$_{12}$}$$

解线性规划式(4-40-B_{11})得最优解为 $x_1=3, x_2=2$，相应的目标函数值为 $z_{11}^{(2)}=13$。解线性规划式(4-40-B_{12})得最优解为 $x_1=2.5, x_2=3$，相应的目标函数值为 $z_{12}^{(2)}=13.5$。

(3) 检查计算所有待求解的分支。虽然式(4-40-B_{12})的最优解仍为非整数解，但其目标函数最优值 $z_{12}^{(2)}=13.5<z_2^{(1)}=14$，所以再对式(4-40-$B_{12}$)进行分支所得到整数解也不能超过 $z_2^{(1)}=14$，故没有必要继续分支。式(4-40-B_{11})的最优解是整数解，其目标函数最优解 $z_{11}{}^{(2)}=13<z_2^{(1)}=14$。由此得到整数规划式(4-40)的最优解为 $x_1=4, x_2=1$，相应的目标函数最优解为 $z=14$。计算过程如图 4-3 所示。

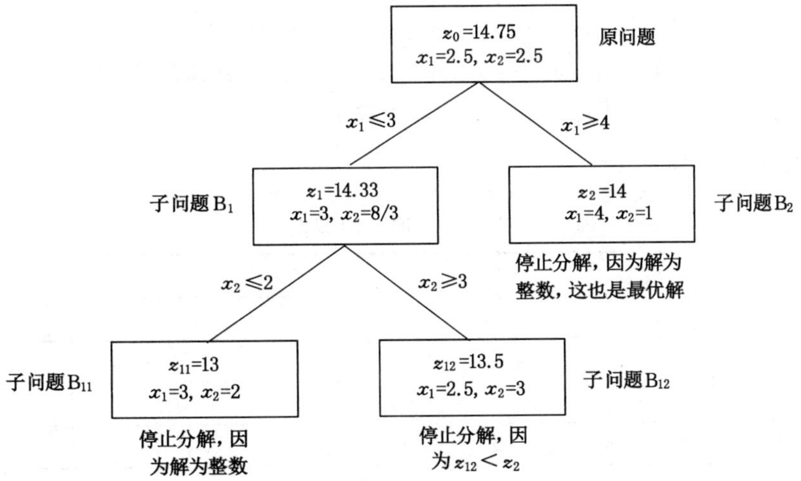

图 4-3　计算过程

4.3.2　0-1 规划

0-1 规划是整数规划中的特殊情形，它的变量仅取值为 0 或 1。解法可以采用穷举法，即检查变量取值为 0 或 1 的每一种组合，比较函数值的大小求得最优解。当变量个数较多时，用这种方式就很难了。因此，在枚举法的基础上，可通过增加某些条件，减少计算工作量，求得问题的最优解。这样的方法叫作隐枚举法。

隐枚举法的做法是：先从所有变量等于零出发，然后依次指定一些变量取值为 1，直到获得一个可行解。于是，把这第一个可行解的目标函数值作为一个界，制定出一个约束条件，称为过滤性约束条件。接下来再依次检查变量取值为 0 或 1 的各种组合，不断地对可行解加以改进，直到获得最优解。由于在检查中对那些不可能得到较好可行解的许多组合就不去检查了，故称为隐枚举法。

下面通过实例来说明隐枚举法的计算方法和步骤。

【例 4-10】 某矿区制定长远规划，在规划期内，要建新井使年产量不少于 100 万 t。用于建新井的投资仅有 16 000 万元，现有 4 个井田，各矿井设计年产量、投资和建成后获利情况见表 4-14。现在要选择最优建设方案，在满足上述条件下，使矿区的赢利最大。

表 4-14 例 4-10 基础数据

矿井序号	设计年产量/万 t	建设投资/千万元	建成后获利(预计)/(千万元/a)
1	30	6	3
2	60	7	5
3	90	8	6
4	120	10	8

引入 0 或 1，取 1 为选取该矿井进行建设，取 0 为舍弃，即不建该矿井。

建立数学模型为：

$$\max z = 3x_1 + 5x_2 + 6x_3 + 8x_4$$

$$\text{s. t.}\begin{cases} 6x_1 + 7x_2 + 8x_3 + 10x_4 \leqslant 16 \\ 30x_1 + 60x_2 + 90x_3 + 120x_4 \geqslant 100 & ① \\ x_1, x_2, x_3, x_4 = 0 \text{ 或 } 1 & ② \end{cases}$$

求解过程如表 4-15 所列。

表 4-15 例 4-10 求解

(x_1, x_2, x_3, x_4)	z 值	约束条件		过滤条件
		①	②	
(0,0,0,0)	0	√	√	$z \geqslant 0$
(0,0,0,1)	8	√	√	$z \geqslant 8$
(0,0,1,0)	6			
(0,0,1,1)	14	×		
(0,1,0,0)	5			
(0,1,0,1)	13	×		
(0,1,1,0)	11	√	√	$z \geqslant 11$
(0,1,1,1)	19	×		
(1,0,0,0)	3			
(1,0,0,1)	11	√	√	$z \geqslant 11$
(1,0,1,0)	9			
(1,0,1,1)	17	×		
(1,1,0,0)	8			
(1,1,0,1)	16	×		
(1,1,1,0)	14	×		
(1,1,1,1)	22	×		

所以，最优解为$(x_1,x_2,x_3,x_4)^T=(0,1,1,0)^T$或$(x_1,x_2,x_3,x_4)^T=(1,0,0,1)^T$。从计算结果看，得到两个最优方案。第一方案建设 2、3 号井，能力为 60+90=150(万 t)，建设投资为 15 000 万元；第二方案为建设 1、4 号井，能力为 30+120=150(万 t)，建设投资为 16 000 万元。两个方案获利情况相同，决策者可根据矿区开采技术条件、接续以及外部条件等进行比较，确定采用哪个方案。

需要注意的是，为了减少运算量，常按目标函数中各变量系数的大小顺序排列各变量，以使最优解较早出现。对于最大化问题，可按由小到大的顺序排列；对于最小化问题，则相反。

4.4　多目标规划法

前面介绍的线性规划，现在已成为世界上使用得最为广泛的一种科学管理的数学方法，但它有两个明显的弱点：一是目标单一。线性规划只能解决在一组约束条件下，求某一个目标的最大或最小值，这与现代经济社会的要求是很不一致的。现实社会经济系统中的任何一项活动，其利益关系是多元的，目标是综合的。通常决策者总是面临着一连串的目标，其中有主要的，也有次要的；有近期的，也有远期的；有相互补充的，也有相互对立的。对于这样的决策问题，线性规划就很难解决。二是约束条件不能矛盾。一旦约束条件出现矛盾方程，线性规划只能得出此问题无可行解的结论，这与实际决策问题也是不符合的。在实际决策中，一旦出现矛盾，人们总是力图设法解决，或增加资源，或减少消耗，从而得出比较可行的方案。目标规划(goal programming)是在线性规划的基础上为适应多目标最优决策的需要而逐步发展起来的。它能较好地克服线性规划的上述弱点。

本节先介绍多目标规划模型及建立方法，然后着重介绍如何用图解法和单纯形法求解。

4.4.1　目标规划模型的基本思想

目标规划模型的主要特点是允许在规划决策时，提出多方面的目标要求。下面通过一个例子来看如何建立多目标规划的数学模型。

【例 4-11】　以例 4-3 的两个煤层合理产量为例，若在原给定的条件的基础上增加如下两个条件：(1) 回采第一层煤的成本为 15 元/t；(2) 回采第二层煤的成本为 10 元/t。那么如何确定这两个煤层的合理年产量，能使得全矿井的产量最大而生产成本最低？

设第一层煤的产量为 x_1 万 t/a，第二层煤的产量为 x_2 万 t/a，根据已知条件可建立如下数学模型：

$$\max z_1 = x_1 + x_2$$
$$\max z_2 = 15x_1 + 10x_2$$
$$\text{s.t.}\begin{cases} x_1 \leqslant 50 \\ x_2 \leqslant 20 \\ x_2 \leqslant x_1 \\ 0.2x_1 + 0.3x_2 \leqslant 12 \\ x_1, x_2 \geqslant 0 \end{cases}$$

这是一个包含多个目标的线性规划，可以转化为一个目标规划来求解。目标规划的基本思想是：对每一个目标函数引进一个期望值(理想值)，但由于种种条件的限制，这些期望值往往并不都能达到，从而我们对每个目标引进正、负偏差变量，然后将所有的目标函数并入原来的约束条件，组成新的约束条件，它由原约束条件加上新并入的目标函数约束构成。在这组新的约束条件下，寻找使各种目标偏差达到最小的方案。

4.4.2 多目标规划模型的建立

下面具体来讨论如何建立目标规划模型，分以下几个方面。

1. 目标函数的期望值

一个线性规划如果包含 n 个目标，则在建立目标规划时，首先要对每一个目标确定一个希望能达到的期望值 $e_i(i=1,2,\cdots,n)$。这些值的确定并不要求十分精确和严格，它们可以根据以往的历史资料或根据市场的需求、上级部门的布置和要求等来确定。显然，这样确定的目标期望值往往是互相矛盾的，不可能全部实现。但这对求解问题是不形成障碍的，以后我们要做的事情就是寻找某个可行解，使这些目标函数的期望值如何最好地、最接近地得以实现。

2. 正、负偏差变量

由于各个目标函数的期望值往往不能都达到，因此，为了从数量上描述诸目标的期望值没有达到的程度，对每个目标函数分别引入正、负偏差变量 d_i^+、d_i^-($d_i^+,d_i^-\geqslant 0,i=1,2,\cdots,n$)。其中，$d_i^+$ 可表示第 i 个目标超出期望值的数值，d_i^- 可表示第 i 个目标未达到期望值的数值。由于对同一目标，其取值不可能同时超出期望值又没达到期望值，故 d_i^+ 与 d_i^- 中至少有一个为零，即：

$$d_i^+ \cdot d_i^- = 0$$

引入了目标函数的期望值及正、负偏差变量后，原来的目标函数变成了约束条件的一部分，这是目标规划的一个特点。

例如，在例 4-11 中，我们已得到一个多目标的数学模型。假设取全矿产量的期望值为 50 万 t，开采成本的期望值为 700 万元。引入正、负偏差变量 d_i^+、d_i^-($i=1,2$)。d_1^+ 表示产量超过 50 万 t 的数值，d_1^- 表示产量不到 50 万 t 的数值；d_2^+ 表示开采成本高于 700 万元的数值，d_2^- 表示开采成本低于 700 万元的数值。这样，我们得到两个目标约束条件，将它们并入原来的约束条件中，此时该问题的全部约束条件为：

$$x_1 + x_2 + d_1^- - d_1^+ = 50 \tag{4-43}$$

$$15x_1 + 10x_2 + d_2^- - d_2^+ = 700 \tag{4-44}$$

$$x_1 \leqslant 50 \tag{4-45}$$

$$x_2 \leqslant 20 \tag{4-46}$$

$$x_2 \leqslant x_1 \tag{4-47}$$

$$0.2x_1 + 0.3x_2 \leqslant 12 \tag{4-48}$$

$$x_i, d_i^+, d_i^- \geqslant 0, \quad (i = 1,2) \tag{4-49}$$

3. 达成函数

原来多目标模型中的各个目标函数，引入期望值和正、负偏差变量后，可将其列入约束条件。接下来要做的就是选择一个方案，使它的各目标函数值最接近各自的期望值，也就是说要使各目标与它们期望值的偏差最小。为此要构造一个新的目标函数，称之为达成函数，用于求出有关偏差变量的最小值。这是一个单一的综合目标，这样就将一个多目标模型转化为一个单目标模型了。

在达成函数中(在不致引起混淆的情况下,有时我们也称它为目标函数),各正、负偏差变量的运用要根据对各目标的不同要求。一般的做法如下。

(1) 若要准确地实现某个目标(第 i 个目标)的期望值,则应该使相应的正、负偏差变量 d_i^+、d_i^- 同时尽可能小,故应将 d_i^+ 和 d_i^- 同时列入达成函数。形式为:

$$\min(d_i^- + d_i^+)$$

(2) 若某个目标允许超过期望值,并希望尽可能不低于期望值,如利润、产值目标等,即应该使相应的负偏差变量 d_i^- 尽可能小,故只需将 d_i^- 列入达成函数。形式为:

$$\min d_i^-$$

由于 d_i^+ 的取值说明该目标超过期望值的数值,这是问题中允许的或是欢迎的,因此,d_i^+ 不需要列入达成函数。

(3) 若某个目标允许低于期望值,但不得超过,如资源约束,则应希望相应的正偏差变量 d_i^+ 尽可能小,故只需将 d_i^+ 列入达成函数。形式为:

$$\min d_i^+$$

同样道理,由于 d_i^- 的取值说明该目标低于期望值的数值,这是问题中所允许的或是欢迎的,因此,此时不需列入达成函数。

在例 4-11 所得到的模型中,如果希望全矿产量不得低于期望值 50 万 t,开采成本不得超过期望值 700 万元,则其达成函数为:

$$\min f = d_1^- + d_2^+$$

此时的数学模型为:

$$\min f = d_1^- + d_2^+$$

约束条件为:

$$x_1 + x_2 + d_1^- - d_1^+ = 50 \tag{4-50}$$

$$15x_1 + 10x_2 + d_2^- - d_2^+ = 700 \tag{4-51}$$

$$x_1 \leqslant 50 \tag{4-52}$$

$$x_2 \leqslant 20 \tag{4-53}$$

$$x_2 \leqslant x_1 \tag{4-54}$$

$$0.2x_1 + 0.3x_2 \leqslant 12 \tag{4-55}$$

$$x_i, d_i^+, d_i^- \geqslant 0, \quad (i = 1,2) \tag{4-56}$$

这是一个标准的线性规划模型,可以用一般的单纯形法求出它的解。

【例 4-12】 某车间生产甲、乙两种产品,每种产品均需经过相同的两道工序,所需的加工时间、车间的最大生产能力及每种产品的单价如表 4-16 所列,试确定生产方案,使 1 d 之内的产值最大。

表 4-16　例 4-12 基础数据

	产品甲	产品乙	每天最大生产能力/h
工序Ⅰ/(h/kg)	2	1	30
工序Ⅱ/(h/kg)	1	2	24
单价/(元/kg)	200	370	

设 x_1,x_2 分别为产品甲、乙的日产量(单位:kg)则得线性规划模型:

$$\max z = 200x_1 + 370x_2$$

约束条件为:

$$2x_1 + x_2 \leqslant 30$$
$$x_1 + 2x_2 \leqslant 24$$
$$x_1, x_2 \geqslant 0$$

运用单纯形法不难求出,它的最优解是 $x_1=12$,$x_2=6$,$\max z=4\ 620$ 元。

若厂部下达指标:每天产值为 5 000 元。把它看成产值这个目标的期望值,引入正、负偏差变量 d_1^+、d_1^-,可得这个问题的目标规划模型如下:

$$\min f = d_1^-$$

约束条件为:

$$200x_1 + 370x_2 + d_1^- - d_1^+ = 5\ 000$$
$$2x_1 + x_2 \leqslant 30$$
$$x_1 + 2x_2 \leqslant 24$$
$$x_1, x_2, d_1^-, d_1^+ \geqslant 0$$

应用单纯形法求解,可得最优解:$x_1=12$,$x_2=6$,$d_1^-=380$。即每日甲产品生产 12 kg,乙产品生产 6 kg,最优产值比期望值少了 380 元,即达到 5 000－380＝4 620 (元)。

【例 4-13】 要求例 4-11 中车间不但有较大的产值,而且有较高的利润。设甲产品每千克可得利润 30 元,乙产品每千克可得利润 80 元,且假定利润的期望值为每天 960 元。如何安排生产,才能使产值、利润两个目标最接近实现期望值?

考虑产值与利润的期望值,且引进产值与利润的正、负偏差变量,可得这个问题的目标规划模型如下:

$$\min f = d_1^- + d_2^-$$

约束条件为:

$$200x_1 + 370x_2 + d_1^- - d_1^+ = 5\ 000$$
$$30x_1 + 80x_2 + d_2^- - d_2^+ = 960$$
$$2x_1 + x_2 \leqslant 30$$
$$x_1 + 2x_2 \leqslant 24$$
$$x_1, x_2, d_i^-, d_i^+ \geqslant 0, \quad (i = 1,2)$$

用单纯形法解得最优解:$x_1=12$,$x_2=6$,$d_1^-=380$,$d_2^-=120$。即甲产品生产 12 kg,乙产品生产 6 kg,总产值 4 620 元,比期望值少 380 元;总利润 840 元,比期望值少 120 元。

4. 目标的权系数和优先级别

对于多目标问题来说,显然各个目标的重要程度是不完全一样的。目标规划方法允许根据目标的重要程度给每个目标以不同的权系数及优先等级。在相同的约束条件下,不同的权系数、不同的优先等级将会得出完全不同的最优解。

先看权系数。在例 4-13 中,$\min f=d_1^-+d_2^-$,这表示两个偏差变量有同等的意义。也就是说,d_1^- 每减少 1 元,与 d_2^- 减少 1 元具有相同的目标价值,所求的是 d_1^- 与 d_2^- 之和的最小值。实际上,也可以赋予它们不同的含义。例如,认为每减少 d_2^- 1 元,相当于减少 d_1^- 2 元,此时,就必须给达成函数 f 中的这两个偏差变量以适当的权系数,以反映这一点。即

在 f 中将 d_2^- 乘以系数2，此时的达成函数就变为：

$$\min f = d_1^- + 2d_2^-$$

同样使用单纯形法求解，其结果就不同了。最优解为：$x_1=0, x_2=12, d_1^-=560, d_2^-=0$。即产品甲不生产，产品乙生产12 kg，总产值为5 000－560＝4 440（元），总利润实现期望值960元。

这使我们认识到，对达成函数中各偏差变量乘以适当的权系数是十分必要的。

对达成函数中诸偏差变量引入权系数之后，虽然这些偏差变量在达成函数中的作用程度可以反映得比较合理一些，但这不一定能最后解决问题。因为这种办法仍意味着在做最优选择时，不同目标的偏差可以互相抵消（因为求的是所有有关偏差变量之和的最小值），而这显然是不尽合理的。有时在决策者的心目中，不同的目标之间是不能互相抵消的。各个目标都必须有一定程度的保证，并且某些目标是另一些目标的前提，即决策者想在达到某些最重要目标的前提下，再来解决次要的目标。这就要求把目标按其重要程度排列起来：先解决第一个（或第一批）目标，以它作为前提，然后再解决第二个（或第二批）目标，这样逐步地解下去。为此，必须引进目标优先等级这个概念。用优先等级因子 $p_i(i=1,2,\cdots,k)$ 表示第 i 级别的目标，它是一种特殊的权系数。优先等级因子 p_i 之间的关系是：

$$p_1 \gg p_2 \gg \cdots \gg p_k$$

在这里，记号"≫"的含义是远远大于的意思，即当 $p_i \gg p_{i+1}$ 时，不存在任何大的正实数 M，能使 $Mp_{i+1} > p_i$。这说明 p_i 与 p_{i+1} 不是同一级别的量，它们之间的大小已不能用数的概念来进行比较。必须注意的是：p_i 仅仅是个优先等级的记号，在具体计算时，它并不表示任何具体的数。在求解过程中，首先要满足 p_1 级别的目标，再求解 p_2 级别的目标，依次直到 p_k 级别的目标。而且，在求较低级别目标的最优值时，不容许破坏已得到的较高级别的目标。这样，就可以根据目标的重要程度依次求解。一般来说，必须严格实现的目标以及不能超过的资源约束等均须列入 p_1 级别的目标。

在例4-13中，如果假定利润为第1优先等级的目标，产值为第2优先等级的目标，则它的达成函数就变为：

$$\min f = p_1 d_2^- + p_2 d_1^-$$

这就要求在求解的过程中，首先要考虑利润这一目标，然后在不破坏已得最大利润的情况下，再寻求最大的产值。

在实际问题中，往往还可以把若干个重要程度相仿的目标列入同一优先等级。一般来讲，列入同一优先等级的各目标要有统一的度量单位，再在它们之间选取适当的权系数。这样得到的达成函数既有优先等级，又在同一优先等级内有相应的权系数。如

$$\min f = p_1(2d_1^- + d_3^+) + p_2 d_2^- + p_3(d_4^- + 3d_1^+)$$

这个达成函数，共有3个优先等级，在 p_1 级目标中，有两个需求最小值的目标 d_1^- 和 d_3^+，它们的权系数分别为2和1。在第二优先级（即 p_2 级）目标中，只有一个目标 d_2^-。在第三优先级目标中，也有两个目标 d_4^- 和 d_1^+，它们的权系数分别为1和3。

正因为在达成函数中引进了各目标的优先等级，使目标规划问题与一般线性规划问题有了较大的区别，因此目标规划问题求解的方法也不同于一般的单纯形方法。

4.4.3　目标规划模型的标准形式

目标规划模型的标准形式为：

$$\min f = \sum_{i=1}^{k} p_i \cdot \sum_{j=1}^{m} (\omega_{ij}^{-} d_j^{-} + \omega_{ij}^{+} d_j^{+}) \tag{4-57}$$

约束条件为：

$$\sum_{j=1}^{n} c_{ij} x_j + d_i^{-} - d_i^{+} = e_i, \quad (i = 1,2,\cdots,m) \tag{4-58}$$

$$\sum_{j=1}^{n} a_{ij} x_j \leqslant (\text{或} \geqslant, \text{或} =) b_i, \quad (i = 1,2,\cdots,l) \tag{4-59}$$

$$x_i \geqslant 0, \quad (i = 1,2,\cdots,n) \tag{4-60}$$

$$d_i^{-}, d_i^{+} \geqslant 0, \quad (i = 1,2,\cdots,m) \tag{4-61}$$

式中　x_i——决策变量；

c_{ij}——在第 i 个目标中 x_j 的相应系数；

e_i——第 i 个目标的期望值；

a_{ij}——第 i 个约束条件中 x_j 的相应系数；

b_i——第 i 个约束条件的限制值(即资源消耗限额)；

d_i^{-}——第 i 个目标低于期望值的偏差变量；

d_i^{+}——第 i 个目标高于期望值的偏差变量；

p_i——目标的优先级别；

ω_{ij}^{-}——第 p_i 级目标中 d_j^{-} 的权系数；

ω_{ij}^{+}——第 p_i 级目标中 d_j^{+} 的权系数。

式中有 n 个决策变量，m 个目标，$2m$ 个偏差变量，l 个资源约束条件。

p_i 表示目标的优先级别，即各目标在管理决策中所处的地位和应起的作用，而 ω_{ij}^{-}，ω_{ij}^{+} 则反映在同一优先级别下诸偏差变量相互之间的关系与重要性。在同一优先级别下的各目标偏差互相可以抵消、补偿，但在不同的优先级别里，各项目标偏差不能互相抵消。并且，只有在尽可能满足更高优先级别的目标要求之后，在不使它最优值退化的条件下，才能依次考虑较低级别的目标要求。

在模型中

$$\sum_{j=1}^{n} c_{ij} x_j + d_i^{-} - d_i^{+} = e_i, \quad (i = 1,2,\cdots,m) \tag{4-62}$$

为目标约束条件，它反映了各目标实际值与期望值之间的关系。

$$\sum_{j=1}^{n} a_{ij} x_j \leqslant b_i, \quad (i = 1,2,\cdots,l) \tag{4-63}$$

为实际资源约束条件关系式，它反映了生产活动中所消耗的各项资源的限制。

建立目标规划模型的基本步骤如下：

(1) 按生产和工作要求确定各个目标及其优先等级和期望值；

(2) 设立决策变量，建立各个约束条件方程；

(3) 对每个目标引进正、负偏差变量，建立目标约束条件，并入已有的约束条件；

(4) 如果各约束条件之间有矛盾，也可适当引入偏差变量；

(5) 根据各目标的优先等级和权系数建立达成函数。

4.4.4　目标规划的图解法

以上所讨论的目标规划数学模型可以看成线性规划模型的补充和发展，因此，目标规划可以用类似线性规划求解的方法来解。特别地，对于仅有两个决策变量的目标规划，也可以用简便而直观的图解法求解。下面举例说明。

【例 4-14】 试用图解法解例 4-11 所建立的目标规划数学模型。要求产量为第一重要目标，这样可以得到该问题的数学模型如下：

目标函数为

$$\min z = p_1 d_1^- + p_2 d_2^+$$

约束条件为

$$x_1 + x_2 + d_1^- - d_1^+ = 50$$
$$15x_1 + 10x_2 + d_2^- - d_2^+ = 700$$
$$x_1 \leqslant 50$$
$$x_2 \leqslant 20$$
$$x_2 \leqslant x_1$$
$$0.2x_1 + 0.3x_2 \leqslant 12$$
$$x_i, d_i^+, d_i^- \geqslant 0, \quad (i = 1, 2)$$

根据该问题的目标规划数学模型，可以将各个目标约束方程在直角坐标系中一一画出。

首先是第一目标约束，即产量约束。这一目标约束要求产量不得低于 50 万 t，也就是要求 $d_1^- = 0$。因此，满足这一约束方程的可行域为图 4-4 中所示的 AB 线段的上方。

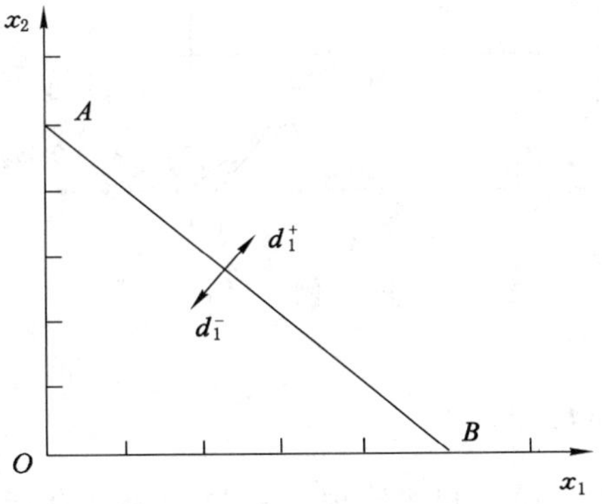

图 4-4　例 4-14 图一

第二个目标约束是生产成本的约束。这个目标约束要求生产成本不高于 700 万元，即要求 $d_2^+ = 0$。满足这两个目标约束条件的可行域为图 4-5 中所示 ACF 区域。

将绝对约束 $x_1 \leqslant 50$，$x_2 \leqslant 20$，$x_2 \leqslant x_1$，$0.2x_1 + 0.3x_2 \leqslant 12$ 表示到坐标系中，满足六个约束条件的可行域为图 4-6 所示的 DEF 区域。三角形 DEF 的边和其中任何一点都满足要求。容易求得 D、E、F 三点的坐标分别为(30,20)、(36,16)、(40,10)，故问题的解可表示为

$$\alpha_1(30,20) + \alpha_2(36,16) + \alpha_3(40,10) = (30\alpha_1 + 36\alpha_2 + 40\alpha_3, 20\alpha_1 + 16\alpha_2 + 10\alpha_3)$$
$$\alpha_1, \alpha_2, \alpha_3, \alpha_4 \geqslant 0, \quad \alpha_1 + \alpha_2 + \alpha_3 + \alpha_4 = 1$$

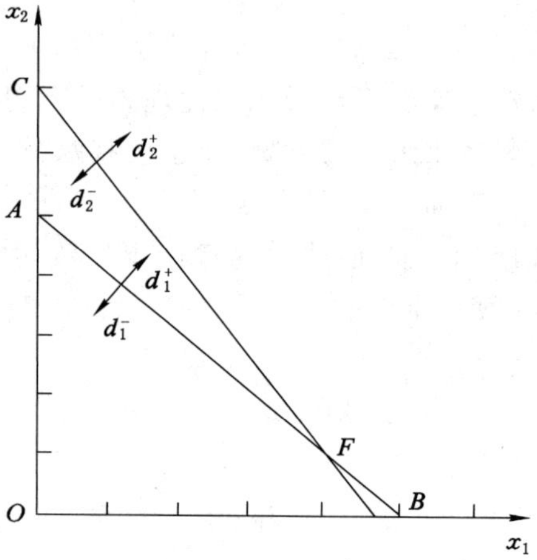

图 4-5　例 4-14 图二

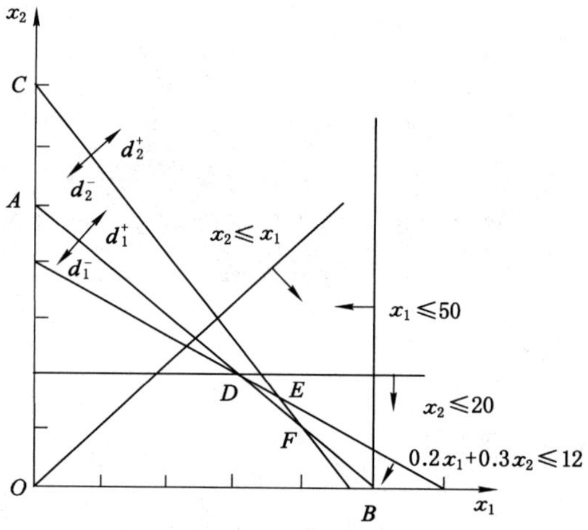

图 4-6　例 4-14 图三

4.4.5 目标规划的单纯形法

以上讨论的目标规划数学模型和线性规划的数学模型有着相似的结构，所不同的只是在目标规划中，它的目标函数带有优先等级系数 p_k 和正、负偏差变量，因此，仍可用单纯形法来求解目标规划。但在求解过程中，要把优先等级系数 $p_k(1,2,\cdots,n)$看成具有不同数量级的 n 个很大的正数。

具体来讲，可按如下步骤进行计算：

(1) 建立初始单纯形表，在表中将检验数行按优先因子个数分别列成 K 行，其中 $P_1 \gg P_2 \gg \cdots \gg P_K$。

(2) 检查检验数(仍以 $\sigma_j = c_j - \sum\limits_{i=1}^{m} c_i a_{ij}$ 作为判断准则)是否存在负数。若有负数取其中最小者对应的变量为换入变量，转(3)。若无负数，则转(5)。

(3) 按最小比值规则确定换出变量，当存在两个和两个以上相同的最小比值时，选取具有较高优先级别的变量为换出变量。

(4) 按单纯形法进行基变换运算，建立新的计算表，返回(2)。

(5) 当 $k=K$ 时，计算结束，表中的解即为满意解。否则置 $k=k+1$，返回(2)。

【例 4-15】 试用单纯形法求解例 4-14。

将例 4-14 的数学模型转化为标准型：

$$\min z = p_1 d_1^- + p_2 d_2^+$$

$$\text{s. t.}\begin{cases} x_1 + x_3 = 50 \\ x_2 + x_4 = 20 \\ -x_1 + x_2 + x_5 = 0 \\ 2x_1 + 3x_2 + x_6 = 120 \\ x_1 + x_2 + d_1^- - d_1^+ = 50 \\ 15x_1 + 10x_2 + d_2^- - d_2^+ = 700 \\ x_i, d_j^+, d_j^- \geqslant 0, \quad (i = 1,2,\cdots,6; j = 1,2) \end{cases}$$

取 $x_3, x_4, x_5, x_6, d_1^-, d_2^-$ 为初始基变量，列初始单纯形表，见表 4-17。

表 4-17　例 4-15 表一

c_j			0	0	0	0	0	0	p_1	0	0	p_2	θ_i
c_B	x_B	b	x_1	x_2	x_3	x_4	x_5	x_6	d_1^-	d_1^+	d_2^-	d_2^+	
0	x_3	50	1	0	1	0	0	0	0	0	0	0	50/1
0	x_4	20	0	1	0	1	0	0	0	0	0	0	
0	x_5	0	−1	1	0	0	1	0	0	0	0	0	
0	x_6	120	2	3	0	0	0	1	0	0	0	0	120/2
p_1	d_1^-	50	1	1	0	0	0	0	1	−1	0	0	50/1
0	d_2^-	700	[15]	10	0	0	0	0	0	0	1	−1	700/15
$c_j - z_j$		p_1	−1	−1	0	0	0	0	0	1	0	1	
		p_2	0	0	0	0	0	0	1	0	0	1	

非基变量 x_2 的检验数为 $-p_1/3$，x_2 为换入变量。在表 4-17 中计算最小比值：$\theta=\min(-,12,140/3,16,10,70)=10$。它所对应的变量 d_1^- 为换出变量。

进行基变换，得表 4-18。

表 4-18　例 4-15 表二

c_j			0	0	0	0	0	0	p_1	0	0	p_2	θ_i
c_B	x_B	b	x_1	x_2	x_3	x_4	x_5	x_6	d_1^-	d_1^+	d_2^-	d_2^+	
0	x_3	10	0	0	1	0	0	0	2	−2	−1/5	1/5	
0	x_4	10/3	0	0	0	1	0	0	−5	5	2/5	−2/5	

表 4-18(续)

c_j			0	0	0	0	0	0	p_1	0	0	p_2	θ_i
c_B	x_B	b	x_1	x_2	x_3	x_4	x_5	x_6	d_1^-	d_1^+	d_2^-	d_2^+	
0	x_5	110/3	0	0	0	0	1	0	−3	3	1/5	−1/5	
0	x_6	10	0	0	0	0	0	1	−5	5	1/5	−1/5	
0	x_2	10	0	1	0	0	0	0	3	−3	−1/5	1/5	
0	x_1	40	1	0	0	0	0	0	−2	2	1/5	−1/5	
c_j-z_j		p_1	0	0	0	0	0	0	1	0	0	1	
		p_2	0	0	0	0	0	0	1	0	0	1	

由表 4-18 可以看出，已无负检验数，故为最终表。可得一个满意解为 $x_1^*=40$，$x_2^*=10$，此即图 4-6 中的 F 点。

在单纯形表[表(4-18)]中，由于非基变量 d_1^+、d_2^- 的检验数都是零，故知例 4-14 有多重最优解(满意解)。

【例 4-16】 用单纯形法解下列目标规划模型：

$$\min\{\boldsymbol{P}_1 d_1^-, \boldsymbol{P}_2 d_2^+, \boldsymbol{P}_3(5d_3^-+3d_4^-), \boldsymbol{P}_4 d_1^+\}$$

$$\text{s.t.}\begin{cases} x_1+x_2+d_1^--d_1^+=80 \\ x_1+x_2+d_2^--d_2^+=90 \\ x_1+d_3^--d_3^+=70 \\ x_2+d_4^--d_4^+=45 \\ x_1,x_2,d_i^-,d_i^+\geqslant 0, \quad (i=1,2,3,4) \end{cases}$$

用单纯形法解上面的标准形式，解题过程如表 4-19 所列。

表 4-19 例 4-16 表

c_j		0	0	p_1	p_4	0	p_2	$5p_3$	0	$3p_3$	0		θ_i
c_B	x_B	b	x_1	x_2	d_1^-	d_1^+	d_2^-	d_2^+	d_3^-	d_3^+	d_4^-	d_4^+	
p_1	d_1^-	80	1	1	1	−1	0	0	0	0	0	0	80
0	d_2^-	90	1	1	0	0	1	−1	0	0	0	0	90
$5p_3$	d_3^-	70	[1]	0	0	0	0	0	1	−1	0	0	70
$3p_3$	d_4^-	45	0	1	0	0	0	0	0	0	1	−1	
c_j-z_j		p_1	−1	−1	0	1	0	0	0	0	0	0	
		p_2	0	0	0	0	0	1	0	0	0	0	
		p_3	−5	−3	0	0	0	0	0	5	0	3	
		p_4	0	0	0	1	0	0	0	0	0	0	
p_1	d_1^-	10	0	[1]	1	−1	0	0	−1	1	0	0	10
0	d_2^-	20	0	1	0	0	1	−1	−1	1	0	0	20

表 4-19(续)

c_j		0	0	p_1	p_4	0	p_2	$5p_3$	0	$3p_3$	0		θ_i
c_B	x_B	b	x_1	x_2	d_1^-	d_1^+	d_2^-	d_2^+	d_3^-	d_3^+	d_4^-	d_4^+	
0	x_1	70	1	0	0	0	0	0	1	−1	0	0	
$3p_3$	d_4^-	45	0	1	0	0	0	0	0	0	1	−1	45
c_j-z_j		p_1	0	−1	0	1	0	0	1	−1	0	0	
		p_2	0	0	0	0	0	1	0	0	0	0	
		p_3	0	−3	0	0	0	0	5	0	0	3	
		p_4	0	0	0	1	0	0	0	0	0	0	
0	x_2	10	0	1	1	−1	0	0	−1	1	0	0	
0	d_2^-	10	0	0	−1	[1]	1	−1	0	0	0	0	10
0	x_1	70	1	0	0	0	0	0	1	−1	0	0	
$3p_3$	d_4^-	35	0	0	−1	1	0	0	1	−1	1	−1	35
c_j-z_j		p_1	0	0	1	0	0	0	0	0	0	0	
		p_2	0	0	0	0	0	1	0	0	0	0	
		p_3	0	0	3	−3	0	0	2	3	0	1	
		p_4	0	0	0	1	0	0	0	0	0	0	
0	x_2	20	0	1	0	0	1	−1	−1	1	0	0	
p_4	d_1^+	10	0	0	−1	1	1	−1	0	0	0	0	
0	x_1	70	1	0	0	0	0	0	1	−1	0	0	
$3p_3$	d_4^-	25	0	0	0	0	−1	1	1	−1	1	−1	
c_j-z_j		p_1	0	0	1	0	0	0	0	0	0	0	
		p_2	0	0	0	0	0	1	0	0	0	0	
		p_3	0	0	0	0	3	−3	2	3	0	3	
		p_4	0	0	1	0	−1	1	0	0	0	1	

由表 4-19 的结果来看，表中所有非基变量检验数皆非负，故单纯形表为最终单纯形表，因此，从单纯形表中得到一最优解：$x_1^*=70$，$x_2^*=20$，$d_1^+=10$，$d_4^-=25$，$d_1^-=d_2^-=d_2^+=d_3^-=d_3^+=d_4^+=0$。

【例 4-17】 某矿今年计划原煤产量为 67 万 t，其中回采煤量为 60 万 t，共有四个采区，分别为采一、采二、采四和采五，每个采区均布置一个工作面。在去年年末，各个采煤工作面的基本情况如表 4-20 所列。其中采一的 1266 工作面仅剩 3 万 t 可采煤量，待其采完后，将由同采区的 12512 备用工作面接替。

根据该矿本年度生产计划及综合经济效益，制定了以下四个目标。

表 4-20 采煤工作面直接成本系数计算表

月份	1266 工作面		2202 工作面		22512 工作面		2258 工作面	
	产量/万 t	单位成本/(万元/万 t)	产量/万 t	单位成本/(万元/万 t)	产量/万 t	单位成本/(万元/万 t)	产量/万 t	单位成本/(万元/万 t)
7	1.212 8	8.7	1.901 8	8.57	1.478 5	12.33	0.795 3	9.53
8	1.042 0	6.75	1.243 3	11.21	0.882 0	10.92	0.587 5	11.81
9	1.171 1	6.33	1.521 0	7.25	0.777 8	8.47	0.496 0	11.41
10	1.300 3	5.99	1.793 6	4.51	0.673 5	5.26	0.403 0	14.04
11	1.319 6	5.25	1.696 1	9.62	1.350 2	7.03	0.661 2	10.15
12	1.223 7	7.28	1.673 5	8.74	2.027 0	7.62	0.919 4	8.45
综合	7.269 5	6.69*	9.829 3	8.17*	7.189 0	8.75*	3.862 4	10.44*

注:带"*"者为直接成本系数。

① 一级目标:原煤回采产量达到或超额完成计划;

② 二级目标:采煤工作面直接成本不超过控制指标;

③ 三级目标:回采工效不低于计划;

④ 四级目标:回采坑木消耗、电力消耗和原煤灰分不超过预定目标,机械化程度不低于 60%。

(1) 决策变量的确定

由于 12512 备用工作面和 1266 工作面的地质条件、开采技术措施和劳动组织形式等基本相同,因此将这两个工作面的产量之和作为一个决策变量,记为 x_1,再将 2202、22512、2258 工作面的产量分别设为 x_2、x_3、x_4。

(2) 约束条件的确定

根据工作面开采情况及目标,可得如下约束条件:

$$x_i \leqslant I_i, \quad (i = 1,2,3,4)$$

$$\sum_{i=1}^{4} x_i \geqslant T$$

$$\sum_{i=1}^{4} c_i x_i \leqslant C$$

$$\sum_{i=1}^{4} l_i x_i \geqslant L$$

$$\sum_{i=1}^{4} m_i x_i \leqslant M$$

$$\sum_{i=1}^{4} d_i x_i \leqslant D$$

$$\sum_{i=1}^{4} h_i x_i \leqslant H$$

$$x_2 + x_3 \geqslant J$$

式中 I_i——第 i 个工作面的可采煤量;

T——回采产量目标值；

c_i——第 i 个工作面直接成本系数；

C——工作面直接成本目标值；

l_i——第 i 个工作面回采工效系数；

L——工作面回采工效目标值；

m_i——第 i 个工作面坑木消耗系数；

M——工作面坑木消耗目标值；

d_i——第 i 个工作面电力消耗系数；

D——工作面电力消耗目标值；

h_i——第 i 个工作面灰分系数；

H——灰分量目标值；

J——机械化采煤目标值。

(3) 各工作面参数的确定

工作面直接成本系数以去年 7—12 月各工作面实际直接成本的加权平均数作为各工作面直接成本系数，计算结果如表 4-21 所列。其中，带“*”者为各工作面直接成本系数。

表 4-21　采煤工作面直接成本系数计算表

月份	1266 工作面		2202 工作面		22512 工作面		2258 工作面	
	产量/万 t	单位成本/(万元/万 t)	产量/万 t	单位成本/(万元/万 t)	产量/万 t	单位成本/(万元/万 t)	产量/万 t	单位成本/(万元/万 t)
7	1.212 8	8.7	1.901 8	8.57	1.478 5	12.33	0.795 3	9.53
8	1.042 0	6.75	1.243 3	11.21	0.882 0	10.92	0.587 5	11.81
9	1.171 1	6.33	1.521 0	7.25	0.777 8	8.47	0.496 0	11.41
10	1.300 3	5.99	1.793 6	4.51	0.673 5	5.26	0.403 0	14.04
11	1.319 6	5.25	1.696 1	9.62	1.350 2	7.03	0.661 2	10.15
12	1.223 7	7.28	1.673 5	8.74	2.027 0	7.62	0.919 4	8.45
综合	7.269 5	6.69*	9.829 3	8.17*	7.189 0	8.75*	3.862 4	10.44*

工作面用工系数、坑木消耗系数、灰分系数和电力系数均来源于统计资料，如表 4-22 所列。

表 4-22　工作面用工系数、坑木消耗系数和灰分系数表

项目		单位	1266 工作面	2202 工作面	22512 工作面	2258 工作面
用工系数	回采工效	t/工	4.115	5.554	5.324	3.361
	用工系数	万元/万 t	0.243	0.180	0.188	0.279
坑木消耗系数		m^3/万 t	11	5	25	39
灰分系数		万 t/万 t	0.28	0.24	0.275	0.12
电力系数		万 kW·h/万 t	4.2	4.4	4.5	4.2

(4) 目标值的确定

① 回采产量目标：计划回采产量 60 万 t。

② 工作面直接成本目标：由表 4-21 可知，7—12 月全矿工作面平均直接成本为 8.5 元/t，今年计划将工作面平均直接成本控制在 8 元/t，按回采产量 60 万 t 计算，工作面直接成本为 480 万元。

③ 工作面用工目标：今年计划回采工效为 4.88 t/工，则计划用工为 600 000/4.88＝12.3（万工日）。

④ 回采坑木消耗目标：根据过去几年的消耗材料数，进行统计分析并预测，得出今年回采坑木消耗目标值为 1 050 m^3。

⑤ 工作面电力消耗目标：该矿今年计划用电量为 2 560 万 kW·h，工作面直接电力消耗目标值约为全矿的 1/10，则工作面电力消耗目标值为 256 万 kW·h。

⑥ 灰分量目标：今年计划原煤灰分为 25.5%，以回采产量 60 万 t 测算，则灰分量目标值为 60×25.5%＝15.3（万 t）。

⑦ 机械化产量目标：今年计划回采机械化程度为 60%，则机械化产量目标值为 60×60%＝36（万 t）。

(5) 确定模型

根据上述四步确定的参数，并引入偏差变量，得目标规划模型为：

$$\min z = p_1 d_1^- + p_2 d_2^+ + p_3 d_3^- + p_4 (d_4^+ + d_5^+ + d_6^+ + d_7^-)$$

$$\text{s.t.}\begin{cases} x_1 \leqslant 17 \\ x_2 \leqslant 27.6 \\ x_3 \leqslant 27 \\ x_4 \leqslant 8.8 \\ x_1 \geqslant 3 \\ x_1 + x_2 + x_3 + x_4 + d_1^- - d_1^+ = 60 \\ 6.69x_1 + 8.17x_2 + 8.75x_3 + 10.44x_4 + d_2^- - d_2^+ = 480 \\ 0.243x_1 + 0.18x_2 + 0.188x_3 + 0.279x_4 + d_3^- - d_3^+ = 12.3 \\ 11x_1 + 5x_2 + 25x_3 + 39x_4 + d_4^- - d_4^+ = 1\,050 \\ 4.2x_1 + 4.4x_2 + 4.5x_3 + 4.2x_4 + d_5^- - d_5^+ = 256 \\ 0.28x_1 + 0.24x_2 + 0.275x_3 + 0.12x_4 + d_6^- - d_6^+ = 15.3 \\ x_2 + x_3 + d_7^- - d_6^+ = 36 \\ x_1, x_2, x_3, x_4, d_i^-, d_i^+ \geqslant 0, \quad (i = 1, 2, \cdots, 7) \end{cases}$$

(6) 求解

由于此规划模型的变量及约束条件较多，采用单纯形法计算将非常烦琐。为了便于求解线性规划、目标规划等模型，人们开发了许多计算机软件。目前常用的程序之一是 LINDO，但使用 LINDO 必须有专门的软件，同时还必须学习 LINDO 的使用方法，学习 LINDO 的建模语言和许多常用的数学函数。这对一般的非专业人员并不十分方便。

对于规模不是很大的线性规划模型，如百余个变量、几十个约束方程的线性规划等模型，也可以方便地利用 Excel 中的宏程序——“规划求解”进行求解。

下面我们采用 Excel 中的“规划求解”计算本模型。

第一步：建立一张新表，将模型的参数输入到表中，并给予一定的文字说明，以便于阅读，如图 4-7 所示。需要注意的是模型不一定要转化成标准型，并且总贡献值栏和总和栏结果应该是由公式得到的值，而为了清楚起见，展示了我们所有输入的公式。对于目标函数，根据各个目标的重要性给各目标赋予权重，越重要权重越大，这里我们定义目标函数为 $40p_1+10p_2+4p_3+p_4$。

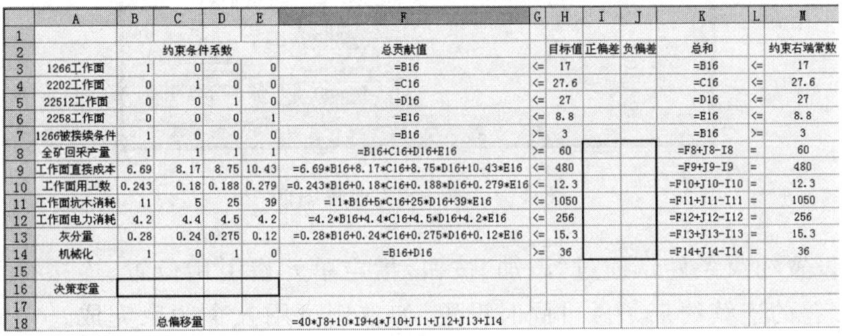

	A	B	C	D	E	F	G	H	I	J	K	L	M
1													
2			约束条件系数			总贡献值		目标值	正偏差	负偏差	总和		约束右端常数
3	1266工作面	1	0	0	0	=B16	<=	17			=B16	<=	17
4	2202工作面	0	1	0	0	=C16	<=	27.6			=C16	<=	27.6
5	22512工作面	0	0	1	0	=D16	<=	27			=D16	<=	27
6	2258工作面	0	0	0	1	=E16	<=	8.8			=E16	<=	8.8
7	1266被接续条件	1	0	0	0	=B16	>=	3			=B16	>=	3
8	全矿回采产量	1	1	1	1	=B16+C16+D16+E16	>=	60			=F8+J8-I8	=	60
9	工作面直接成本	6.69	8.17	8.75	10.43	=6.69*B16+8.17*C16+8.75*D16+10.43*E16	<=	480			=F9+J9-I9	=	480
10	工作面用工数	0.243	0.18	0.188	0.279	=0.243*B16+0.18*C16+0.188*D16+0.279*E16	<=	12.3			=F10+J10-I10	=	12.3
11	工作面坑木消耗	11	5	25	39	=11*B16+5*C16+25*D16+39*E16	<=	1050			=F11+J11-I11	=	1050
12	工作面电力消耗	4.2	4.4	4.5	4.2	=4.2*B16+4.4*C16+4.5*D16+4.2*E16	<=	256			=F12+J12-I12	=	256
13	灰分量	0.28	0.24	0.275	0.12	=0.28*B16+0.24*C16+0.275*D16+0.12*E16	<=	15.3			=F13+J13-I13	=	15.3
14	机械化	1	0	1	0	=B16+D16	>=	36			=F14+J14-I14	=	36
15													
16	决策变量												
17													
18			总偏移量			=40*J8+10*I9+4*J10+J11+J12+J13+I14							

图 4-7　例 4-17 求解图一

第二步：启动“规划求解”宏程序。

打开工具条中的“工具”一栏，启动“规划求解”宏程序，如图 4-8 所示。

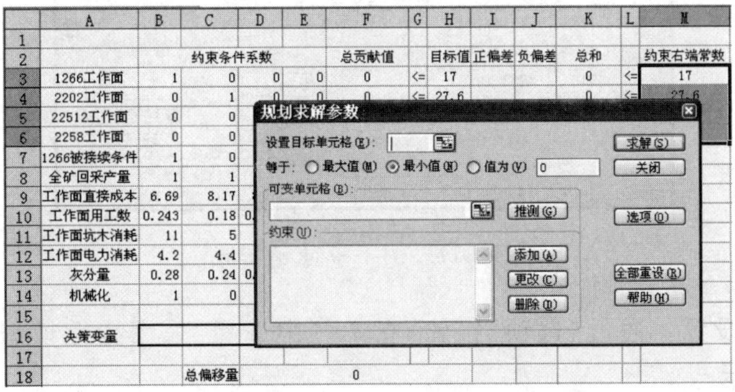

图 4-8　例 4-17 求解图二

第三步：设置目标单元格，即目标函数值所在的单元格，本例中在 D18，并选择目标函数求最小值，如图 4-9 所示。

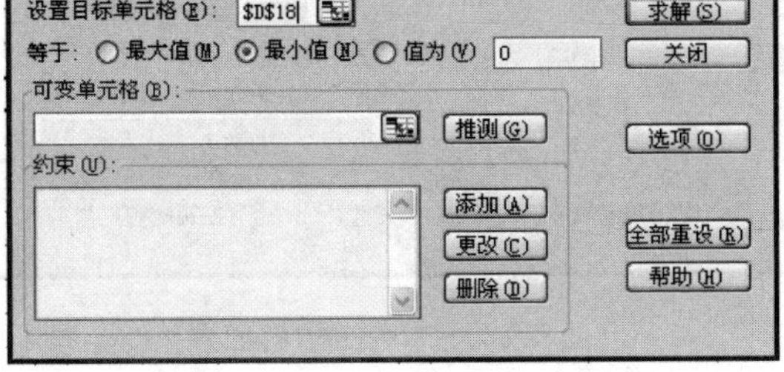

图 4-9　例 4-17 求解图三

第四步:设置可变单元格,即告诉程序哪些单元格是变量,本例中是 B16～E16,I8～J14,如图 4-10 所示。

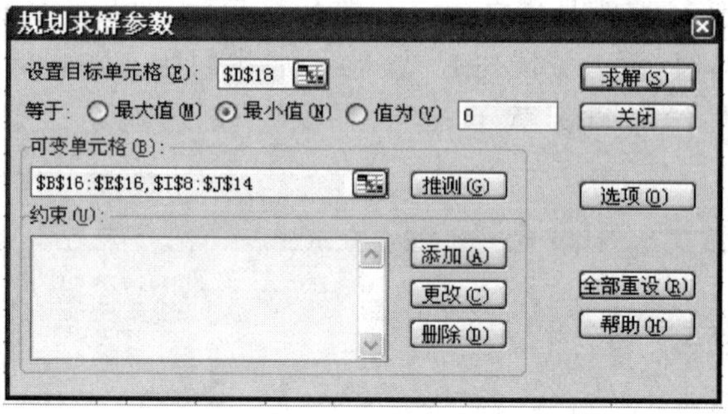

图 4-10　例 4-17 求解图四

第五步:设置约束条件。通过“添加”按钮,指定单元格引用位置、连接符及约束值。对于有相同连接符的连续约束条件可同时设置,如本例可用三个约束完成。完成设置后的对话框如图 4-11 所示。

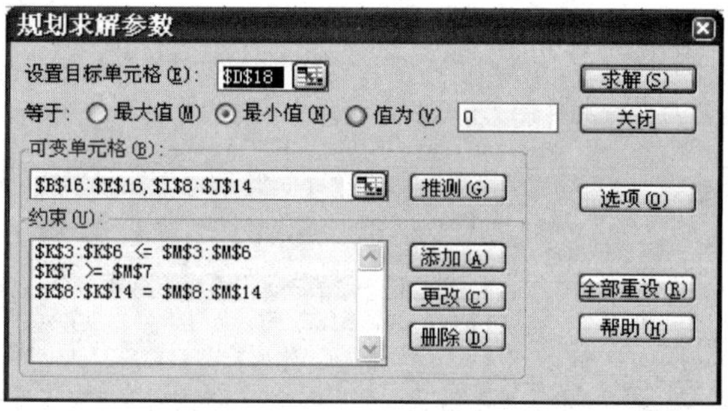

图 4-11　例 4-17 求解图五

第六步:选项设置。通过“选项”按钮,在本例中选择“采用线性模型”及“假定非负”选项。如图 4-12 所示。

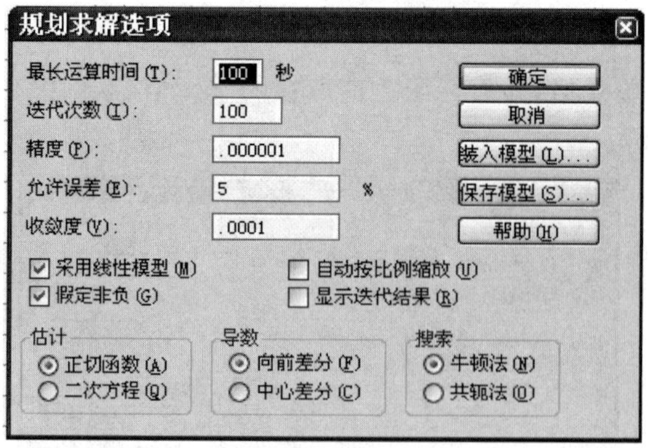

图 4-12　例 4-17 求解图六

第七步:求解。在完成上述步骤后,即可通过“求解”按钮进行求解。求解后的结果如图 4-13 所示。

	A	B	C	D	E	F	G	H	I	J	K	L	M
1													
2			约束条件系数			总贡献值		目标值	正偏差	负偏差	总和		约束右端常数
3	1266工作面	1	0	0	0	17	<=	17			17	<=	17
4	2202工作面	0	1	0	0	11.6704443	<=	27.6			11.67044431	<=	27.6
5	22512工作面	0	0	1	0	27	<=	27			27	<=	27
6	2258工作面	0	0	0	1	3.32430201	<=	8.8			3.324302011	<=	8.8
7	1266被接续条件	1	0	0	0	17	>=	3			17	>=	3
8	全矿回采产量	1	1	1	1	58.9947463	>=	60	0	1.00525368	60	=	60
9	工作面直接成本	6.69	8.17	8.75	10.43	480	<=	480	0	0	480	=	480
10	工作面用工数	0.243	0.18	0.19	0.279	12.2351602	<=	12.3	0	0.06483976	12.3	=	12.3
11	工作面坑木消耗	11	5	25	39	1050	<=	1050	0	0	1050	=	1050
12	工作面电力消耗	4.2	4.4	4.5	4.2	258.212023	<=	256	2.212023416	0	256	=	256
13	灰分量	0.28	0.24	0.28	0.12	15.3848229	<=	15.3	0.084822876	0	15.3	=	15.3
14	机械化	1	0	1	0	44	>=	36	8	0	36	=	36
15													
16	决策变量	17	11.67044431	27	3.324302011								
17													
18			总偏移量		48.46950615								

图 4-13　例 4-17 求解图七

通过以上七步的计算,可得到本模型的最优解为:$x_1^* = 17, x_2^* = 11.67, x_3^* = 27, x_4^* = 3.32, d_1^+ = d_2^+ = d_2^- = d_3^+ = d_4^+ = d_4^- = d_5^- = d_6^- = d_7^- = 0, d_1^- = 1.005, d_3^- = 0.065, d_5^+ = 2.21, d_6^+ = 0.085, d_6^+ = 8$。

因此,本矿在满足四个目标的基础上,今年四个工作面的产量应确定为:1266 与 12512 工作面为 17 万 t/a;2202 工作面为 11.67 万 t/a;22512 工作面为 27 万 t/a;2258 工作面为 3.32 万 t/a。

4.5　动态规划

动态规划是解决多阶段决策过程的最优化问题的一种方法。动态规划的中心思想是所谓的“最优性原理”,该原理归结为一个基本的递推关系式,从整个过程的最后阶段出发,逆推计算到第一阶段,找到最优解。

4.5.1　多阶段决策问题

将系统运行过程划分为若干个相互联系的阶段,在每一阶段都要做出决策,但是每个阶段最优决策的选择不只是孤立地考虑本阶段所取得的效果如何,必须把整个过程中的各阶段联系起来考虑,使得整个过程达到最优,就叫作多阶段决策过程。

在多阶段决策问题中,各个阶段采取的决策一般来说是与时间有联系的,决策依赖当前的状态,又随即引起状态的转移,前一阶段的决策确定以后,常常影响以后各阶段的决策,也就是说,多阶段决策是一个动态过程。

下面以最短路径问题为例,说明动态规划的基本思路及其求解方法。

【例 4-18】　如图 4-14 所示。某矿的压气机房位于 A 处,F 是采煤工作面。从 A 到 F 要经过若干段巷道,用节点 $B_1, B_2, \cdots, E_1, E_2$ 表示巷道的交岔口,用线段表示所经过的巷道,线段上所标注的数字是相应节点之间的距离。现在要从 A 点出发,铺设一条压气管道至 F,问应怎样选择线路,才能使所用的管道最省。

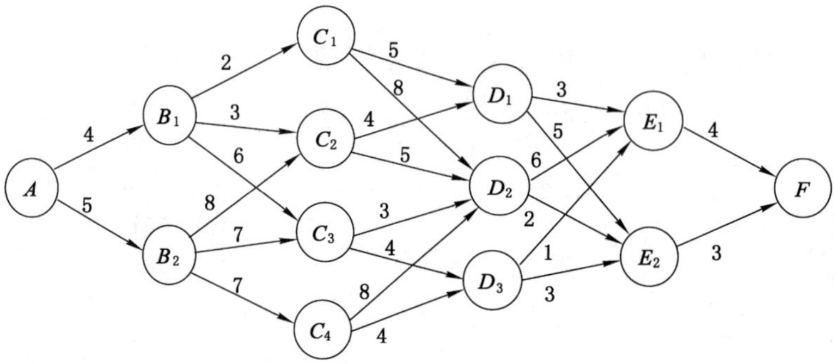

图 4-14　例 4-18 图

该问题具有多阶段决策的特性，可用动态规划方法求解。

4.5.2　动态规划的基本概念

(1) 阶段变量

在多阶段决策问题中，一般根据时间或空间的自然特性来划分阶段。如图 4-14 所示最短路问题，由 A 到 F 可分为 5 个阶段。描述阶段的变量称为阶段变量，用 k 表示，令 $k=1,2,\cdots,n$ 表示阶段符号。

(2) 状态变量

状态表示每个阶段开始所处的状态。状态就是某阶段的出发位置，一个阶段可以包含若干个状态，如第三阶段的状态是 C_1,C_2,C_3,C_4。状态既是该阶段某支路的起点，又是前一阶段某支路的终点。用 S_k 表示第 k 阶段的状态，S_k 称为状态变量。第三阶段的状态集合为 $S_3=\{C_1,C_2,C_3,C_4\}$

(3) 决策变量

决策就是某阶段状态给定之后，从该状态演变到下一阶段某状态的选择。用 $U_k(S_k)$表示第 k 阶段处于 S_k 状态时的决策，$U_k(S_k)$称为决策变量，用 $D_k(S_k)$表示第 k 阶段从状态 S_k 出发的允许决策集合。在图 4-14 中，从状态 B_1 出发，就可以做出 3 种不同的决策。其允许决策集合 $D_2(B_1)=\{C_1,C_2,C_3\}$，若选择 C_1，则 $U_2(B_1)=C_1$。

由每阶段的决策 $U_k(S_k)$组成的决策函数序列就称为全过程策略，记为 $P_{1n}(S_1)$，即

$$P_{1n}(S_1)=\{U_1(S_1),U_2(S_2),\cdots,U_k(S_k),\cdots,U_n(S_n)\} \tag{4-64}$$

由过程的第 k 阶段开始到终止状态为止的过程，称为 k 子过程，k 子过程策略记为 $P_{kn}(S_k)$，即

$$P_{kn}(S_k)=\{U_k(S_k),U_{k+1}(S_{k+1}),\cdots,U_n(S_n)\} \tag{4-65}$$

(4) 状态转移方程

确定过程由状态 S_k 到 S_{k+1}的演变过程称为状态转移方程，记为 $S_{k+1}=T_k(S_k,U_k)$。它表示在 k 阶段，由 S_k 出发采取决策 U_k 演变到状态 S_{k+1}，S_k、U_k 和 S_{k+1}之间的关系。

(5) 指标函数

指标函数是用来衡量所实现过程优劣的一种数量指标。用 $V_k(S_k,U_k)$表示第 k 阶段状态 S_k 采取决策 U_k 的阶段指标函数，$V_{k,n}$ 表示第 k 子过程指标函数。在图 4-14 中，阶段指标函数表示两点间的距离，第 k 子过程指标函数表示从状态 S_k 出发到终点 S_n 的距离。

指标函数的最优值，称为最优指标函数，记为 $f_k(S_k)$，一般为：

$$\begin{cases} f_k(S_k) = \text{opt}\{V_{k,n}\} = \text{opt}\{V_k(S_k,U_k) + f_{k+1}(S_{k+1})\} \\ f_{n+1}(S_{n+1}) = 0 \end{cases} \tag{4-66}$$

式中，opt 全称为 optimum，表示最优化，根据具体问题分别为 max 或 min；$f_k(S_k)$表示从状态 S_k 出发，采取最优策略到达终点的最短距离。

4.5.3　动态规划的基本原理

生活中的常识告诉我们，最短路线有一重要特性：如果由 A 经过 B_1、C_2、D_2、E_2 到达终点 F 是一条最短路线，则由 B_1 出发经过 C_2、D_2、E_2 到达终点 F 的这条子路线，对于从 B_1 到达终点 F 的所有可能来说，必定也是最短的。根据最短路线这一特征，寻找最短路线的方法就是从最后一段开始，由后向前逐步递推计算，求出各点到 F 的最短路线，最后求出 A 到 F 的最短路线。所以，动态规划的方法是从终点逐段向始点逆序求解。它以贝尔曼的最优性原理为依据。该原理指出，多阶段决策过程的最优决策序列具有这样的性质：不论初始状态和初始决策如何，对于前面决策所形成的状态而言，其后各阶段的决策序列必然构成最优策略。

4.5.4　动态规划的方法

下面以例 4-18 为例，介绍动态规划的求解方法。

(1) 逆序过程在图上实现

采用标号法求出各点到终点的最短距离，如图 4-15 所示。

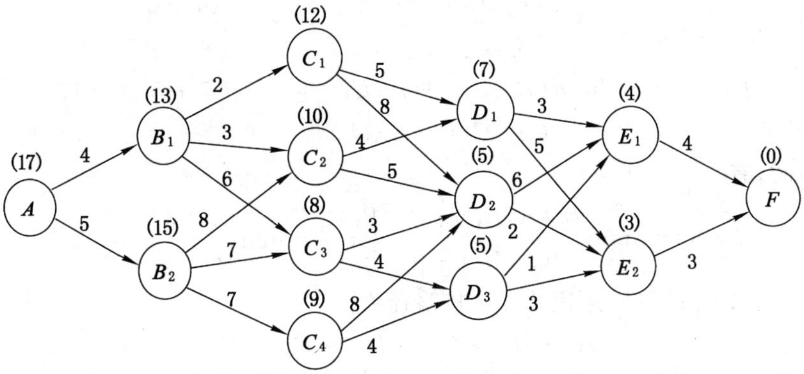

图 4-15　逆序解法

(2) 动态规划的函数递推法

下面按照动态规划的方法，用函数方程形式求解例 4-18，其函数递推关系为

$$\begin{cases} f_k(S_k) = \min\{d_k(S_k, U_k) + f_{k+1}(S_{k+1})\} \\ f_6(S_6) = 0 \end{cases} \tag{4-67}$$

式中，$d_k(S_k, U_k)$为阶段指标函数，表示第 k 阶段状态 S_k 采用策略 U_k 的策略。

当 $k=5$ 时，$f_5(E_1)=4$，$f_5(E_2)=3$。

当 $k=4$ 时，有

$$f_4(D_1) = \min\begin{Bmatrix} d(D_1, E_1) + f_5(E_1) \\ d(D_1, E_2) + f_5(E_2) \end{Bmatrix} = \min\begin{Bmatrix} 3+4 \\ 5+3 \end{Bmatrix} = 7$$

$$f_4(D_2) = \min\begin{Bmatrix} d(D_2, E_1) + f_5(E_1) \\ d(D_2, E_2) + f_5(E_2) \end{Bmatrix} = \min\begin{Bmatrix} 6+4 \\ 2+3 \end{Bmatrix} = 5$$

$$f_4(D_3) = \min\begin{Bmatrix} d(D_3, E_1) + f_5(E_1) \\ d(D_3, E_2) + f_5(E_2) \end{Bmatrix} = \min\begin{Bmatrix} 1+4 \\ 3+3 \end{Bmatrix} = 5$$

当 $k=3$ 时，有

$$f_3(C_1) = \min\begin{Bmatrix} d(C_1, D_1) + f_4(D_1) \\ d(C_1, D_2) + f_4(D_2) \end{Bmatrix} = \min\begin{Bmatrix} 5+7 \\ 8+5 \end{Bmatrix} = 12$$

$$f_3(C_2) = \min\begin{Bmatrix} d(C_2, D_1) + f_4(D_1) \\ d(C_2, D_2) + f_4(D_2) \end{Bmatrix} = \min\begin{Bmatrix} 4+7 \\ 5+5 \end{Bmatrix} = 10$$

$$f_3(C_3) = \min\begin{Bmatrix} d(C_3, D_2) + f_4(D_2) \\ d(C_3, D_3) + f_4(D_3) \end{Bmatrix} = \min\begin{Bmatrix} 3+5 \\ 4+5 \end{Bmatrix} = 8$$

$$f_3(C_4) = \min\begin{Bmatrix} d(C_4, D_2) + f_4(D_2) \\ d(C_4, D_3) + f_4(D_3) \end{Bmatrix} = \min\begin{Bmatrix} 8+5 \\ 4+5 \end{Bmatrix} = 9$$

当 $k=2$ 时，有

$$f_2(B_1) = \min\begin{Bmatrix} d(B_1, C_1) + f_3(C_1) \\ d(B_1, C_2) + f_3(C_2) \\ d(B_1, C_3) + f_3(C_3) \end{Bmatrix} = \min\begin{Bmatrix} 2+12 \\ 3+10 \\ 6+8 \end{Bmatrix} = 13$$

$$f_2(B_2) = \min\begin{Bmatrix} d(B_2, C_2) + f_3(C_2) \\ d(B_2, C_3) + f_3(C_3) \\ d(B_2, C_4) + f_3(C_4) \end{Bmatrix} = \min\begin{Bmatrix} 8+10 \\ 7+8 \\ 7+9 \end{Bmatrix} = 15$$

当 $k=1$ 时，有

$$f_1(A) = \min\begin{Bmatrix} d(A, B_1) + f_2(B_1) \\ d(A, B_2) + f_2(B_2) \end{Bmatrix} = \min\begin{Bmatrix} 4+13 \\ 5+15 \end{Bmatrix} = 17$$

于是得到从 A 到 F 最短距离为 17，其路径为：

$$A \rightarrow B_1 \rightarrow C_2 \rightarrow D_2 \rightarrow E_2 \rightarrow F$$

【例 4-19】 某矿在第一开采水平共有 19 个采区，其中 9 个为综采采区，分别为 E_1（东一）、E_2（东二）、E_3（东三）、E_4（东四）、E_5（东五）、E_6（东六）、E_7（东七）、S_3（南三）、S_4（南四）。首采区分别为 E_2、E_3。其他采区为炮采和普采采区。根据不同机械化程度的采区不得接替，将 9 个综采区分成两个独立的分支，试寻求最优的接替关系。

根据题意，9 个综采采区的可能接替关系如图 4-16 和表 4-23 所示。

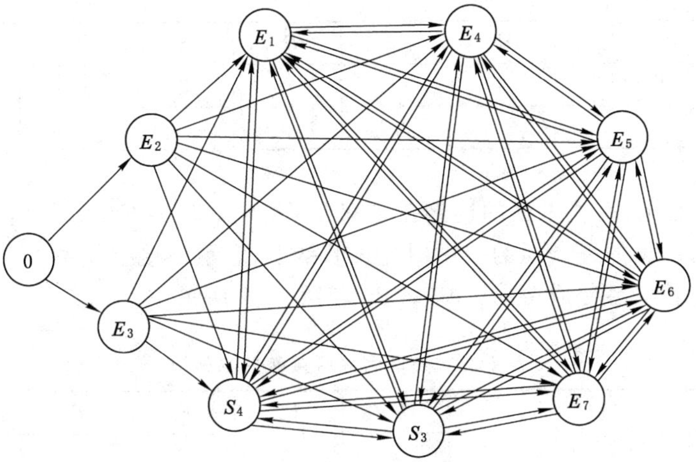

图 4-16　综采采区的接替关系

表 4-23　采区接替关联矩阵

L_u	E_1	E_2	E_3	E_4	E_5	E_6	E_7	S_3	S_4
E_1	0	0	0	1	1	1	1	1	1
E_2	1	0	0	1	1	1	1	1	1
E_3	1	0	0	1	1	1	1	1	1
E_4	1	0	0	0	1	1	1	1	1
E_5	1	0	0	1	0	1	1	1	1
E_6	1	0	0	1	1	0	1	1	1
E_7	1	0	0	1	1	1	0	1	1
S_3	1	0	0	1	1	1	1	0	1
S_4	1	0	0	1	1	1	1	1	0

“1”表示有接替关系，或者说允许接替；“0”表示无接替关系。列栏为现采区，行栏为接替采区。由于 E_2、E_3 为同时投产的两个采区，不能作为其他采区的接替采区，所以 E_2、E_3 两列皆为“0”。接替费用矩阵如表 4-24 所列。

表 4-24　采区接替关系费用指数矩阵　　单位：元/t

L_u	E_1	E_2	E_3	E_4	E_5	E_6	E_7	S_3	S_4
E_1	0	0	0	4	1.5	2.8	5	[5]	[6]
E_2	1	0	0	4	3	3	5	5	7
E_3	2	0	0	1.5	5	3	2	3	4
E_4	[6]	0	0	0	5	3.5	2	[3.2]	3
E_5	[3]	0	0	[5.2]	0	2.5	5	[7]	[7]
E_6	[3.5]	0	0	[4]	[3.5]	0	[4]	[5]	[5]
E_7	[5.3]	0	0	[3]	[5.5]	3.5	0	2	[4]

表 4-24(续)

L_u	E_1	E_2	E_3	E_4	E_5	E_6	E_7	S_3	S_4
S_3	4	0	0	3	6	3	[2.2]	0	2
S_4	5	0	0	[3.5]	6	4	3.5	[3]	0

由图 4-16 可看出,有些采区的连接弧是双向的,例如 $E_1 \to E_4$,$E_4 \to E_1$ 等。在费用指数矩阵中,将接替费用大的一条弧的费用用“[ ]”括上,表示该接替关系不再考虑。经过以上处理,各采区的接替关系变成单向,如表 4-25 和图 4-17 所示。

表 4-25 处理后采区接替关系矩阵

L_u	E_1	E_2	E_3	E_4	E_5	E_6	E_7	S_3	S_4
E_1	0	0	0	1	1	1	1	0	0
E_2	1	0	0	1	1	1	1	1	1
E_3	1	0	0	1	1	1	1	1	1
E_4	0	0	0	0	1	1	1	0	1
E_5	0	0	0	0	0	1	1	0	0
E_6	0	0	0	0	0	0	0	0	0
E_7	0	0	0	0	0	1	0	1	0
S_3	1	0	0	1	1	1	0	0	1
S_4	1	0	0	0	1	1	1	0	0

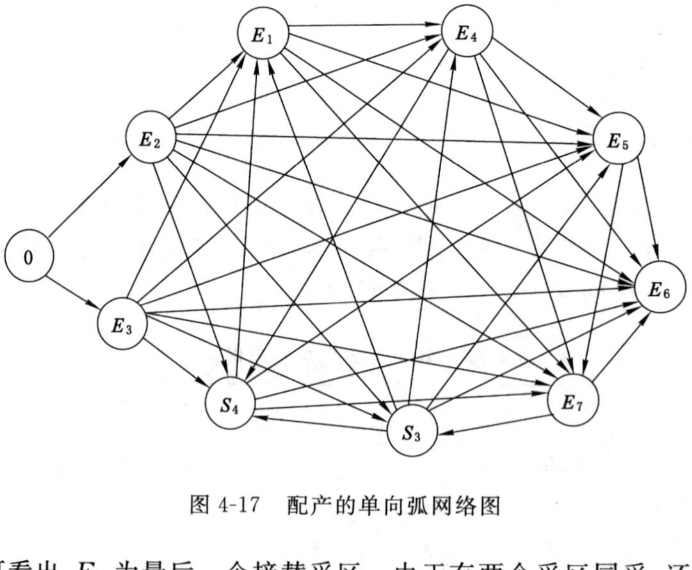

图 4-17 配产的单向弧网络图

由图 4-17 可看出,E_6 为最后一个接替采区。由于有两个采区同采,还应有一个最后的接替采区待定。

整个水平有 9 个综采采区,同时有两个综采采区已开采,因而有两条接替路线。一条接替路线上有四个采区,另一条接替路线上有五个采区,下面先确定四个采区的接替路线。为此，将接替关系划分为 4 个阶段，各阶段的状态点及接替关系和费用指标见图 4-18。阶段的划分由始点到终点依次为 $k=1,k=2,k=3,k=4$，用标号法求解由始点到终点的最短路线。

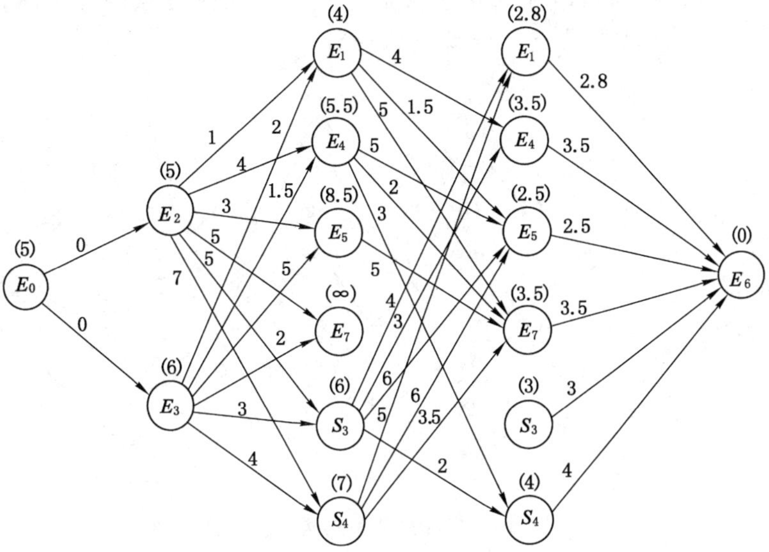

图 4-18　采区接替关系网络图(一)

当 $k=4$ 时，$f_4(E_1)=2.8, f_4(E_4)=3.5, f_4(E_5)=2.5, f_4(E_7)=3.5$。

$f_4(S_3)=3, f_4(S_4)=4$。

当 $k=3$ 时，有

$$f_3(E_1)=\min\begin{Bmatrix} d(E_1,E_4)+f_4(E_4) \\ d(E_1,E_5)+f_4(E_5) \\ d(E_1,E_7)+f_4(E_7) \end{Bmatrix}=\min\begin{Bmatrix} 4+3.5 \\ 1.5+2.5 \\ 5+3.5 \end{Bmatrix}=4$$

同理，$f_3(E_4)=5.5, f_3(E_5)=8.5, f_3(E_7)=3.5, f_3(S_3)=6, f_3(S_4)=7$。

当 $k=2$ 时，有

$$f_2(E_2)=\min\begin{Bmatrix} d(E_2,E_1)+f_3(E_1) \\ d(E_2,E_4)+f_3(E_4) \\ d(E_2,E_5)+f_3(E_5) \\ d(E_2,E_7)+\infty \\ d(E_2,S_3)+f_3(S_3) \\ d(E_2,S_4)+f_3(S_4) \end{Bmatrix}=\min\begin{Bmatrix} 1+4 \\ 4+5.5 \\ 3+8.5 \\ 5+\infty \\ 5+6 \\ 7+7 \end{Bmatrix}=5$$

同理，$f_2(E_3)=6$。

当 $k=1$ 时，有

$$f_1(E_0)=\min\begin{Bmatrix} d(E_0,E_2)+f_2(E_2) \\ d(E_0,E_3)+f_2(E_3) \end{Bmatrix}=\min\begin{Bmatrix} 0+5 \\ 0+6 \end{Bmatrix}=5$$

则从 E_0 到 E_6 最短距离为 5，其路径为 $E_0 \rightarrow E_2 \rightarrow E_1 \rightarrow E_5 \rightarrow E_6$。$E_0$ 状态是虚设的，其目的是使初始状态点唯一。至此，找到的一条接替路线为 $E_2 \rightarrow E_1 \rightarrow E_5 \rightarrow E_6$。

从 E_3 出发的另一条接替路线上还有四个采区，分别为 E_4、E_7、S_3、S_4，每个采区都可以作为各阶段的状态点，再虚设一个采区 S_0 作为最终采区，使终点变为一个点。加上虚设终点 S_0 后，全过程共划分为五个阶段，如图 4-19 所示。同样采用标号法从后向前推，找出各阶段状态点到终点的最短路长，标在相应状态点上方。E_3 到终点的最短路长为 7.5，最短路径（即第二条接替路线）为 $E_3 \to E_4 \to E_7 \to S_3 \to S_4$。

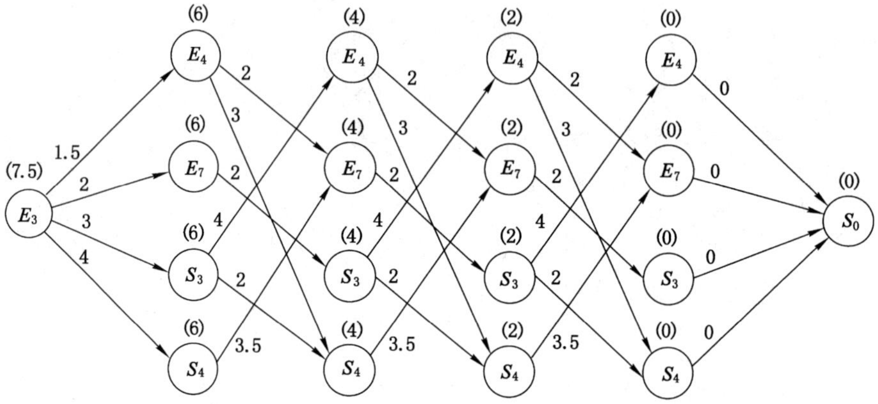

图 4-19　采区接替关系网络图（二）

至此，第一水平的两条最优接替路线已经求出，分别为：

① $E_2 \to E_1 \to E_5 \to E_6$，接替费用为 5。

② $E_3 \to E_4 \to E_7 \to S_3 \to S_4$，接替费用为 7.5。

思考与练习

1. 试述最优化问题的数学模型的结构及各要素的特征。

2. 试述单纯形法的基本思想和计算步骤。

3. 试述动态规划的最优化原理、动态规划方法的基本思想和动态规划基本方程的结构。

4. 某工厂生产甲、乙两种产品，单位产品的销售价格和所需要的原料的数量、原料的供应量及单价如表 4-26 所列。工厂应如何安排生产才能使所获利润最大？试建立该线性规划问题的数学模型。

表 4-26　原料的供应量及单价

项目	甲	乙	日供应量	原料单价/(百元/kg)
原料 A/kg	6	2	180	1
原料 B/kg	4	10	400	2
原料 C/kg	3	5	210	14
销售价格/百元	120	150		

5. 用单纯形法求解下面的线性规划问题。

$$\max z = 15x_1 + 25x_2$$

$$\text{s. t.}\begin{cases}3x_1+2x_2\leqslant 64\\2x_1+1x_2\leqslant 40\\3x_2\leqslant 75\\x_1,x_2\geqslant 0\end{cases}$$

6. 某工厂有 5 台设备分配给编号为 $j=1,2,3$ 的三个车间。使用不同的设备对每个车间带来的经济收益 $g_j(x_i)$ 如表 4-27 所列。

表 4-27　使用不同设备带来的经济收益

项目	车间 1	车间 2	车间 3
设备 1	3	5	4
设备 2	7	10	6
设备 3	9	9	11
设备 4	10	11	12
设备 5	13	11	12

那么应如何把设备分配给各个车间,才能使总收益最大?

第5章　计算机仿真技术

5.1　概述

5.1.1　仿真的概念

仿真也称模拟(simulation)，是近几十年来发展起来的一门新兴技术学科。仿真其实质就是利用各种模型对实际系统进行试验研究的过程。由于安全上、经济上、技术上或者是时间上的诸多原因，对实际系统进行真实的相似模拟很困难，或根本做不到，系统仿真技术就成为十分重要甚至是必不可少的工具。

随着计算机技术的飞速发展，其他各项技术也日益进步，仿真技术与计算机技术密切相关，因此受到的重视也日益提高，应用领域越来越广泛。在我国，仿真技术最初用于航空、航天、核反应堆等少数尖端领域，后逐步向外扩展，发展到电子、机械、电力、通信网络、能源开采等一些重要工业部门。现在，又进一步扩展到应用于社会经济，交通运输，武器装备，生态环境，军事作战，大范围大领域的经济规划、预测，大型项目的规划、设计和施工，企业管理等，已成为分析、设计和研究各种系统的重要手段和辅助决策工具。

系统仿真是对实际系统的一种模仿活动，利用一个模型模仿实际事物在一定时间内的发展变化规律，得到在某些条件下的最终结果。所以，系统仿真确切的概念可以用如下的描述：系统仿真是通过建立和运行系统的计算机仿真模型来模仿实际系统的运行状态及其随时间变化的规律，以实现在计算机上进行试验的全过程。在这个过程中，通过对仿真运行过程的观察或数据统计分析，获得被仿真系统的输出参数和基本特征，以此来估计和推断在实际问题中所应获得的真实参数和真实结果或性能。

5.1.2　系统仿真方法在决策过程中的地位

对于一些问题，人们可用许多方法去解决，而系统仿真方法只是诸多方法中的一种，在决策过程中所处的地位如图5-1所示，可以看出，仿真是在用数学方法不能解决的情况下才开始采用的。

1. 问题的提出

在提出问题时，首先要对被决策的问题阐述清楚，如提出的问题内容是什么，环境条件如何，决策的依据和所需要达到的目的等。

2. 一般的系统分析

需要清楚系统涉及的范围，系统内有哪些因素及这些因素的相互关系。然后进行数量分析，看系统是否存在目标函数及是怎样的目标函数，分析可控变量的约束条件和数据

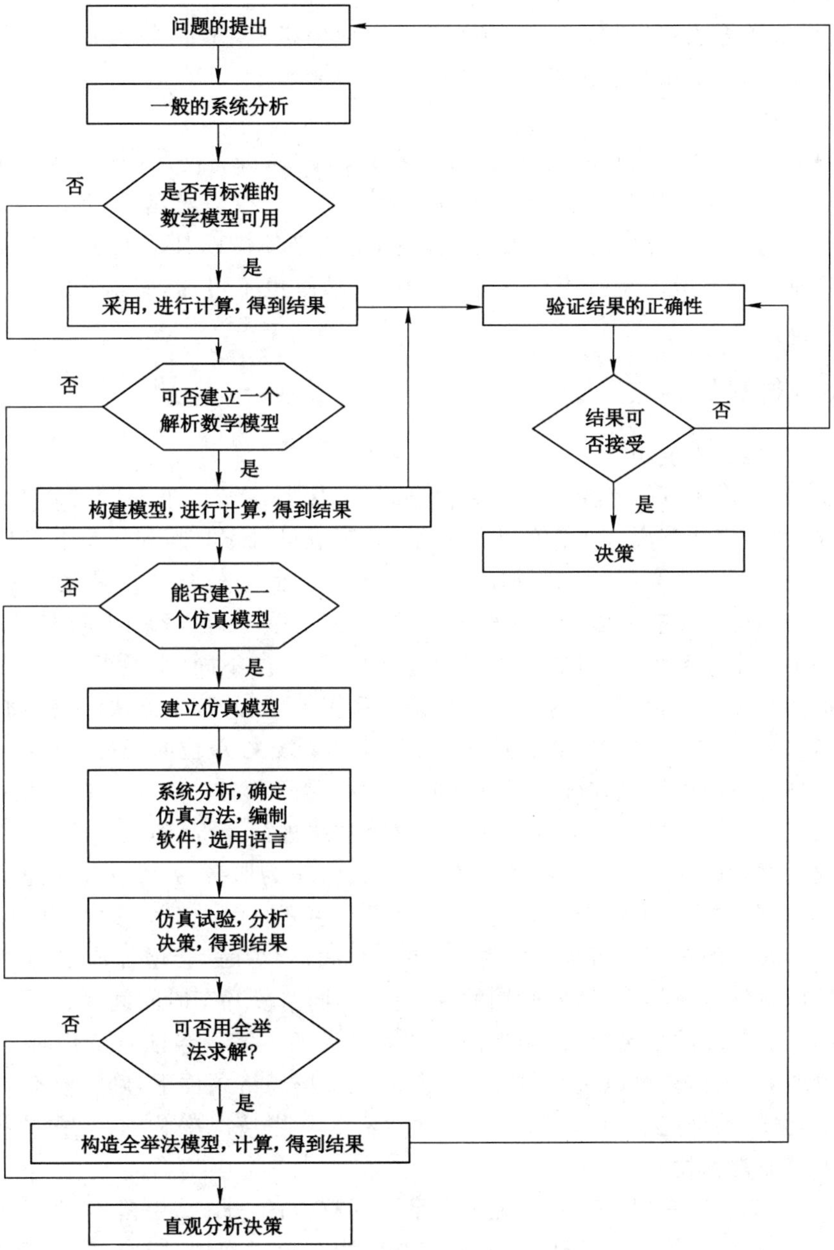

图 5-1　系统仿真在决策中的地位图示

条件。

3. 判定是否有标准的数学模型可用

经过分析，已经对系统有了一般的了解，可以判断它是属于哪一类性质的系统。如结构形式可以是线性规划模型，或是非线性规划模型，或是存储模型、排队模型等，利用相应的软件或专用程序解决。

4. 建立仿真模型

当不能用数学方法解决时，可建立仿真模型。应该指出，并非所有问题都可以建立系统仿真模型，如果可以，则用系统仿真方法解决。

5. 其他方法

当不能用系统仿真方法解决问题时，可以考虑全举法，即将问题的全部可能解决办法和方案均列举出来，从中选取一个被认为是最优的方案。全举法当然可用计算机进行计算。若系统的因素太多，或系统内的要素难以数量化，这时必须借助其他方法来获得信息，如物理试验、理论估算或一般的统计方法等。若全举法求解也不可能，只能用直观分析法进行解决。

5.1.3 系统仿真的特点

下面以一个例子来说明。

运输公司在城市中开辟一条新的公共汽车线路，按照该城市中人口的分布情况及出租车运行情况以及预定线路周围人们的生活水平，设定最早班车时间和最晚上班时间，规定了发车时间间隔：在上下班高峰时，时间间隔短，其他时间间隔较长。这是通常的管理方法。然而，在实际管理运营中有许多不可预知的情况，不同的季节，在每天的不同时段，乘客数量是不同的，路上的车辆数也是不同的，这样，车辆的行驶速度不同，交通事故发生的概率亦不同，遇见红灯的情况不同，等等。这是一个复杂的系统，一般的数学方法解决不了，可以用仿真的方法进行决策。首先，要已知在各个时段上，各个站点在单位时间内到达的乘客人数分布规律，已知各个时段上车辆在任意两站之间行驶的时间和各个交叉路口遇见红灯的概率及等待时间、发生事故的概率及处理时间。将这个系统进行分析，确定系统内的要素之间的相互关系，建立这种顾客与服务台的仿真模型（公共汽车为服务台，乘客为顾客），利用模型仿真在不同数量公共汽车的情况下，车上的乘客是太多还是太少。太多时，会使乘客中的一部分失去（搭乘其他的车辆），减少了客源，减少了利润；太少时，会增加成本，同样会减少利润。因此，可以找到每一年中，不同时期的一天内，不同时段开车时间间隔、不同季节配备的公共汽车数量、服务员的数量，可以实现公司利益最大的方案。当油价变化时、员工工资变化时、车辆价格变化时，均可以进行仿真。尤其是在市场经济条件下，确定票价与服务质量，车辆的状况、功能、乘坐的舒适程度，客源的多少有关。当情况变化时，公司的决策也应变化，用仿真方法非常方便。

由以上的实例可以看到，第一，系统仿真是一种有效的“试验”手段，它为一些复杂系统创造了一种“柔性”的计算机试验环境，使人们有可能在短时间内从计算机上获得对系统运动规律以及未来特征的认识。第二，系统仿真试验是一种计算机上的软件试验，因此，它需要较好的仿真软件（包括仿真语言）来支持系统的建模仿真过程。通常，计算机模型，特别是仿真模型是面向实际问题的，或者说是问题导向的，它可以包含系统中的元素对象以及元素之间的关系，如逻辑关系、数学关系等。第三，系统仿真的结果是在仿真过程中由仿真软件自动给出的。第四，一次仿真结果，只是一次对系统行为的抽样，因此，一项仿真研究往往由多次独立的重复仿真所组成，得到的结果也只是对真实系统进行的具有一定样本的仿真试验的随机样本。因此，系统仿真往往要进行多次试验，再进行统计推断，对系统的性能和变化规律做多因素的综合评价。

系统仿真作为系统研究和系统工程实践中的一个重要技术手段，在许多领域中表现出越来越强的生命力。尤其在求解复杂问题中，系统仿真与其他方法相比有许多优点：

(1) 系统仿真面向实际过程和系统问题，将不确定性作为随机变量纳入系统变量来处理，建立系统的内部结构关系模型，从而使我们对复杂的、带有多种随机因素的系统可以方便地通过计算机仿真试验求解，避免求复杂的数学方程所带来的困难。这也是目前系统仿真得到广泛应用的最根本的原因。

(2) 系统仿真采用问题导向来建模分析，并使用人机友好的计算机软件使建模仿真直接面向分析人员，他们可以集中精力研究问题的内部因素及其相互关系，而不是计算机编程、调试及实现，从而使系统仿真为广大科研人员及管理人员所接受。

(3) 系统仿真为分析人员和决策人员提供了一种有效的试验环境，他们的设想和方案可以通过直接调整模型的参数或结构来实现，并通过模型的仿真运行得到实施结果，从而可以从中选择满意的方案。

然而，仿真技术也并非十全十美，也有其自身所固有的缺点：

(1) 开发系统仿真软件、建立运行仿真模型是一项艰巨的工作，需要进行大量的编程、调试和重复运行试验，这也是极其耗时、耗力和消耗资金的。

(2) 系统仿真只能得到问题的一个特解或可行解，不可能获得问题的通解或者是最优解。仿真参数的调整往往具有极大的盲目性，寻找优化方案将消耗大量的人力、物力。

(3) 仿真建模直接面向实际问题，对于同一问题，由于建模者的认识和看法有差异，往往会得到截然不同的模型，自然，模型运行的结果也就不一样了，因此，仿真建模常被称为非精确建模，或认为仿真建模是一种艺术而不是纯粹的技术。

虽然以上缺点是由仿真本身的性质所造成的，但随着计算机科学(包括硬件和软件)的发展和系统仿真方法的深入，这些问题正在得到不同程度的改善。随着计算机软硬件性能的提高，出现了图形建模、可视化建模方法和工具，从而使仿真建模工作变得轻松、方便；由于智能化技术的引入，也产生了自动建模环境，使仿真建模的科学性进一步得到提高。此外，仿真理论的发展，也使模型的验证、确认、优化工作进一步自动化，仿真的精确性得以提高。计算机技术中的多媒体技术、灵境技术、分布式网络技术的引入，使系统仿真技术如虎添翼，它们与仿真技术相结合而成为崭新的研究方向。

5.1.4 系统仿真能够解决的问题

因为仿真有其本身的特点，其适于解决的问题也就有一定的范围。

1. 无法实施的问题

在客观世界中，有许多问题无法以付诸实施来进行研究。如预测问题就是有代表性的例子。国家政府部门常常需要预测五年或十年的经济发展情况。我们无法让国民经济实际运行一段时间来取得这些指标数据，但可以构造一个经济模型，利用能得到的数据，根据不同的计划设想对其进行各种仿真试验，从而得到各种预测的经济计划指标。用这种仿真技术预测，可以使用时间序列分析方法或相关分析方法，最后形成一个完整的预测仿真模型。又如，煤矿瓦斯突出预测，可以利用已有的相关的数据，用现代数学理论和方法，如神经网络理论、模糊预测理论、分形几何理论等，建立一个预测模型，将有关地质构造、煤层埋藏深度、瓦斯情况、地应力情况、煤体结构、地震情况等一系列数据进行整理分析，输入模型进行仿真模拟,可以模拟出所预测的煤层或区域是否能突出及突出强度的大小。

2. 不易为人们了解的复杂系统

有一些复杂的系统,难以用一般的理论分析方法或数学解析方法来认识和分析。一个受许多因素影响的动态系统,如矿井生产系统中的产煤系统、轨道运输系统、矿井提升系统、胶带运输系统、矿井管理系统、物资供应系统、生产销售系统,其运行过程受工作面的生产情况、运输系统的运输情况、人员的技术水平、机电设备的完好状态、矿井通风系统、安全系统的状况等多方面的影响,极其复杂,只能用系统仿真方法进行研究。对于管理经营方面的系统,受到的影响因素更多,如原材料的采购、市场的需求变动、职工的技术水平等,同样不能用数学方法解决。

在军事科学内,现代化战争的武器系统,其构成越来越复杂,新型武器系统带来新的作战方法。若想用实战或其他方法对其研究和认识,是很不经济甚至是难以进行的。应用系统仿真方法就可以在计算机上进行作战演习模拟,从而获得对军力、武器的使用以及战略和策略之间的复杂关系获得数量上的深入认识和了解。

3. 有危险的现象

一些有危险的职业,在操作者还没有熟练掌握操作过程及对其规律还未知时,如果进行实际的工作,必然会冒着人身危险,或有可能使设备遭受巨大损失,如新型飞机的飞行、航天器的驾驶等。若对飞行员的培训采用系统仿真的方法,使其能进行各种情况下事故处理的练习,训练其在危险情况的应变能力,就可节省资金,免除危险。另外,山洪暴发、大坝决堤、矿井瓦斯爆炸、矿井煤尘爆炸的系统仿真亦属此类问题。

4. 无法重复的现象

对于需要建设的大型工程,如海港、码头、高速公路、地铁、机场、电气化铁路、拦河大坝等,一旦建成,发现有问题,想改建或重建,需要浪费巨大的人力、物力、财力。那么,如何在设计时确定参数、怎样安排工程进度、如何预测和估计待建项目的运行情况、如何预测完工后对其他各方面的影响等,都要求事先给出。针对这些问题构造出比较完善的仿真模型,利用已有的或专家给出的数据进行仿真模拟,进行反复的试验,就可以在计算机上使无法重复的现象反复重演,这当然是一种经济可行的预测方法。

5.1.5 系统仿真的分类

根据系统仿真的定义,实施一项系统仿真的研究工作,包含三个基本要素,即系统对象、系统模型以及计算机工具。因此,对于仿真中不同的基本要素组合,就必须使用不同类型的仿真技术。系统仿真最基本的分类方式有以下三种。

根据系统模型的基本类型,系统仿真可以分成物理仿真、数学仿真和物理-数学仿真。物理仿真是指按相似原理建立具有真实系统物理性质的物理模型,并在物理模型上进行试验的过程,如专用仿真器、风洞试验模型等。物理仿真的优点是真实感强,直观、形象,但缺点是仿真建模周期长、花费大、灵活性不好。数学仿真是指建立可计算的系统数学模型,并在计算机上对数学模型进行仿真试验的过程。由于计算机为数学模型的建立与试验提供了巨大灵活性,与物理仿真相比,数学仿真更加经济、灵活、方便,数学仿真也称为计算机仿真,这也是本章将要讨论的内容。如果在仿真中同时使用物理模型和数学模型,并将它们通过计算机软件硬件接口连接起来进行试验,就称之为物理-数学仿真,或半实物仿真。

根据仿真中使用的计算机类型，系统仿真可分为模拟仿真、数字仿真和混合仿真。模拟仿真是基于系统模型数学上的同构和相似原理，通过专用的模拟计算机进行仿真试验，其特点是模型直观、运算速度快，但精度较差，且通用性和灵活性不够好。数字仿真是基于数值计算方法，利用数字计算机和仿真软件，进行系统的建模仿真试验的过程。数字仿真具有自动化程度高、复杂的推理判断能力强以及快速、灵活、方便、经济等特点，而且可以获得较高精度。而混合仿真是将模拟仿真和数学仿真相结合的一种仿真方法。其主要工具是混合计算机系统，主要包括模拟计算机、数字计算机以及它们之间的信息转换（通常是 A/D、D/A 转换）界面。混合仿真具有模拟和数学仿真的优点，如速度快、精度高、灵活等特点，在某些大系统的实时仿真中具有很大的优势。此外由于具有高速求解能力，混合仿真还可用于参数优化、最优控制以及统计寻优和统计计算等。

根据研究的系统对象的性质，系统仿真可分成连续系统仿真和离散事件系统仿真。连续系统是指系统状态随时间连续变化的系统，系统行为通常是一些连续变化的过程。连续系统模型通常用一组方程式描述，如微分方程、差微分方程等。差微分方程形式上是时间离散的，但状态变量的变化过程本质上是时间连续的，如人口的变化过程、导弹运动、化工过程等。因此，连续系统仿真的主要任务就是求解上述系统模型——系统运动方程组。离散事件系统中，表征系统性能的状态只在随机的时间点上发生跃变，且这种变化是由随机事件驱动的，在两个时间点之间，系统状态不发生任何变化。如公共汽车上乘客人数的变化、电话系统的呼叫、机器零件的生产加工过程等都是离散事件系统。离散事件仿真就是通过建立表达上述过程的模型，并在计算机上人为构造随机事件环境，以模拟随机事件的产生、终止、变化过程，最终获得系统状态变化的规律和行为。

5.2　系统仿真的原理与方法

5.2.1　蒙特卡罗仿真方法的介绍

蒙特卡罗（Monte-Carlo）仿真是一种特殊的数值计算仿真方法，它是充分利用计算机计算能力的随机试验方法。在仿真模拟过程中，利用一连串的随机数作为输入，对相应的输出进行统计计算，就可以求解任何形式的系统问题。下面通过一个单变量积分问题做简要介绍。

设 $f(x)$是区间(a,b)内连续函数，且已知在该区间内 $f(x)\geqslant 0$，要求计算$\int_a^b f(x)\mathrm{d}x$ 的值。当 $f(x)$ 的形式比较复杂且是非可积函数时，用解析法往往十分困难，但可以构成一个十分简单的离散、随机性仿真模型。

因 $f(x)\geqslant 0$，令 c 为 $f(x)$之上限，则函数 $f(x)$所表示的曲线将包含在边长为 c 和$(b-a)$的矩形之内，如图 5-2 所示。

若在(a,b)和$(0,c)$区间中分别产生两个均匀分布的随机数 x_i 和 y_i，由此构成的坐标点 $P_i(x_i,y_i)$必定在矩形 $abed$ 内。为了计算该积分的值，可规定以下准则：

若 $y_i\leqslant f(x_i)$，则接受该点并做计数统计；若 $y_i>f(x_i)$，则舍弃该点不做计数统计。设

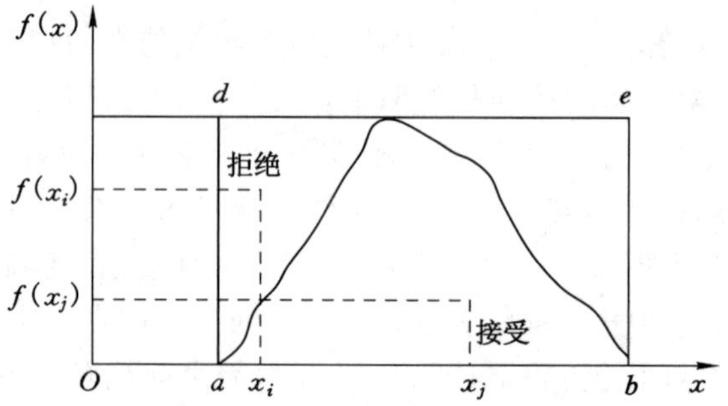

图 5-2　求$\int_a^b f(x)\mathrm{d}x$的仿真模型

共产生 N 个随机仿真点，如果共接受 n 个点[即恰在 $f(x)$曲线上或在曲线以下的点]，当 N 充分大时有

$$\frac{n}{N}(b-a)c \approx \int_a^b f(x)\mathrm{d}x = \text{曲线下面积}$$

由上可见，通过产生随机数的方法来统计落在曲线上或曲线下的坐标点数目，即可计算出定积分的值，计算的精度将随 N 的增大而提高。

求定积分$\int_a^b f(x)\mathrm{d}x$ 本身是一个确定型的连续模型，但由于采用了随机试验的蒙特卡罗方法，因而变成了一个离散的随机性问题。由此可以看出，在仿真领域，仿真模型的类别有时并不是绝对的。连续系统往往可以通过离散技术建模，而确定性问题也可以建成随机性模型。这种建模思想上的灵活性，为系统仿真的应用开辟了广阔的前景。

5.2.2　仿真的基本步骤

系统仿真是一项应用技术，根据它的基本概念和求解问题的出发点及思路，在实施系统仿真应用时，一般遵循以下几个步骤。

1. 问题描述与定义

系统仿真是面向问题的而不是面向整个实际系统，因此，首先要在分析、调查的基础上，明确要解决的问题以及要实现目标，确定描述这些目标的主要参数(变量)以及评价准则，根据目标清晰地定义系统边界，辨识主要状态变量和主要影响因素，定义环境及控制变量(决策变量)。同时，给定仿真的初始条件，并充分估计初始条件对系统主要参数的影响。

2. 建立仿真模型

模型是关于实际系统某一方面本质性的抽象描述和表达。

建立仿真模型具有本身的特点。首先它是面向问题和过程的。在离散系统仿真建模中，主要应根据随机发生的离散事件、系统中的实体以及时间推进机制，按系统的运行进程来建立模型；而在连续系统仿真建模中，则主要根据系统内部各个环节之间的因果关系、系统运行的流程，按一定方式建立相应的方程来实现仿真建模。其次，建立仿真模型与所选用的仿真语言密切相关。选用通用仿真系统 GPSS(General purpose Simulation System)语言时，仿真模型将采取实体流和模块图的形式；当选用带排队功能的图示评审技术 Q-GERT (Queue-Graphical Evaluation Review Technique)语言，或风险评审技术 VERT(Venture Evaluation Review Technique)语言时，仿真模型将为随机网络形式；如果采用多功能仿真语言 SLAM(Simulation Language for Alternative Modeling)时，则既可构造随机网络和离散事件的仿真模型，也可构造微分方程或差分方程的仿真模型。当实际系统属于连续性问题时，则可构成因果关系和系统流图模型，并采用系统动力学 DYNAMO 仿真语言来实现仿真。

3. 数据采集

为了进行系统仿真，除了要有必要的仿真输入数据以外，还必须收集与仿真初始条件及系统内部变量有关的数据。这些数据往往是服从某种概率分布的随机变量的抽样结果，因此需要对真实系统的这些参数，或类似系统的这些参数做必要的统计调查，通过分布拟合、参数估计以及假设检验等步骤，确定这些随机变量的概率密度函数，以便输入仿真模型实施仿真运算。

4. 仿真模型的确认

在仿真建模中，所建立的仿真模型能否代表真实系统，这是决定仿真成败的关键。按照统一的标准对仿真模型的代表性进行衡量，这就是仿真模型的确认。目前常用的是三步法确认，第一步由熟知该系统的专家对模型做直观和有内涵的分析评价；第二步是对模型的假设、输入数据的分布进行必要的统计检验；第三步是对模型做试运行，观察初步仿真结果与估计的结果是否相近，当改变主要输入变量的数值时，仿真输出的变化趋势是否合理。通过以上三个步骤，一般可认为该模型已得到了确认。然而，由于仿真模型确认的理论和方法目前尚未达到完善的程度，仍有可能出现不同仿真模型都能得到确认的情况。因此改进仿真模型的确认方法使之更趋于定量化，仍然是系统仿真的一项研究课题。

5. 仿真模型的编程与验证

在建立仿真模型之后，就需要按照所选用的仿真语言编制相应的仿真程序，以便在计算机上做仿真运行试验。为了使仿真运行能够反映仿真模型的特征，必须使仿真程序与仿真模型在内部逻辑关系和数学关系方面具有高度的一致性，使仿真程序的运行结果能精确地代表仿真模型应具有的性能。通常这种一致性由仿真语言在编程和建模的对应性中得到保证。但是，在模型规模较大或内部关系比较复杂时，仍需对模型与程序之间的一致性进行验证。通常采用程序分块调试和整体程序运行的方法来验证仿真的合理性，也可采用对局部模块进行解析计算再与仿真结果进行对比的方法来验证仿真程序的正确性。

6. 仿真试验设计

在进行正式仿真运行之前，一般均应进行仿真试验框架设计，也就是确定仿真试验的方案。这个试验框架与多种因素有关，如建模仿真目的、计算机性能以及结果处理需求等。通常，仿真试验设计涉及仿真时间区间、精度要求、输入输出方式、控制参数的方案及变化范围等。

7. 仿真模型的运行

经过确认和验证模型，就可以在试验框架指导下在计算机上进行运行计算。在运行过程中，可以了解模型对各种不同输入及各种不同仿真方案的输出响应情况，通过获得的试验结果和数据，掌握系统的变化规律。

8. 仿真结果的输出与分析

对仿真模型进行多次独立重复运行可以得到一系列的输出响应和系统性能参数的均值、标准偏差、最大值和最小值及其他分布参数等。但是，这些参数仅是对所研究系统做仿真试验的一个样本，要估计系统的总体分布参数及其特征，还需要在仿真数值样本的基础上进行必要的统计推断。通常，用于对仿真输出进行统计推断的方法有：对均值和方差的点估计、满足一定置信水平的置信区间估计、仿真输出的相关分析、仿真精度与重复仿真运行次数的关系以及仿真输出响应的方差衰减技术等。

上述是系统仿真的一般性步骤，实际实施时，应将几个步骤紧密联系起来，并且针对不同的问题和仿真方法，并非一成不变。从问题定义开始，通过建立仿真模型、收集数据、完成模型确认、仿真编程和验证，在仿真试验设计的基础上，重复仿真模型运行，并对仿真结果进行统计分析和统计推断，一直到为决策部门和有关人员提供满意的方案。这一过程是一个辩证的过程、迭代的过程。其逻辑顺序关系如图 5-3 所示。

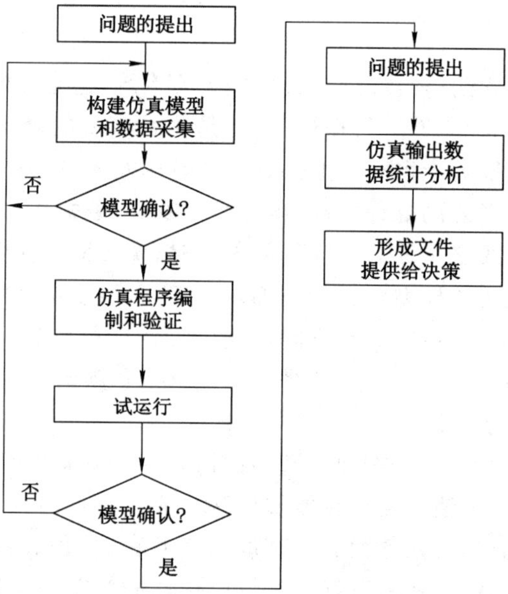

图 5-3　系统仿真的内容和步骤

5.3　计算机模拟仿真方法

5.3.1　仿真模拟的几个基本概念

(1) 计算机模拟：利用计算机的计算功能，对各种给定的复杂系统转换成计算模型进行大量的计算，从而在结构上和行为上进行动态仿真和表演，以安全和经济的方法获得系统或过程数量的反映结果。其优越性是：模拟的结果不是一些表面现象，而是通过大量的数值计算，对系统内部的运行过程和反应情况进行跟踪，能够深入了解、发现本质。对这些内容进行研究，可以确切地评价系统的行为与效果，从而准确地预测出系统可能出现的情况，为决策者进行正确的决策提供可靠的依据。

（2）系统：客观世界的组成部分，是各种不同实体按一定方式组合的有机综合体，具有一定的结构功能。

（3）实体：组成系统的要素或元素（可见）。

（4）属性：描述实体特点和特性的内容。

（5）活动：实体的相互作用使系统发生变化，任何使系统发生变化的过程或行为，都称为活动。

（6）事件：任何引起系统状态变化的因素都称为事件。

（7）系统状态：系统在动态的运行过程中，在任一时点上，其全部实体以及活动的瞬间表象叫系统状态（也叫系统映象）。

（8）模拟时钟：记录事件发生时刻的一个单元，在模拟过程中，控制程序运行。

5.3.2　计算机仿真模拟模型的分类

1. 按用途分类

（1）存储模型：仓库容量的确定，如产品库存、资金存量、原料的库存、煤仓容量的确定等，最适合用模拟方法解决。

（2）排队模型：相当于库存，但又有些不同（系统中的某些部分具有与传统库存类似的功能，但它并不完全等同于库存。有损失部分、增加服务窗口的投资部分、竞争造成的损失。前述的开辟公共汽车线路问题可认为是一个排队模型）。

（3）更新模型：找出合理的使用寿命、更新期（在某些系统或情境下，系统需要通过仿真或其他方式，找出某些资源或设备的合理使用期限，以及在何时进行更新或替换，以保持系统的正常运作和效能）。

（4）训练模型：作战指挥系统、经济决策系统、灭火救灾系统（如用于模拟矿井井下发生瓦斯爆炸时人员撤离、反风等）。

（5）预测模型。

2. 按模拟特性分

（1）确定性模拟：事件的出现可按时间表出现，有规律。

（2）随机性模拟：事件的出现是随机的。

3. 按实体或活动的动态形式分

（1）离散型模拟：系统中事件的出现按先后顺序可以形成一个有序的离散事件序列。其模拟方法适用于事件步长法。

（2）连续型模拟：系统的模拟是连续进行的，无间断。适用于等步长法模拟，也叫时间步长法。

（3）混合型模拟：离散事件和连续运行的联合，在系统中有连续运行的子系统，也有发生事件离散的子系统。

5.3.3　计算机仿真模拟进行前的准备知识

1. 随机数

其密度分布在某一区间内服从均匀分布的数，如在(0,1)区间或(a,b)区间分布的随机数。

(1) 真随机数:由某种装置产生,如某种元素在单位时间内放射出的 α 粒子数。

(2) 伪随机数:由计算机通过某种计算而产生的数,其分布区间为(0,1)之间,通常用 μ 表示,$\mu \sim U(0,1)$。

2. 随机数产生的方法

(1) 计算机位移储存器方法:利用计算机存储器进行位移而得到随机数。如原数 45 086 273,取模数为 100 000 000,得随机数为 0.450 862 73,右移 n 位,例如 3 位,得 00 045 086,与原数 45 086 273 不进位相加,得 45 021 259,再左移 m 位,例如 4 位,得 12 590 000,与45 021 259 不进位相加,得 57 511 250,第二个随机数为 0.575 112 5,以此类推。因得到的随机数其统计效果不十分理想,模拟中很少独立使用。

(2) 公式法:利用公式计算而得到随机数的方法,有许多种。

① 平方取中法:取一个数,叫种子值 x_0,如 $x_0=5\ 678$,其平方为 32 239 684,取中间 4 位为 2 396,将模设为 10 000,得第一个随机数为 0.239 6,然后,置 2 396 为 x_1,其平方为 5 740 816,因是 7 位,数前加零,取中间 7 408 为 x_2,得随机数 0.7 408,一直进行下去。

② 倍积取中法:取一个固定数,称常数乘子 A_0,如 $A_0=3\ 457$,再取一个基数,叫种子值 x_0,如 $x_0=7\ 890$,将两个数相乘,得 27 275 730,取中为 $x_1=2\ 757$,将模设为 10 000,得随机数为 0.275 7,然后再将 x_1 乘以 3 457,得 9 530 949,取中为 $x_2=5\ 309$,得第二个随机数0.530 9(同前),第三个为 18 353 213 的中间数为 $x_3=3\ 532$,即 0.353 2,以此类推。

上述两种方法简单、快速,但有时会出现退化现象或循环现象,如平方取中方法种子值 x_0 取 76,经过 10 次运算,$x_{10}=84$,$u_{10}=0.84$(u_{10} 为 x_{10} 的 1/100),x_{10} 的平方为 7 056,$x_{11}=5$,$u_{11}=0.05$,x_{11} 的平方为 25,取中为 02,即 $x_{12}=2$,$u_{12}=0.02$,$x_{13}=00$,$u_{13}=0$,以后一直为零,无法再得到随机数了。x_0 取 4 599 时,到第四步时,$x_4=8\ 100$,$u_4=0.81$,再计算得 $u_5=0.21$,$u_6=0.41$,$u_7=0.81$,循环出现了。

3. 随机数产生方法评价

以下是随机数产生方法评价的三个方面。

(1) 随机性质量。随机数产生方法评价的核心是评价其生成的随机数是否真正随机。良好的方法应保证生成的数在统计上具有均匀分布的特性,各个数值在规定区间内出现的概率相近。同时,生成的随机数之间应相互独立,不存在自相关性,避免影响依赖随机数的模拟、加密等应用的结果。例如,在密码学应用中,若随机数不独立或分布不均匀,可能导致加密被破解。

(2) 效率高低。效率对于随机数产生方法在实际应用中至关重要。一方面是生成速度,在需要大量随机数的场景下,如蒙特卡洛模拟,生成随机数的速度决定了程序的运行时间。另一方面是资源占用情况,包括内存使用和计算资源消耗。例如,在资源受限的嵌入式系统中,需要选择资源占用少且能满足随机性要求的随机数生成算法。

(3) 安全性强弱。在安全领域的应用中,随机数产生方法的安全性是关键评价点。随机数要具有高度的不可预测性,防止攻击者通过分析已有随机数序列来推测后续数字。例如,在安全通信、密钥生成等应用中,若随机数可被预测,会导致整个安全系统崩溃。同时,该方法要能抵抗针对其的各种攻击手段,保证在复杂环境下生成的随机数仍安全可靠。

4. 产生随机数的发生器(程序)的要求

(1) 周期长(最好满周期)。

(2) 产生的随机数满足均匀性、随机性和独立性(可通过检验)。

(3) 编制程序要简单。

(4) 可再现。

(5) 保证精度要求。

5. 随机数的检验方法

(1) 均匀性、随机性检验

① χ^2 检验

下面以一个产生 1 000 个随机数的实例来说明。

a. 分组:分 10 组,定区间。因在(0,1)之间,组间距定为 0.1,见表 5-1。

b. 统计落入各区间随机数的数目 f_i,见表 5-1。

c. 计算理论频数,即在各区间的理论值 nf_i,见表 5-1。

d. 列表计算,见表 5-1。

表 5-1　χ^2 检验计算过程

区间	f_i	np_i	f_i-np_i	$(f_i-np_i)^2$	$(f_i-np_i)^2/(np)_i$
0.0～0.1	103	100	3	9	0.09
0.1～0.2	105	100	5	25	0.25
0.2～0.3	95	100	−5	25	0.25
0.3～0.4	100	100	0	0	0
0.4～0.5	86	100	−14	196	1.96
0.5～0.6	117	100	17	289	2.89
0.6～0.7	109	100	9	81	0.81
0.7～0.8	92	100	−8	64	0.64
0.8～0.9	97	100	−3	9	0.09
0.9～1.0	96	100	−4	16	0.16
加总	1 000	1 000			7.14

e. 查 χ^2 表,$\chi^2_{0.05}(9)=16.919>\sum(f_i-nf_i)^2/(np_i)$,说明该组随机数的均匀性服从(0,1)区间的均匀分布

② 朴克(Puck)检验

思路:数的组成均由十个数组成,但有不同的形式,把各种形式区分出来,计算其理论概率,再将所产生的随机数按各种形式分出,找出各自形式的数量,然后用 χ^2 检验方法检验即可。

如 5 位数的随机数(或 5 位数)会有以下七种不同的组合形式及出现的概率：

a. 5 位数均不同(现象)：$P_1=\left(\frac{10\times9\times8\times7\times6}{10^5}\right)=0.302\ 4$(概率值)。

b. 有两个相同(现象)：$P_2=\left(\frac{10\times9\times8\times7\times1}{10^5}\right)\times\binom{5}{2}=0.504\ 0$(概率值)。

c. 两两相同(现象)：$P_3=\left(\frac{10\times9\times8\times1\times1}{10^5}\right)\times\binom{5}{2}\times\binom{3}{2}\times\frac{1}{2}=0.108\ 0$(概率值)。

d. 有三个相同(现象)：$P_4=\left(\frac{10\times9\times8\times1\times1}{10^5}\right)\times\binom{5}{3}=0.072\ 0$(概率值)。

e. 有一个不同(四个相同现象)$P_5=\left(\frac{10\times9\times1\times1\times1}{10^5}\right)\times\binom{5}{1}=0.004\ 5$(概率值)。

f. 全一样(现象)：$P_6=\frac{10}{10^5}=0.000\ 1$(概率值)。

g. 三个相同,另两个相同(现象)：

$$P_7=\left(\frac{10\times9\times1\times1\times1}{10^5}\right)\times\binom{5}{3}\times\binom{2}{2}\times\frac{1}{2}=0.009\ 0\text{(概率值)}$$

方法是将产生的若干随机数(如 1 000 个随机数)分成 7 组,按上述 7 种组合形式分类,统计各类实际数量 f_i,再计算各类的理论数量 np_i,如表 5-1 所示。

(2) 独立性检验

① 联立表检验

设由发生器产生的随机数列 $u_1,u_2,\cdots,u_k,\cdots,u_n$ 按出现的先后顺序,每隔 l 个($0<l<n$)组成一个数偶,并视其为$(0,1)^2$ 平面上的点：

$$(u_1,u_{l+1}),(u_2,u_{l+2}),\cdots,(u_{n-l},u_n);$$
$$(u_{n-l},u_1),(u_{n-l+2},u_2),\cdots,(u_n,u_l)$$

将$(0,1)^2$ 平面划分为 K^2 个相等的小正方形域,并记 N_{ij} 为点落于第(i,j)个方形域中的频数$(i,j=1,2,\cdots,K)$, $N_i=\sum\limits_{j=1}^{k}N_{ij}$, $N_j=\sum\limits_{j=1}^{k}N_{ij}$,若$\{u_i\}$是相互独立的,则点落于第$(i,j)$个小正方形域中的理论频数 np_i 为

$$np_i=n\times\frac{N_i}{n}\times\frac{N_j}{n}=N_i\times N_j/n \tag{5-1}$$

计算统计量：

$$\chi^2=\sum_{i,j=1}^{k}\frac{(N_{ij}-np_{ij})^2}{np_{ij}} \tag{5-2}$$

即

$$\chi^2=\sum_{i,j=1}^{k}\frac{\left(N_{ij}-\frac{N_i\times N_j}{n}\right)^2}{\frac{N_i\times N_j}{n}}=n\left(\sum_{i,j=1}^{k}\frac{(N_{ij})^2}{N_i\times N_j}-1\right) \tag{5-3}$$

若 $\chi^2<\chi_\alpha^2\ (k-1)^2$,则在置信水平 α 下认为 u_i 是相互独立的。

② 递增检验

设有发生器产生的随机数列 $u_1,u_2,\cdots,u_k,\cdots,u_n$,将随机数列划分为若干个小区间。划

分方法是:按出现的先后顺序,使每一个小区间内都是单调增加的。当且仅当随机数序列出现 $u_i<u_{i-1}$ 时,u_i 才划归为下一个子区间。这样的小区间叫递增区。递增区中随机数的个数称为递增区的长度,如 0.235,0.269,0.987,0.287,0.245,0.369,0.456,0.564,0.987,0.658,0.325,0.489,0.498,0.569,0.589,0.658,0.985,0.214,0.354,0.147,0.258,0.369,0.458,0.257,0.369,0.396,0.214,0.259,0.358,0.489,0.698,0.789 这 32 个随机数,为 9 个小区间,各区间长度分别为 3,1,5,1,7,2,4,3,6。

规定:随机数序列中,小区间长度的数目按公式(5-4)计算。

$$r_j=\begin{cases}\text{长度为 } j \text{ 的递增区数目}, j\leqslant 5\\ \text{长度大于或等于 6 的递增区数目}, j=6\end{cases}\tag{5-4}$$

上述 32 个随机数,$r_1=2,r_2=1,r_3=2,r_4=1,r_5=1,r_6=2$。按式(5-5)计算统计量。

$$R=\frac{1}{n}\sum_{i=1}^{6}\sum_{j=1}^{6}a_{ij}(r_i-nb_i)(r_j-nb_j)\tag{5-5}$$

若 $R<\chi_\alpha^2(6)$,则在置信水平 α 下,认为 u_i 是相互独立的。

式(5-5)中,a_{ij} 是矩阵 $\boldsymbol{A}$ 的(i,j)号元素。按如下矩阵取值:

$$\boldsymbol{A}=\begin{bmatrix}4\,529.4 & 9\,044.9 & 13\,568 & 18\,091 & 22\,615 & 27\,892\\ 9\,044.9 & 18\,097 & 27\,139 & 36\,187 & 45\,234 & 55\,789\\ 13\,568 & 27\,139 & 40\,721 & 54\,281 & 67\,852 & 83\,685\\ 18\,091 & 36\,187 & 54\,281 & 72\,414 & 90\,470 & 111\,580\\ 22\,615 & 45\,234 & 67\,852 & 90\,470 & 113\,262 & 139\,476\\ 27\,892 & 55\,789 & 83\,685 & 111\,580 & 139\,476 & 172\,860\end{bmatrix}$$

b_i 的定义如下:

$$\boldsymbol{B}=(b_1,b_2,\cdots,b_6)=(1/6,5/24,11/120,19/720,29/5\,040,1/840)$$

6. 产生随机变量的方法

在模拟中,产生随机变量的样本模拟值是模拟的重要部分,也是一个非常重要的过程。下面介绍随机变量产生的几种方法。

(1) 逆变换方法

逆变换方法又称逆转法、反函数法,实质是通过随机变量分布函数的逆变换公式来产生。

设随机变量 X 的分布函数为 $F(x)$,有 $0\leqslant F(x)\leqslant 1$,且单调非降。对于 $F(x)$的每一个值,必然对应着(0,1)区间中的某一点 u,而对于每一个 u,可通过 $F(x)$的反函数对应一个 x,所以,若能找到一个适当的逆变换公式,则可通过随机数发生器来对应地寻找 $x_i\sim F(x)$。

若 $F(x)$是连续的,具有显式反函数 $F^{-1}(x)$,则可用如下方法产生随机变量 X:① 产生 $u\sim U(0,1)$;② 计算 $x=F^{-1}(u)$,则 x 即为以 $F(x)$为分布函数的随机数。

① 负指数分布随机变量

设 X 为服从负指数分布的随机变量,其密度函数和分布函数分别为:$f(x)=\lambda e^{-\lambda x}$,$F(x)=1-e^{-\lambda x}$,则$x=-\frac{1}{\lambda}\ln[1-F(x)]$,用随机数 u 替换 $F(x)$,则 $x=-\frac{1}{\lambda}\ln(1-u)$,而 u 与 $1-u$ 同等意义,用 u 替代 $1-u$,即为

$$x=-\frac{1}{\lambda}\ln u\tag{5-6}$$

② 在任意区间如[a,b]区间上服从均匀分布的随机变量

设 X 为在任意区间如[a,b]区间上服从均匀分布的随机变量，其密度函数和分布函数分别为：$f(x)=\dfrac{1}{b-a}F(x)=\dfrac{x-a}{b-a}$。$X$ 可用逆变换求得：

$$x = a + u(b-a) \tag{5-7}$$

③ Weibull 分布

Weibull(威布尔)分布是在可靠性分析中广泛应用的一种连续分布，用以描述一些疲劳失效现象及寿命问题。其密度函数和分布函数分别为：

$$f(x) = \alpha\beta x^{\beta-1}\mathrm{e}^{-\alpha x\beta}, \quad F(x) = 1-\mathrm{e}^{\alpha x\beta}$$

用逆变换方法产生随机变量 $X\sim F(x)$，$F(x)$的反函数为

$$x = \left\{-\frac{1}{\alpha}\ln[1-F(x)]\right\}^{\frac{1}{\beta}}$$

即

$$x = \left[-\frac{1}{\alpha}\ln u\right]^{\frac{1}{\beta}} \tag{5-8}$$

(2) 舍选法

① Beta 分布

Beta(贝塔)分布是一种在区间[0,1]上定义的连续概率分布。

$$r = E(X)\left\{\frac{E(x)[1-E(x)]}{V(x)}-1\right\}$$

$$s = [1-E(x)]\left\{\frac{E(x)[1-E(x)]}{V(x)}-1\right\}$$

或

$$H = \left\{\frac{E(x)[1-E(x)]}{V(x)}-1\right\}$$

$$r = E(x)\times h$$

$$s = [1-E(x)]\times h$$

a. 产生两个 $u[u\sim U(0,1)]$，即 u_1，u_2。

b. 计算 $y_1=u_1^{\frac{1}{r}}$，$y_2=u_2^{\frac{1}{s}}$。

c. 检验：判断 $y_1^2+y_2^2\leqslant 1$ 是否成立，若成立，则转向 d，否则转向 a。

d. 计算 $x=\dfrac{y_1}{y_1+y_2}$，则计算的 x 为服从参数为 s，r 的 Beta 分布的随机变量，即 $x\sim$ Beta(r,s)

② Gamma(伽马)分布

参数：$\alpha=[E(x)]^2/\sqrt{V(x)}$，$\beta=E(x)/\sqrt{V(x)}$。

计算步骤如下：

a. 取 α 的整数部分，设为 N，当 $N=0$，转向 b，否则按下述方式计算：产生 N 个随机数 $u[u\sim U(0,1)]$，计算这 N 个随机数的乘积，即 $f=\prod u_i$，再计算 $f_1=-\ln f$。

b. 计算 $s=1-r$，r 为 α 的小数部分。

c. 产生两个 $u[u\sim U(0,1)]$，即 u_1,u_2，计算 $y_1=u_1^{\frac{1}{r}}$，$y_2=u_2^{\frac{1}{s}}$。

d. 判断 $y_1^2+y_2^2\leqslant 1$ 是否成立，若成立转向 e，否则转向 c。

e. 计算 $l=\dfrac{y_1}{y_1+y_2}$，计算 $z=f_1+l\times(-\ln u)$。

f. 计算 $D=z/\beta$。

计算的 D 为服从参数为 α,β 的 Gamma 分布的随机变量，即 $D\sim \mathrm{Gamma}(\alpha,\beta)$。

③ 正态分布

按以下步骤进行计算。

a. 产生两个 $u[u\sim U(0,1)]$，即 u_1,u_2，计算 $v_1=2u_1-1$，$v_2=2u_2-1$。

b. 计算 $s=v_1^2+v_2^2$。

c. 判断 $s\leqslant 1$ 成立否；若成立转向 d，否则转向 a。

d. 计算 $\begin{cases}x=v_1\times\sqrt{-2\ln s/s}\\ y=v_2\times\sqrt{-2\ln s/s}\end{cases}$。

这样，计算的 x,y 均服从参数为 0，1 的正态分布，即 $x\sim N(0,1)$，$y\sim N(0,1)$，x、y 也叫正态随机数。

还有另外一种方法：产生 12 个 $u\sim U(0,1)$，计算这 12 个 u_i 之和，即 $x=\sum\limits_{i=1}^{12}u_i$，$y=x-6$。则 $y\sim N(0,1)$，y 为正态随机数。

求出正态随机数 x 或 y 后，就可以求出服从参数为 μ,σ^2 的正态分布随机变量，按下式计算：$z=\mu+x\sigma$ 或 $z=\mu+y\sigma$。此时 $z\sim N(\mu,\sigma)$，z 为服从参数为 μ,σ^2 的正态分布随机变量。

(3) 组合法

① Poisson(泊松)分布

按如下方法进行计算。

a. 赋初值，$n=1$，$s=1$，计算 $k=\mathrm{e}^{-\lambda}$。

b. 产生 $u[u\sim U(0,1)]$，计算 $s=s\times u$。

c. 判断 $s<\mathrm{e}^{-\lambda}$ 是否成立，成立则转向 d，否则转向 b。

d. 计算 $m=n-1$，则 m 服从参数为 λ 的 Poisson 分布。

② 二项分布

当已知参数为 n,p 时，按如下步骤进行计算。

a. 赋初值，$k=0$，$m=0$。

b. 产生 $u[u\sim U(0,1)]$，计算 $k=k+1$。若 $u\leqslant p$，计算 $m=m+1$；否则转向下一步。

c. 判断 $k\geqslant n$ 成立否，成立则转到 d，否则转到 b。

d. m 即为所求的随机变量的值，服从参数为 n,p 的二项分布。

③ Erlang(埃尔朗)分布

当已知参数为 λ,n 时，按如下步骤进行计算。

a. 赋初值，$k=0$，$s=1$。

b. 产生 $u[u\sim U(0,1)]$，计算 $k=k+1$，$s=s\times u$。

c. 判断 $k\geqslant n$ 是否成立，成立则转到 d，否则转到 b。

d. 计算 $T=-\frac{1}{\lambda}\ln s$。

计算出的 T 为所求的随机变量的值，服从参数为 λ,n 的 Erlang 分布。

(4) 经验分布法

在计算机模拟中，许多随机现象并不服从已知的标准统计分布。如有一批数据，将其分组整理成频率图后，呈现如图 5-4 的形式。对于这样的直方图，难以用一个已知的统计密度函数来描述它，但它又确实是一种真实随机现象的分布，称此为经验分布。

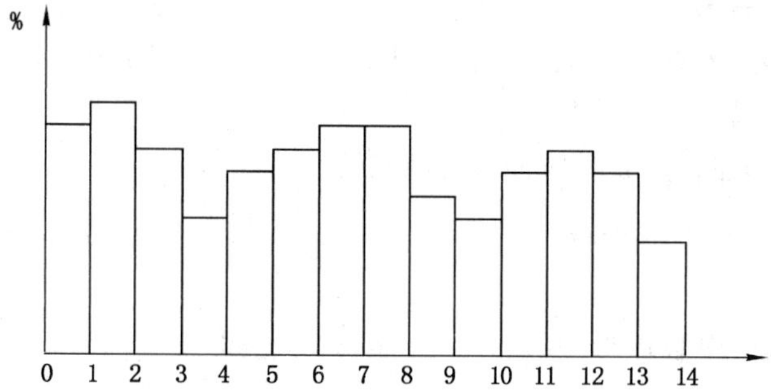

图 5-4　经验分布频率直方图

若将一批统计数据分成 n 组，每组中数据出现的个数(称为频数)与这批统计数据总个体数之比称为该组的频率，记第 i 组的频率为 f_i^*，$i=1,2,\cdots,n$。

显然有

$$\sum_{i=1}^{n} f_i^* = 1, \quad (0 \leqslant f_i^* \leqslant 1) \tag{5-9}$$

这样，可以将(0,1)区间按每组的频率大小分成 n 个子区间，每个子区间设定一个抽样值 S_i，如图 5-5 所示。(0,1)区间分成 n 个子区间后，存在 $n-1$ 个分界点。显然，第 i 个分界点的频率 y_i 为

$$\begin{cases} y_i = \sum_{j=1}^{i} f_j^*, & (i=1,2,\cdots n-1) \\ y_n = \sum_{j=1}^{n} f_j^* = 1 \end{cases} \tag{5-10}$$

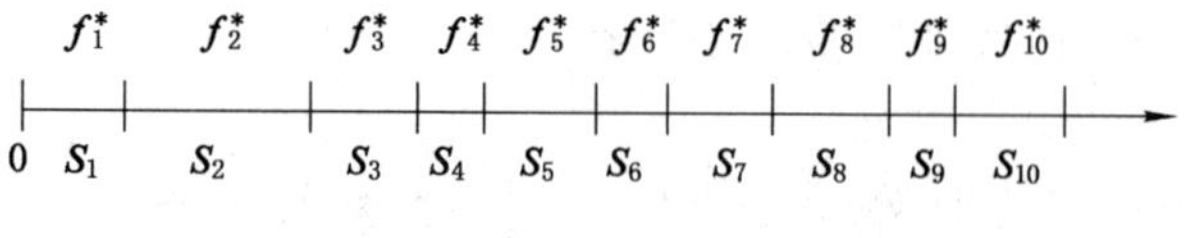

图 5-5　经验分布频率图

这样，首先产生一个随机数 $u\sim U(0,1)$，然后按 i 的次序从 1 到 n 进行比较，若 $u<y_i$，则取 S_i 为随机数；若 $u\geqslant y_i$，再看 $u<y_{i+1}$ 是否满足，依此类推，u 一定落在某一个子区间中，也就是一定能找到一个抽样值 S_i。

5.3.4　模拟方法

计算机模拟方法有许多种，但目前采用最多的有两种方法，一个是等时间步长法，另一种是事件步长法，下面分别进行介绍。

1. 等时间步长法

等时间步长法也叫时间步长法或等步长法，它以相同的时间间隔为步进长度进行动态的模拟。

(1) 等时间步长法原理

模拟时钟的不断步进控制着模拟的动态进程。采用等步长法对一个系统进行模拟时，可以把整个模拟进程分成若干个相等的时间间隔。间隔的长度可以根据问题的内容与要求确定为秒、分、小时等，称此间隔为一个步长。这样，在计算机程序中可以设计一个等步长前进的时钟，称为模拟时钟。

一个系统的模拟是从一个初始状态开始的，为此必须构造出系统的一个初始映象输入到计算机中去，如图 5-6 中的 I_0，然后模拟时钟每步进一次，就对整个系统的实体、属性和活动进行一次全面的扫描考察，检查实体的属性值是否发生变化、出现了哪些事件、系统的状态应做哪些改变等。经过处理后，使系统由初始映象变换为当前步长中的映象。如图 5-6 中的 I_i(即为第 i 个步长结束时的系统映象)。由此可见，应用等步长法控制模拟的动态进程，在每一个步长中，整个模型都要从头至尾、内容相同地运行一遍。

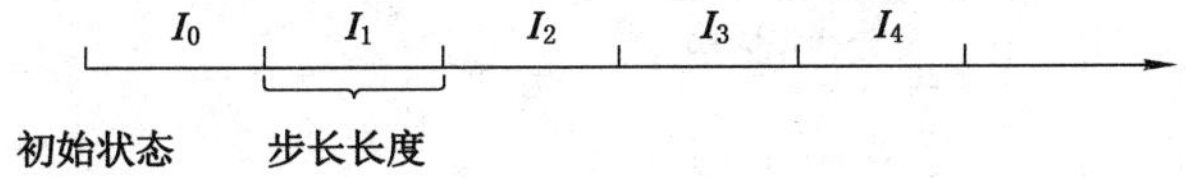

图 5-6　等时间步长法模拟原理示意图

(2) 等步长法模拟的进行过程

用等步长法控制的模拟过程，其进行方式可以用图 5-7 所给出的框图予以说明。

初始状态是系统的一个初始映象，即对于系统中的全部实体属性和活动，将其状态预置一个初始值。在计算机模拟中，模拟时钟无论采用哪种步进方式，都必须对系统给定初始值，以使计算机能用初始值进行第一次计算。随着模拟时钟的步进，不断得到系统新的映象。在计算机模拟中，构造一个理想的初始状态是不容易的。其中一种办法是找一个尽可能简单的系统映象作为初始状态。例如模拟煤矿井下运输系统，若煤炭运输方式为轨道机车运输，可以选择如下简单状况作为初始状态：

① 井底煤仓和采区各煤仓的存煤量均为零；

② 各采区装车站均有一列运煤空车；

③ 电机车均在井底车场待命；

④ 主井井底车场有运煤矿车；

⑤ 各回采工作面、掘进工作面均处于开采出煤前准备阶段。

显然，构造这样的映象，比构造机车正在轨道中运行的系统映象要简单得多。当然，以这样的映象为初始点所模拟的结果是不稳定的，是不合乎实际的。但是当模拟进行一段时间以后，系统内各实体和活动逐步展开，系统的状态就会接近实际系统并达到稳定状态。经

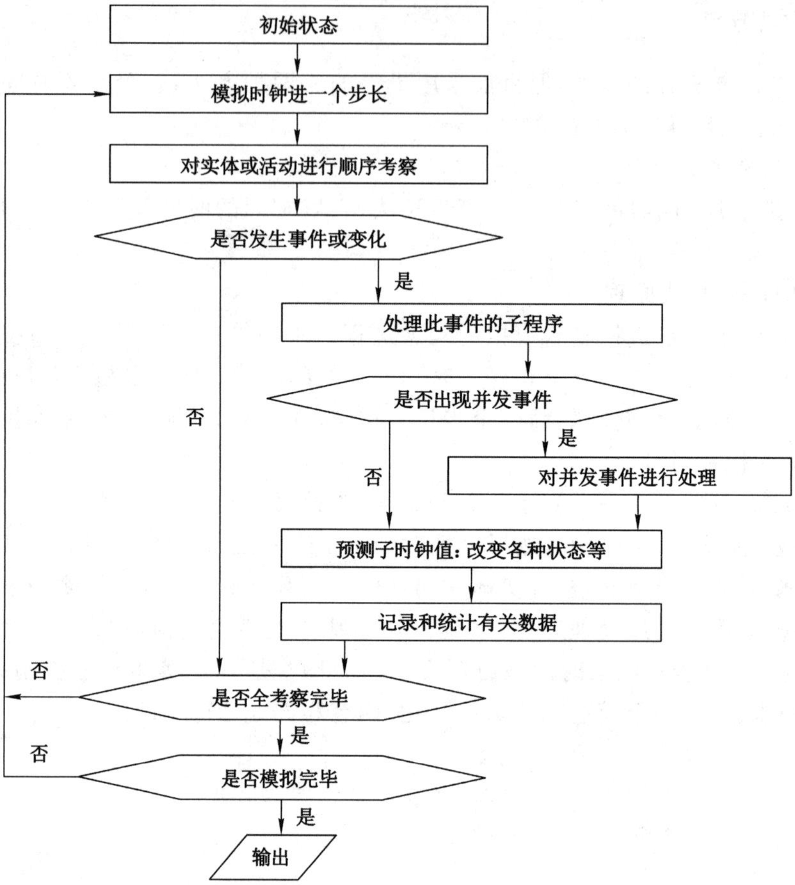

图 5-7　等时间步长法模拟进行的过程流程图

过一段时间的模拟，系统处于稳定状态时，要观察或记录数据可以从正常状态过程中的任何一个时间开始。

2. 事件步长法

(1) 事件步长法的基本原理

在时间步长法中，模拟时钟是等步长步进的，而在事件步长法中，模拟时钟是不等步长步进的，如图 5-8 所示。

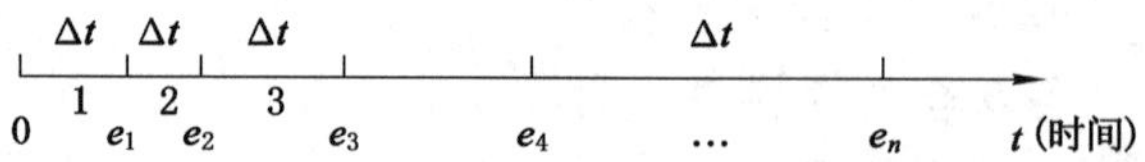

图 5-8　事件步长法模拟原理

事件步长法的每一次步长是相继两种事件出现的时间间隔，即一种活动所持续的一段时间。例如，井下运煤列车的基本活动有四种——空运、装载、重运和卸载状态，四种方式呈循环方式进行。事件步长就是指该列车由前一种状态(例如装载)到下一种状态(例如重运)所持续的时间。由于每种状态变化所持续的时间一般是不相等的，因而事件步长法的模拟时钟是不等长步进的。

(2) 最短时间事件步长法

事件步长法常用于被考察的实体只有一个时钟的情形。例如，考察综采工作面的采煤机运行情况时，被考察的对象——采煤机通常只有一台。此时，用事件步长法构造模型效果较好。在多数矿山实际生产活动中，被考察的对象往往不只有一个，例如大巷矿车运输中运煤列车数从几列到数十列不等，露天矿铲斗-汽车装运系统中汽车数量也从几辆至数十辆不等。此时，采用事件步长法的常用形式——最短时间事件步长法构造模型效果较好。

所谓最短时间事件步长法，就是从模拟时钟初始值开始，从需要处理的多个事件中，找出距离当前时间最近的事件进行处理，处理完后将其转换为下一状态，然后再从多个事件中找出新的最近时间的事件加以处理之后再将其转换为下一状态，如此进行下去，直到模拟时钟结束。其原理如图 5-9 所示。

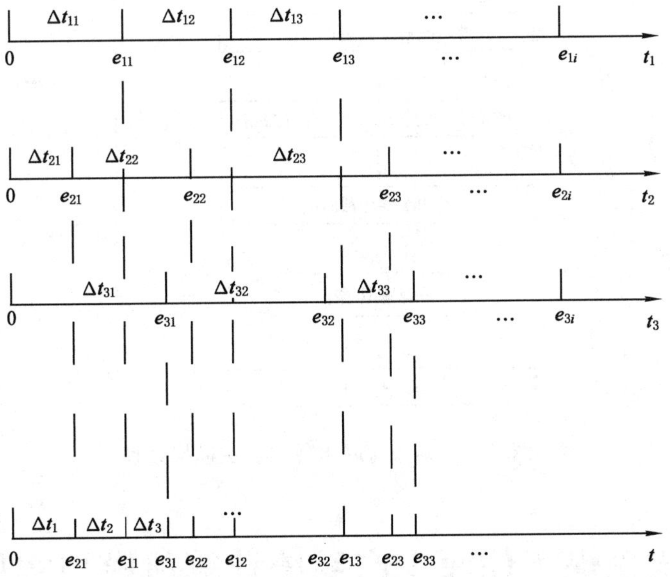

图 5-9　最短时间事件步长法模拟原理

在图 5-9 中，事件 1 的状态为 $e_{11}, e_{12}, e_{13}, \cdots, e_{1i}$，事件 2 的状态为 $e_{21}, e_{22}, e_{23}, \cdots, e_{2i}$，事件 3 的状态为 $e_{31}, e_{32}, e_{33}, \cdots, e_{3i}$。模拟开始时，距离当前时间（假定模拟时钟从零开始，当前时间则为零）最近的事件是 e_{21}，事件步长为 Δt_{21}，因此第一次选取 e_{21} 进行处理，并使模拟时钟步长为 $\Delta t_1 = \Delta t_{21}$。处理完后，模拟时钟到达 e_{21} 所在的时钟位置，并以此为新的当前时间，进行第二次选取。

第二次选取的最近事件是 e_{11}，事件步长为 $\Delta t_2 = \Delta t_{11} - \Delta t_1$，处理完后，使模拟时钟到达 e_{11} 所在的时钟位置，如此进行下去，直到模拟时钟结束。

最短时间事件步长法基本原理可表达为：

$$\Delta t_i \neq \text{Const}, \quad (i = 1, 2, \cdots\cdots, N)$$
$$k = j/\min\{T_j\} \quad \forall j \in M \qquad (5\text{-}11)$$

式中 Δt_i——第 i 步模拟时间间隔；

N——模拟总步数；

k——当前应处理的事件号；

T_j——事件 j 发生时刻；

M——系统中待发生时间的集。

在矿山生产活动中用最短时间事件步长法进行计算机模拟较为成功的例子有矿井机车轨道运输系统、露天矿铲斗-汽车装运系统、矿山地面生产系统、露天矿铁道运输系统等。最短时间事件步长法模拟过程如图 5-10 所示。

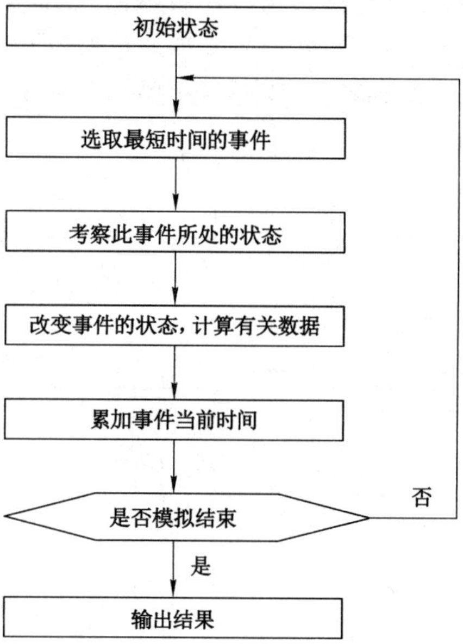

图 5-10 最短时间事件步长法模拟过程

5.4 长壁式采煤工作面生产系统计算机模拟实例

5.4.1 问题的提出

采煤工作面是煤矿生产煤炭的主要场所，煤炭生产能否达到高产、高效，矿井质量管理达到何种标准，主要取决于采煤工作面的管理。煤矿生产可以使用各种现代化的管理手段，计算机模拟分析是其中的方法之一。

新设计矿井或生产矿井的每一个采煤工作面，都有自己特定的地质条件（如煤厚、煤质等）和布置方式，需要合理布置机械设备，设计采煤工艺，并制定劳动组织形式。在限定的自然条件和技术环境下，以及在给定的采煤工艺方式和劳动组织条件下，能够实现多高的产煤量，产生的煤流强度分布规律如何，采煤工作面与矿井运输及提升系统联系在一起分析时矿井实际生产能力可达到多少，这些问题只有用计算机模拟方法进行分析研究才能更好地解决。

计算机模拟方法还可用于确定采煤工作面几何参数、选择采煤工艺、安排工作制度劳动组织形式等诸多方面的优化设计。通过改变各可变因素建立各种方案，对各方案进行分析对比，进而对方案做出优化选择。

计算机模拟方法还可以用于对采煤工作面各工序环节在时间上的最优安排进行分析，对完善高产高效工作面的劳动组织、充分有效地利用工时非常重要。本节仅对采煤工作面产生的煤流分布规律进行模拟研究。

5.4.2　长壁式采煤工作面系统分析

我国长壁式采煤工作面按其选用的机械设备、支架类型及采煤工艺方式的不同，可分为综采工作面、普采工作面及炮采工作面（以下简称综采面、普采面、炮采面）三大类。如果以落煤手段为模拟考察的主要实体，则综采面和普采面的主要实体均为采煤机，不同的是采煤机的功率及支架结构和移动方式有所差别。采煤机受地质条件、顶板支护情况及其他因素的影响，机组割煤的速度和割煤过程的持续时间，随机地发生变化，采煤机的割煤活动决定着工作面的煤流强度。炮采面为非机械化采煤工作面，采面内主要活动是人工打眼、爆破及人工装煤。打眼爆破工序决定出煤时间，装煤工数量决定工作面产生的煤流强度。找到各种采煤工作面的考察实体，跟踪考察实体的各种活动（工序），计算各种活动的持续时间，就可以模拟分析各采煤工作面产生的煤流分布规律。

按采区方式布置的采煤工作面都有采区生产系统，工作面产出的煤炭一般经顺槽输送机、平巷带式输送机、采区上山带式输送机等环节运至采区煤仓，再经大巷运输系统运至井底车场。为正确考察采煤工作面产生的煤流分布规律，应把采煤工作面置于采区环境中进行考察，即工作中的模拟应考虑其后部运输设备的影响。

以综采面为例，采煤机在出煤班的各种活动（工作状态）列于表 5-2。为模拟方便，给实体的每种工作状态赋一个标志数作为状态变量。表中所列每一种活动均有一定的持续时间（随机性），实体的当前活动（指在考察时刻正在进行的活动）结束时即开始进行另外一种活动，模拟时应将其工作状态及时地转换到相接续的下一状态（见表 5-2）。这样设计实体的工作状态（活动）以及它们的转换，可以在整个工作时间内实现对综采面实体的跟踪，模拟出综采面产生的煤流强度分布情况。对初学者可不考虑状态标志数为 6、7 的活动，以使模拟程序简化。应该指出，后部运输设备对采煤工作面生产的影响在模拟时是必须考虑的因素，而考虑支护材料和其他材料对采煤生产的影响，可使辅助运输与主生产系统联系起来进行模拟。

表 5-2　综采面采煤机主要活动及其状态转换

采煤机活动内容	状态变量（标志数）	接续的活动内容	状态变量转换
工作面交接班后开机前的准备阶段	1	机组开始割煤	1→3
机组割煤	3	机组自身原因停顿	3→4
机组自身原因停顿	4	机组开始割煤	4→3

表 5-2(续)

采煤机活动内容	状态变量（标志数）	接续的活动内容	状态变量转换
机组自身运转状态良好，因后部运输设备故障停顿	5	后部运输设备故障排除后立即割煤	5→3
机组自身原因停顿，后部运输因故同时停顿	6	机组自身原因排除，等待后部运输开机	6→5
机组因支护材料或其他重要材料短缺停顿	7	恢复到停工待料前的工作状态	
工作班结束前收工整理阶段	8	下一采煤班开机前准备或检修班不出煤	8→1

5.4.3 综采面采煤生产模拟模型的建立

综采面采煤机组由割煤状态转变为停顿状态，或由停顿状态转变为运转割煤状态，均为出现事件，采煤机的工作过程可以用一系列这样的事件点来描述。综采面本身的模拟可以用事件步长法控制模拟时钟。考虑机组采煤活动的模拟要联系采区内运输设备的影响，而采区内通常采用连续式输送机的模拟，一般均采用等步长法控制模拟进程，为使采煤工作面煤流的产生及下运过程与后部运输设备同步进行，采煤工作面模拟以采用等步长法为宜。

采煤机的每一种状态或活动均有一定的持续时间，模拟时应为每一种活动建立各自的子时钟，以记录该项活动持续时间当前的剩余值。当子时钟随模拟的进行变为零或小于零时，说明该项活动已结束，实体已开始下一活动（出现事件）。此时，应预测给出下一活动的持续时间，并记入相应的子时钟，子时钟即进行校准。这样，实体状态不断改变，不断校准子时钟，模拟便可以动态地进行下去。

采用确定性模拟时，上述工序活动的持续时间可以按常量给出，如同工作面作业循环图表所给出的那样。但在实际生产活动中，上述各种工艺过程的持续时间均是随机变动的量。通过大量观测统计，可给出这些随机变量的分布规律，即开机前的准备阶段时间、收工前的整理阶段时间、机组因支护材料短缺停工待料的等待时间、机组割煤时的行走速度等变量，一般服从正态分布，机组割煤过程的持续时间、机组因自身原因停顿时间、输送机因自身故障停顿持续时间等变量一般服从指数分布。分布函数参数的选取要依据具体情况而定。

采煤工作面模拟按预设程序的模拟时钟值进入工作面出煤班工作时间范围后，即对采煤机组的状态（活动）进行扫描考察，询问机组当前处于何种状态，该状态剩余持续时间还有多少，如果状态发生转变（出现事件）那么下一状态（活动）是什么，该状态持续时间预测为多长，进行必要的统计计算。当只考虑机组开机前准备、机组割煤、机组因自身原因停顿及机组因后部运输设备影响停顿等几种主要状态时，模拟程序框图如图 5-11 所示，程序变量名称见表 5-3。

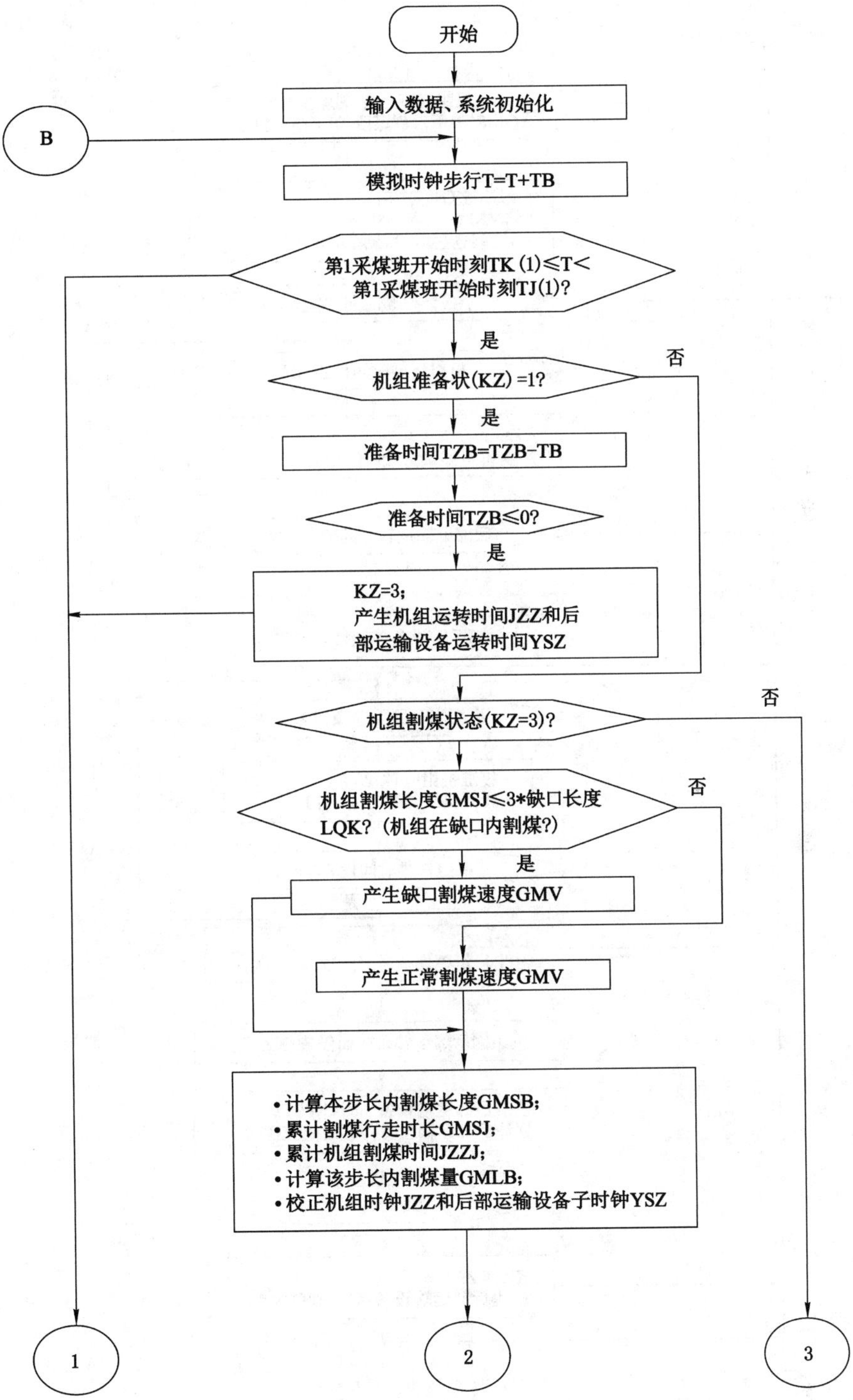

注:图中变量是程序中的变量。

图 5-11　模拟程序框图

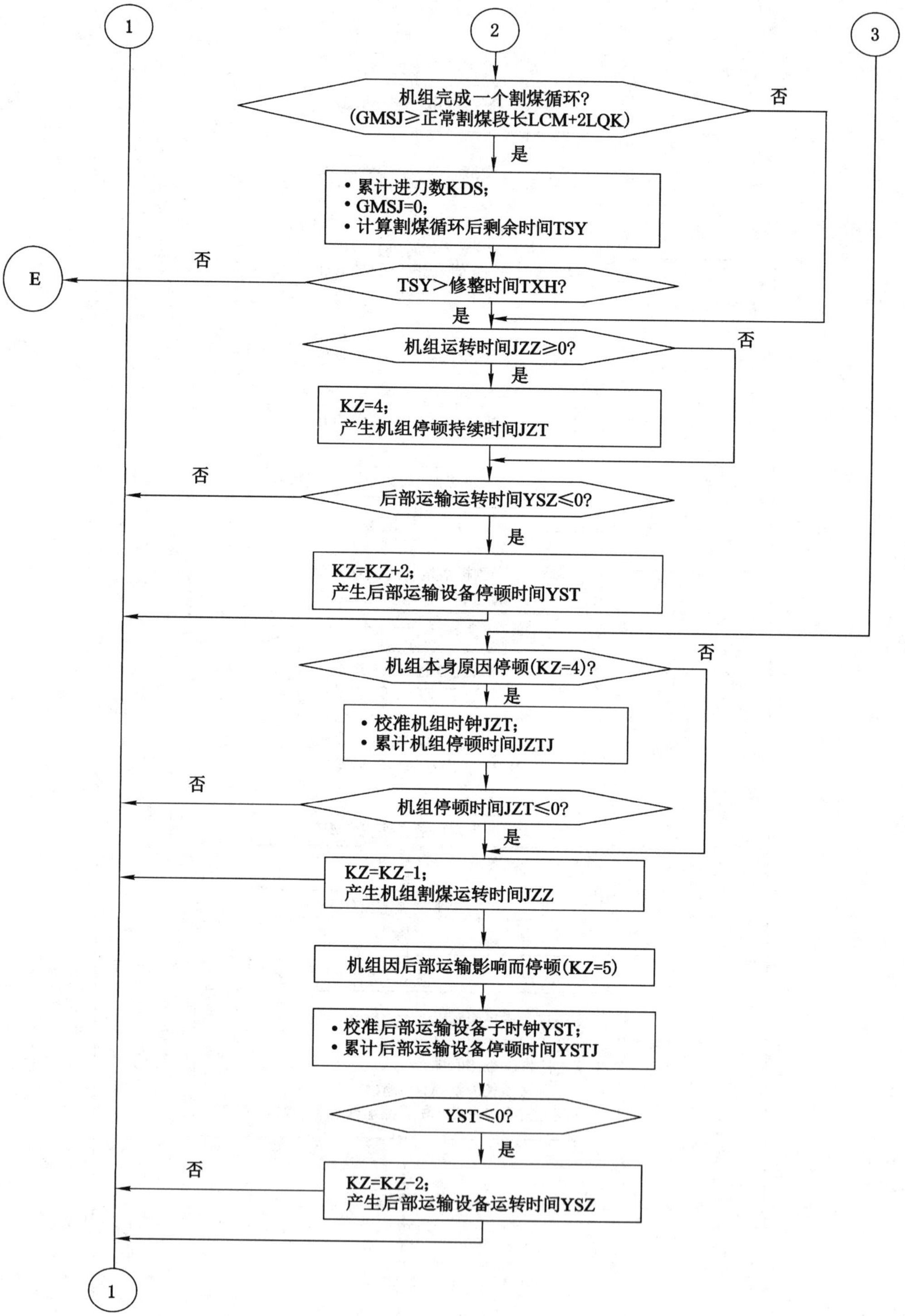
1
2
3
机组完成一个割煤循环?
(GMSJ≥正常割煤段长LCM+2LQK)
否
是
• 累计进刀数KDS;
• GMSJ=0;
• 计算割煤循环后剩余时间TSY
否
E
TSY＞修整时间TXH?
是
机组运转时间JZZ≥0?
否
是
KZ=4;
产生机组停顿持续时间JZT
否
后部运输运转时间YSZ≤0?
是
KZ=KZ+2;
产生后部运输设备停顿时间YST
机组本身原因停顿(KZ=4)?
否
是
• 校准机组时钟JZT;
• 累计机组停顿时间JZTJ
否
机组停顿时间JZT≤0?
是
KZ=KZ-1;
产生机组割煤运转时间JZZ
机组因后部运输影响而停顿(KZ=5)
• 校准后部运输设备子时钟YST;
• 累计后部运输设备停顿时间YSTJ
YST≤0?
是
否
KZ=KZ-2;
产生后部运输设备运转时间YSZ
1

图 5-11(续)

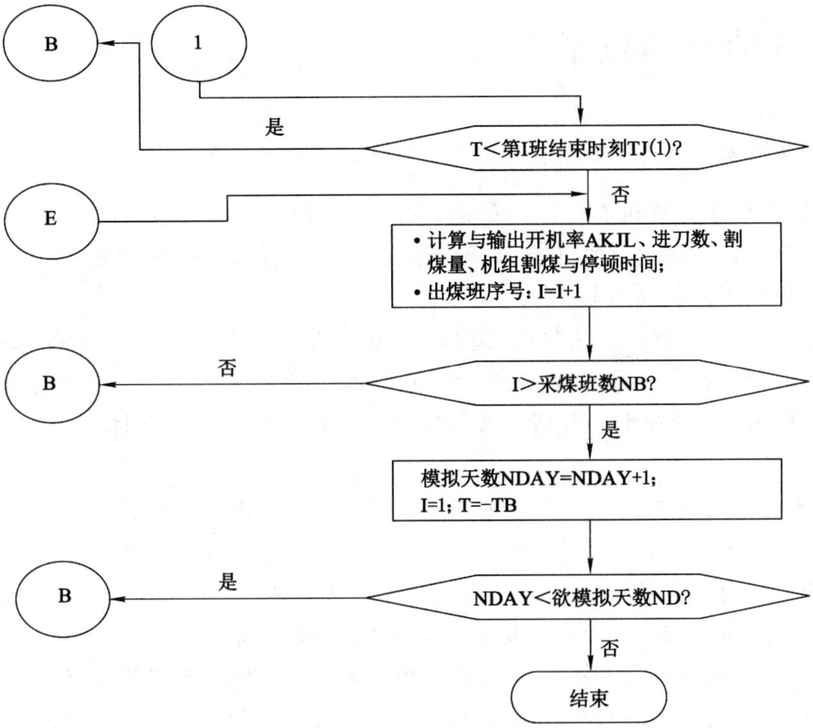

图 5-11(续)

表 5-3　程序变量名称表

ND	模拟班数	LQK	机组缺口长度/m
TB	模拟时间步长	LCM	机组正常割煤段长度/m
CG	采面采高/m	KDS	机组截煤进刀数
RZ	煤的容量/(t/m^3)	AKJL	机组开机率
HCL	采面采出率(＜1)	TXH	循环后休整时间/s
AJS	机组截深/m	TSY	循环后剩余工作时间/s
ZBPJ	采面准备工作时间均值/s	ZBFC	采面准备工作时间方差
QKPJ	机组缺口处割煤速度均值/(m/min)	QKFC	机组缺口处割煤速度方差
CMPJ	机组正常段割煤速度均值/(m/min)	CMFC	机组正常段割煤速度方差
JZZPJ	机组割煤持续时间均值/s	JZTPJ	机组停顿持续时间均值/s
YSZPJ	后部运输运转时间均值/s	YSTPJ	后部运输停顿时间均值/s
JZZ	机组当前割煤持续时间/s	JZT	机组当前停顿持续时间/s
YSJ	后部运输当前运转持续时间/s	YST	后部运输当前停顿持续时间/s
JZZJ	机组割煤时间累计/s	ZJTJ	机组停顿时间累计/s
YSTJ	后部运输停顿时间累计/s	GMSJ	机组割煤行走长度累计/t
GMLJ	机组割煤量累计/t	GMV	机组割煤速度/(m/min)
GMSB	机组一步长内割煤长度/m	GMLB	机组一步长内割煤量/t
TK	采煤班开始时刻/s	TJ	采煤班结束时刻/s
MLFB	每步长的煤量分布		

5.5 系统仿真新技术

5.5.1 并行仿真

科学计算机要求计算机有很高的信息吞吐量和实时性，而传统计算机在对大型动态系统进行仿真时，其计算速度往往不能满足大信息量的传输和实时性的要求。为了适应快速仿真的需要，出现了并行仿真技术。

20 世纪 80 年代后期提出的并行工程是一种新的指导产品开发的思路，是在现代信息技术的支持下对传统的产品开发方式的一种根本性改进。PDM（产品数据管理）技术及 DFx（如 DFM、DFA 等）技术是并行工程思想在产品设计阶段的具体体现。

1. 并行处理

并行处理包含两种意义：① 同时性，也就是并行性，即指两个或两个以上的事件在同一时刻发生；② 并发性，是指两个或两个以上的事件在同一时间间隔内发生。比如在多位数并行加法运算中，由于存在着信息由低位到高位过程的延迟，实际的相加过程是低位处于领先地位。因此，多位数加法并不是同时性的，而是并发性关系。

并行处理的一般概念是指硬件设备的多倍重复，以处理机部件的多倍重复组成矩阵结构，实行并行运算。但是，并行性并不是仅局限于设备的简单重复，还包括时间上的重叠。从概念上划分并行处理，有空间并行和时间并行两类，有时在并行处理中，空间并行和时间并行是交叉的。阵列处理机和功能处理机属于空间并行处理机，而流水线处理机属于时间并行处理机。

2. 并行计算机

并行计算机是由一组处理单元组成的。这组处理单元通过相互之间的通信与协作，以更快的速度共同完成一项大规模的计算任务。这就是并行计算机的经典定义。这个定义并没有包含更多的细节，但是从中不难看出，并行计算机的两个最主要的组成部分：计算节点和节点间的通信与协作机制。

并行计算机体系结构的发展变化非常快，而这种变化主要体现在计算节点性能的提高以及节点间通信技术的改进两方面。长期以来，超大规模集成电路技术一直在按照摩尔定律高速发展，芯片的元件密度以及时钟频率不断提高，从而大大提高了作为并行计算机基本处理单元的微处理器的性能。而在通信技术方面，传统的交叉开关的切换速度不断提高，而新的高速网络技术也不断应用到并行计算机中，从而大大提高了节点间通信的速率。

如果能对计算机的系统结构进行高度的抽象，给出一个简洁的概念模型，那么，程序员在编写程序时，就不需要了解感触结构的具体细节。这种抽象模型就是我们所说的编程模型。就并行计算机而言，除了计算单元以外，通信体系结构也是非常重要的一个方面。在为并行计算机编写程序时，不得不考虑不同节点上不同进程之间的通信问题，而这是一项非常复杂的工作。因此，在并行编程模型中，必须对节点之间的通信、同步、协作等各种问题给出很好的定义。共享地址空间、消息传递以及数据并行是常见的 3 种并行编程模型。

可以将共享地址空间模型看作一个公告牌。各个节点上的多个进程共享它们的一部分地址空间，并通过简单的读/写指令（load/store）存取其中的数据。

消息传递模型则有点像邮政系统，节点之间是通过一条条的消息来协同工作的，每条消息都明确地标识出发送进程和接收进程的地址（或编号）。在这种方式下，各进程之间并没有能共同访问的全局共享地址空间。

3. 系统的并行仿真

系统仿真的并行性简单地说就是在多台处理机上对一个动态系统进行并行求解，以减少仿真时间，或对系统进行实时求解。并行仿真过程无论是在专门并行仿真的专用仿真机上进行，还是在通用的阵列计算机上进行，都需要解决以下问题：① 设计实用的并行仿真算法；② 将计算任务在单台处理机上合理分配；③ 实现信息在各处理机之间的通信；④ 设计并行计算程序，将并行仿真算法在并行处理机上实现。

（1）分割法并行仿真

分割法并行仿真是将被仿真系统分割成两个以上的子系统，每个子系统被分配到一台处理机上进行计算，由各处理机的并行操作和它们之间的协调通信求得系统的并行仿真结果。

如果被仿真的子系统间耦合关系密切，则并行仿真的效率会大大下降。

设系统微分方程的向量形式为

$$\begin{cases}\boldsymbol{Y} = F(t,\boldsymbol{Y}) \\ T(t_0) = Y_0\end{cases}$$

其中，$\boldsymbol{Y}=(y_1,y_2,\cdots,y_N)^{\mathrm{T}}$，$\boldsymbol{F}=(f_1,f_2,\cdots,f_N)^{\mathrm{T}}$。

将其分割成两个子系统，令 $\boldsymbol{Y}=\dfrac{\boldsymbol{Y}_1}{\boldsymbol{Y}_2}$，于是有：

$$Y_1 = F_1(t,\boldsymbol{Y}_1,y_2)$$
$$Y_2 = F_2(t,\boldsymbol{Y}_1,y_2)$$

由以上两式可知，两个子系统之间存在耦合，这种分割方法适合在 MIMD（多指令多数据流）计算机上求解。在并行仿真过程中，每计算一步，分别计算两个子系统的两台处理机之间要进行一次或多次信息交换，交换的信息量与选择的算法无关。

采用分割法仿真所能节省的总时间主要取决于系统中耦合路径的数量、分配到每个处理机中方程的数量、所采用的计算方法以及各处理机之间的通信方式。

（2）并行预报-校正法

利用分割法进行并行仿真，其积分算法本质上还是串行算法，只是把不同子系统的计算任务分配到多台处理机上完成。为了进一步提高计算效率，需要一种本身能并行执行的算法。

并行预报-校正法的基本思想是：设法得到一组能并行独立执行运算的迭代公式，使一台处理机在一个计算步内所得到的中间结果和最后结果不被同一个计算步内的其他处理机引用，即在每个计算步内，减少通信时间和空运行时间，提高并行计算的速度和效率。

综合起来说，并行预报-校正算法有以下特点：① 在每个积分步内只通信一次，减少了系统的同步时间，提高了计算速度；② 仿真算法在不同处理机上的任务分配由算法本身决定，与系统模型无关；③ 同阶的串行预报-校正法和并行预报-校正法在计算精度上是等价的。

5.5.2 虚拟现实技术

正如其他新兴科学技术一样，虚拟现实技术(virtual reality，VR)也是许多相关学科领域交叉、集成的产物。虚拟现实是在计算机图形学、计算机仿真技术、人机接口技术、多媒体技术以及传感技术的基础上发展起来的交叉学科，它的研究内容涉及人工智能、计算机科学、电子学、传感器、计算机图形学、智能控制、心理学等。它是在为改善人与计算机的交互方式、提高计算机可操作性中产生的，是综合利用计算机图形系统、各种显示和控制等接口设备，在计算机上生成可交互的三维环境(称为虚拟环境)中提供沉浸感觉的技术。

对该技术的研究始于 20 世纪 60 年代，直到 90 年代初系统在若干领域成功应用，虚拟现实技术作为与环境进行交互作用的一种手段，人们将其看作仅次于互联网的改变世界未来的重要技术，认为它不但将改变人类从事科学研究、技术设计和生产实践的方式，而且为促进人的认识能力的全面发展提供了新的工具。

1. 虚拟现实、虚拟现实技术和虚拟现实系统

虚拟现实中的“现实”泛指在物理意义上或功能意义上存在于世界上的任何事物或环境，它可以是实际中可实现的，也可以是实际中难以实现的或根本无法实现的。而“虚拟”是指用计算机生成。因此，虚拟现实是指用计算机生成的一种特殊环境，人可以通过使用各种特殊装置将自己“投射”到这个环境中，并操作、控制环境，实现特殊的目的，即人是这种环境的主宰。从本质上来说，虚拟现实就是一种先进的计算机用户接口，它通过给用户同时提供诸如视觉、听觉、触觉等各种直观而又自然的实时交互手段，最大限度地方便用户的操作。根据虚拟现实技术所应用的对象不同，其作用可表现为不同的形式，例如将某种概念设计或构思可视化和可操作化，实现逼真的遥控现场效果，达到任意复杂环境下的廉价模拟训练目的等。

虚拟现实技术(virtual reality technology，VRT)，又称灵境技术，实际上是一种采用计算机技术制作模拟仿真的假想世界的技术，它利用计算机并通过使用传感设备与之相互作用的新技术生成一个逼真的三维虚拟环境。它与传统的模拟技术完全不同。传统的模拟技术作为人类认识客观世界和改造客观世界的有效手段，强调与事物的相似性。VRT 则强调“沉浸”感，其逼真性和实时交互性为系统仿真技术提供了有力的支撑。它将模拟环境、视景系统和仿真系统合三为一，并利用头盔显示器、图形眼镜、数据服、立体声耳机、数据手套及脚踏板等传感装置，把操作者与计算机生成的三维虚拟环境连接在一起。操作者通过传感器装置与虚拟环境交互作用，可获得视觉、听觉、触觉等多种感知，并按照自己的意愿去改变“不如意”的虚拟环境。

例如，计算机虚拟的环境是一座矿井，内有各种设备、物品，操作者会如同身临其境一样，可以通过各种传感装置在巷道内行走查看、开门关门、搬动物品；对房屋设计上的不满意之处，还可随意改动。显然，利用这种虚拟实现技术进行建筑、机械、兵器等设计修改，实施技术操作训练和军事演习活动要容易得多，也便宜得多。

由图形系统及各种接口设备组成，用来产生虚拟环境并提供沉浸感觉，以及交互性操作的计算机系统称为虚拟现实系统(virtual reality system，VRS)。一般来说，一个完整的虚拟现实系统由虚拟环境，以高性能计算机为核心的虚拟环境处理器，以头盔显示器为核心的视觉系统，以语音识别、声音合成与声音定位为核心的听觉系统，以方位跟踪器、数据手套和

数据服为主体的身体方位姿态跟踪设备，以及味觉、嗅觉、触觉与力觉反馈系统等功能单元构成。它不仅提高了人与计算机之间的和谐程度，也成为一种有力的仿真工具。利用 VRS 可以对真实世界进行动态模拟，通过用户的交互输入，并及时按输出修正虚拟环境，使人产生身临其境的沉浸感觉。

VR 环境系统包括建模、控制及媒体数据三大部分。建模是指利用物理的或数字的方法，对需要仿真的实际系统进行描述获得近似的数字模型。这是进行数字仿真或半实物仿真必不可少的步骤。建模是仿真的基础，亦是仿真的结果，研究新型建模仿真方法是首要任务。三维立体显示是其一项必不可少的关键技术，它是系统向用户输出反馈信息的主要手段。

2. VR 关键技术

总的来说，虚拟现实是多种技术的综合，包括实时三维计算机图形、实物虚拟化、虚拟物实化和高性能的计算处理技术。实物虚化是现实世界空间向多维信息化空间的一种映射[即广角(宽视野)立体显示技术]，主要包括基本模型构建，空间跟踪，声音定位，视觉跟踪和视点感应，对观察者头、眼和手的跟踪技术，以及触觉、力觉反馈，立体声，语音输入、输出技术等关键技术，这些技术使得真实感知虚拟世界的生成、虚拟环境对用户操作的检测和操作数据的获取成为可能。它具体基于以下几种技术。

(1) 基本模型构建技术：是应用计算机生成虚拟世界的基础，将真实世界的对象物体在相应的虚拟世界中重构，并根据系统的需求保存部分物理属性。

(2) 空间跟踪技术：主要是通过头盔显示器、数据手套、数据服等常用的交互设备上的空间传感器，确定用户的头、手、躯体或其他操作物在虚拟环境中的位置和方向。

(3) 声音跟踪技术：利用不同声源的声音到达某一特定地点的时间差、相位差、声压差等进行虚拟环境的声音跟踪。

(4) 视觉跟踪与视点感应技术：根据视频摄像机到平面阵列、周围光或者跟踪光在图像投影平面不同时刻和不同位置上的投影，可以计算被跟踪对象的位置和方向。

(5) 虚拟物实化：是确保用户从虚拟环境中获取同真实环境中一样或相似的视觉、听觉、力觉和触觉等感官认知的关键技术。能否让参与者产生沉浸感的关键因素除了视觉和听觉感知外，还有用户能否在操作虚拟物体的同时，感受到虚拟物体的反作用力，从而产生触觉和力觉感知。力觉感知主要由计算机通过力反馈手套、力反馈操纵杆对手指产生运动阻尼从而使用户感觉作用力的方向和大小。触觉反馈主要是基于视觉、气压感、振动触感、电子触感和神经与肌肉模拟等方法来实现的。

(6) 高性能计算机处理技术：主要包括数据转换和数据预处理技术；实时、逼真图形图像生成与显示技术；多种声音的合成与声音空间化技术；多维信息数据的融合、数据压缩以及数据库的生成；包括命令识别、语音识别，以及手势和人的面部表情信息的检测等在内的模式识别；分布式与并行计算，以及高速、大规模的远程网络技术。

(7) 实时三维计算机图形技术：相比较而言，利用计算机模型产生图形图像并不是太难的事情。如果有足够准确的模型，又有足够的时间，就可以生成不同光照条件下各种物体的精确图像，但是这里的关键是实时。例如，放顶煤模拟系统中，图像的刷新相当重要，同时对图像质量的要求也很高，再加上非常复杂的虚拟环境，问题就变得相当困难。

(8) 广角(宽视野)的立体显示：人看周围的世界时，由于两只眼睛的位置不同，得到的图像略有不同，这些图像在大脑里融合起来，就形成了一个关于周围世界的整体景象，这个景象中包括了距离远近的信息。当然，距离信息也可以通过其他方法获得，例如眼睛焦距的远近、物体大小的比较等。

(9) 双目立体视觉：用户的两只眼睛看到的不同图像是分别产生的，显示在不同的显示器上，有的系统采用单个显示器，但用户带上特殊的眼镜后，一只眼睛只能看到奇数帧图像，另一只眼睛只能看到偶数帧图像，奇、偶帧之间的不同也就是视差，由此也就产生了立体感。

(10) 用户头(眼)的跟踪：在人造环境中，每个物体相对于系统的坐标系都有一个位置与姿态，而用户也是如此。用户看到的景象是由用户的位置和头(眼)的方向来确定的。

(11) 跟踪头部运动的虚拟现实头套：在传统的计算机图形技术中，视场的改变是通过鼠标或键盘来实现的，用户的视觉系统和运动感知系统是分离的，而利用头部跟踪来改变图像的视角，用户的视觉系统和运动感知系统之间就可以联系起来，感觉更逼真。用户不仅可以通过双目立体视觉去认识环境，而且可以通过头部的运动去观察环境。

在与计算机的交互中，键盘和鼠标是常用的工具，但对于三维空间来说，它们都不太适合。在三维空间中因为有 6 个自由度，很难找出比较直观的办法把鼠标的平面运动映射成三难空间的任意运动。现在，已经有一些设备可以提供 6 个自由度，如数字化仪和空间球等。另外一些性能比较优异的设备包括数据手套和数据服。

(12) 立体声：人能够很好地判定声源的方向。在水平方向上，靠声音的相位差及强度的差别确定声音的方向，因为声音到达两只耳朵的时间或距离有所不同。常见的立体声效果就是靠左右耳听到在不同位置录制的不同声音来实现的，所以会有一种方向感。现实生活里，当头部转动时，听到的声音的方向就会改变。但目前在 VR 系统中，声音的方向与用户头部的运动无关。

(13) 触觉与力觉反馈：在一个 VR 系统中，用户可以看到一个虚拟的杯子。你可以设法去抓住它，但是你的手没有真正接触杯子的感觉，并有可能穿过虚拟杯子的表面，而这在现实生活中是不可能的。解决这一问题的常用装置是在手套内层安装的一些可以振动的触点来模拟触觉。

(14) 语音输入、输出：在 VR 系统中，语音的输入、输出也很重要。这就要求虚拟环境能听懂人的语言，并能与人实时交互。而让计算机识别人的语音是相当困难的，因为语音信号和自然语言信号有其“多边性”和复杂性。例如，连续语音中词与词之间没有明显的停顿，同一词、同一字的发音受前后词、字的影响，不仅不同人说同一词会有所不同，就是同一人的发音也会因心理、生理和环境的影响而有所不同。

使用人的自然语音作为计算机输入目前有两个问题，首先是效率问题，为便于计算机理解，输入的语音可能会相当啰唆。其次是正确性问题，计算机理解语音的方法是对比匹配，而没有人的智能。

然而，不能把虚拟现实和模拟仿真混淆，两者是有一定区别的。概括来说，虚拟现实是模拟仿真在高性能计算机系统和信息处理环境下的发展和技术拓展。例如烟尘干扰下能见度计算的问题。在构建分布式虚拟环境基础信息平台应用过程中，经常会有由燃烧源产生的连续变化的烟尘干扰环境能见度的计算，从而影响环境的视觉效果、仿真实体的运行和决策。某些仿真平台和图形图像生成系统也研究烟尘干扰下的能见度计算，仿真平台强调烟尘的准确物理模型、干扰后的能见度精确计算以及对仿真实体的影响程度；图形图像生成系统着重于建立细致的几何模型，估算光线穿过烟尘运动的客观规律，计算影响仿真结果的相关数据，而且要生成用户能通过视觉感知的逼真图形效果，使用户在实时运行的虚拟现实系统中产生亲临真实环境的感受和体验。

思考与练习

1. 什么是计算机仿真？
2. 计算机仿真所遵循的基本原则是什么？
3. 仿真的分类有几种？为什么？
4. 比较物理仿真和数学仿真的优缺点。
5. 简述计算机仿真的过程。
6. VR 关键技术有哪些？

第6章 系统评价

系统评价是系统分析中的一个重要环节，是系统决策的基础，是方案实施的前提，没有正确的评价也就不可能有正确的决策。进行系统评价有助于事先发现问题，并对问题加以解决，有助于在实施中进一步发现问题，并对系统做出进一步改进。然而，评价与主体所持有的价值观是分不开的，持不同的价值观评价结果可能大相径庭。

6.1 系统评价的原理

6.1.1 系统评价的概念

系统评价就是根据确定的目的，利用最优化的结果和各种资料，用技术经济的观点对比各种替代方案，考虑成本与效果之间的关系，权衡各个方案的利弊得失，选择出技术上先进，经济上合理和现实中可行的、良好的或满意的方案。系统评价是系统工程中一个极为重要的问题，是系统决策的基础。

进行系统评价的前提条件是熟悉方案和确定评价指标。前者指确切掌握评价对象的优缺点，充分估计系统各个目标、功能要求的实现程度，方案实现的条件和可能性。后者指确定系统的评价指标体系，并用指标反映系统要求，常用的指标包含政策指标、技术指标、经济指标、社会指标、进度指标等。

6.1.2 系统评价的分类

按照不同的分类标准，可以将系统评价划分为不同种类。下面分别按照评价内容、评价时间对其进行分类。

1. 按照评价内容对系统评价进行分类

按照评价内容大致可以将系统评价划分为经济评价、社会评价、技术评价、财务评价、可持续性评价和综合评价等。

(1) 经济评价是评价各个方案对宏观经济产生的影响，主要利用影子价格、影子工资、影子汇率和社会折现率等指标，测算方案给国民经济带来的净效益，从宏观经济角度评价方案的费用和效益。

(2) 社会评价是从社会分配、社会福利、劳动就业、社会稳定等方面，评价方案实施以后带来的社会效益和产生的社会影响。

(3) 技术评价是对方案在技术上的先进性、生产性、可靠性、维护性、通用性、安全性等方面进行评价。

(4) 财务评价是根据现行的财税制度和市场价格，测算方案的费用和效益，评价方案在财务上的获利能力、清偿能力和外汇效果，分析方案在财务上的可行性。

(5) 可持续性评价是对方案与人口增长、资源利用和环境保护等方面的协调适应性进行分析，努力使方案实施和社会经济发展战略协调一致。

(6) 综合评价是在经济、社会、技术、财务、可持续性等局部评价的基础上，根据系统的总体目标，对方案的综合价值进行评价。

2. 按照评价时间对系统评价进行分类

按照时间划分，可以将系统评价分为事前评价、事中评价和事后评价。

(1) 事前评价是指方案的预评价，通常称为可行性研究。例如，在制定新产品开发方案时所进行的评价，目的是及早征求设计、制造、供销等部门的意见，并从系统总体出发来研讨与方案有关的各种重要问题。

(2) 事中评价是在方案实施过程中，评价环境的重大变化，例如，政策变化、市场变化、竞争条件变化或评价要素估计偏差等，进行灵敏度分析，判断方案的满意性是否发生质的变化，以确定是继续实施方案、修改方案还是选择新的方案。

(3) 事后评价是指方案实施以后，对照系统目标和决策主体要求，评价实施结果与预期效果是否一致，测定方案设计的合理性，计划实施安排是否周全，风险分析是否与实际情况相吻合，为进一步开发新方案提供依据。

另外根据评价和决策之间的关系，可以将评价划分为决策前评价、决策中评价和决策后评价；根据评价系统中的信息特征，可以将评价划分为基于数据的评价，基于模型的评价，基于专家知识的评价以及基于数据、模型和专家知识的综合评价。

6.1.3 系统评价的重要性和复杂性

在系统的设计、开发和实施过程中，经常要进行系统决策，系统决策是指通过系统评价技术从众多的方案中找出最优的方案。然而，要决定哪一个方案最优却并不容易。尤其对于复杂大系统来说，“最优”这个词含义并不十分明确，而且评价是否“最优”的标准(尺度)也是随着时间而变化和发展的。可见，系统评价确实有其重要性和复杂性。

1. 系统评价的重要性

系统评价是系统分析中的一个重要环节，是系统决策的基础，没有正确的评价也就不可能有正确的决策，这样会影响整个系统将来的损益。具体来说，其重要性体现在以下几个方面。

(1) 系统评价是系统决策的基础，是方案实施的前提。

(2) 系统评价是决策人员进行理性决策的依据：以系统目标为依据，从多个角度对多个方案进行理性评估，选择最优方案实施。

(3) 系统评价是决策者和方案执行者之间相互沟通的关键：决策者为了使执行人员信服并积极完成任务，可以通过评价活动促进执行人员对方案的理解。

(4) 进行系统评价有利于事先发现问题，并对问题加以解决：在系统评价过程中可进一步发现问题，有利于进一步改进系统。

2. 系统评价的复杂性

系统评价是一件很复杂的事情。其复杂性主要来自以下几个方面。

(1) 系统评价的多目标性。当系统为单目标时，其评价工作是容易进行的。但是实际系统中的问题要复杂得多，系统评价的目标往往不止一个。而且各个方案往往各有所长、各有千秋：在某些指标上，方案甲比乙优越；而在另一些指标上，方案乙又比甲优越，这时就很难定夺。指标越多，方案越多，问题就越复杂。

（2）系统的评价指标体系中不仅有定量的指标而且有定性的指标。对定量指标，通过比较，能容易地得出其优劣的顺序。但对于定性的指标，由于没有明确的数量表示，往往凭人的主观感觉和经验进行评价，例如，评价一辆汽车的方便性、舒适性这些指标。传统的评价往往偏重单一的定量指标，而忽视定性的、难以量化的但对系统是至关重要的指标。

（3）人的价值观在评价中往往会起到重大影响。评价活动是由人来进行的，评价指标体系和方案是由人确定的，在许多情况下，评价对象对于某些指标的实现程度（指标值）也是人为确定的，因此人的价值观在评价中起很大作用。由于在大多数情况下各人有各人的观点、立场和标准，因此需要有一个共同的尺度来把个人的价值观统一起来，这是评价工作的一项重要任务。

6.1.4 系统评价的原则

基于系统评价的重要性和复杂性，为了更好地进行系统评价，必须遵循一些基本原则。

1. 评价的客观性

评价的目的是决策。因此评价的好坏直接影响到决策的正确与否。评价必须客观地反映实际，为此需注意以下几点。

（1）保证评价资料的全面性和可靠性。

（2）防止评价人员出现倾向性。

（3）评价人员的组成要有代表性、全面性。

（4）保证评价人员能自由发表观点。

（5）保证专家人数在评价人员中占有一定比例。

2. 要保证方案的可比性

替代方案在保证实现系统的基本功能上要有可比性和一致性。评价时绝不能以点概面、“一俊遮百丑”。个别功能的突出只是其中一面，不能代替其他方面的得分。可比性是指对于某个标准，必须能够用于对方案进行比较，但实际上有很多问题是不能进行比较或者不容易进行比较的，对这点必须有所认识。

3. 指标构成系统

评价指标自身应为一个系统，具有系统的特征。另外评价指标必须反映系统目标，因此它应包括系统目标所涉及的一切方面。由于系统目标是多元的、多层次的、多时序的，评价指标往往也具有多元、多层次、多时序的特点。但这些指标并不是杂乱无章的，而是一个有机的整体。制定评价指标必须注意它的系统性，即使对定性问题也应有恰当的评价指标或者规范化的描述，以保证评价不出现片面性。

此外，评价指标必须与所在地区和国家的方针、政策、法令的要求一致，不允许有相悖和疏漏之处。

在实际应用中关于评价的原则问题，视具体问题不同应有侧重之处。

6.1.5　系统评价的程序

系统评价是一项复杂的系统工程,为了保证整个过程高效、有效地进行,往往遵循以下步骤,如图 6-1 所示。

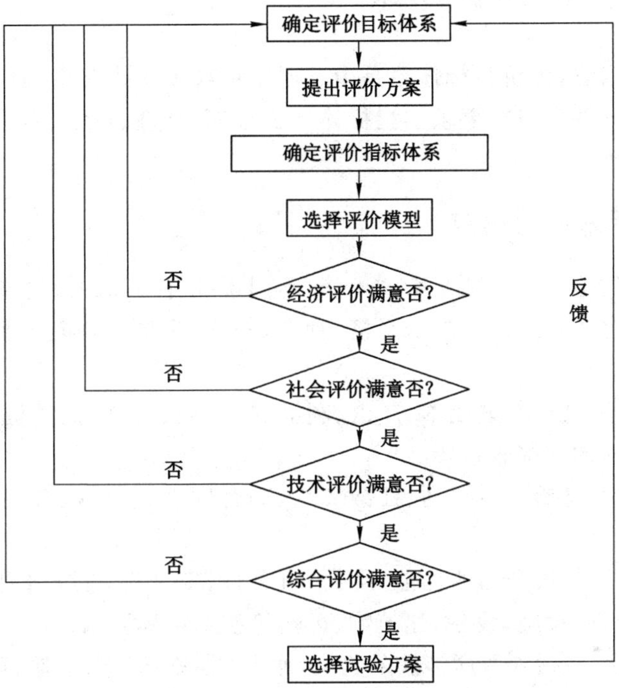

图 6-1　系统评价的程序

1. 确定评价目标体系

确定评价目标是为了更好地决策,目标是评价的依据,对于评价过程至关重要。大致可从四个方面设置评价目标:① 使评价系统达到最优;② 对决策的支持;③ 对决定行为的说明;④ 问题的分析。通常评价目标按照构成层次可分为总体目标、分层目标和具体目标,这样就构成了目标层次体系。

2. 提出评价方案

根据系统目标,在分析各种信息的基础上,提出评价方案并对各评价方案进行简要说明,使方案的优缺点清晰明了,便于评价人员掌握。

3. 确定评价指标体系

评价指标体系是根据系统目标的层次、结构、特点、类型来设置的,评价指标体系设置要注意全面和重点结合、绝对量指标和相对量指标结合、定量指标和定性指标结合。具体选择应注意以下几点:① 评价指标必须与评价目的和目标密切相关;② 评价指标应当构成一个完整的体系,即全面地反映评价对象的各个方面;③ 评价指标总数应当尽可能少,以降低评价负担;④ 确定评价指标时,要注意指标数据的可得性。

4. 选择评价模型

模型是系统评价的工具。评价模型本身是多属性、多目标的。不同问题使用的评价模型可能不同,同一个评价问题也可以使用不同的评价模型,因此,对选用什么样的评价模型本身也必须进行评价。一般应选用能更好地达到评价目的的评价模型或其他适用的评价模型。

6.2 系统评价的指标体系

从系统的观点来看,评价指标体系是由若干个单项评价指标所构成的有机整体,它应能反映所要解决问题的各项目标要求。指标体系要全面、合理、科学、实用,并基本上能为有关部门和人员所接受。

6.2.1 评价指标体系的确定

评价指标体系的建立是一项复杂的工作,不同系统有不同的评价指标,同一系统在不同的环境下其指标也有所不同。一般从经济、社会、技术、资源、政策、时间等方面来建立评价指标。

(1) 经济性指标:包括方案成本、产值、利润、投资额、税金、流动资金占用额、投资回收期、建设周期、地方性的间接收益等。

(2) 社会性指标:包括社会福利、社会节约、综合发展、就业机会、社会安定、生态环境、污染治理等。

(3) 技术性指标:包括产品的性能、寿命、可靠性、安全性,工艺水平、设备水平、技术引进等,工程的地质条件、设施、设备、建筑物、运输等技术指标要求。

(4) 资源性指标:包括项目所涉及的物资、水源、能源、信息、土地、森林等。

(5) 政策性指标:包括政府的方针、政策,法令、法律约束,发展规划等方面的要求。这项指标对国防和关系国计民生方面的重大项目或大型系统尤为重要。

(6) 时间性指标:如工程进度、时间节点、周期等。

(7) 其他指标:主要是指针对具体项目的某些指标。

6.2.2 构建评价指标体系遵循的原则

评价指标是作为一种尺度来考核各备选方案的,并且要将考核的结果,作为系统优选和决策的依据,因此确定指标体系应遵从一些普遍性的基本原则。

(1) 整体性原则:指标体系是从总体上反映各个方案的效果的,所以要构建层次清晰、结构合理、相互关联、协调一致的指标体系,保证对方案评价的全面性和可信度。

(2) 科学性原则:以科学理论为指导,按照统一标准将指标划分层次和类别,使整体指标体系能将定性指标和定量指标相结合,正确反映系统整体和内部各要素之间的相互联系。

(3) 可比性原则:指标体系的建立是为了系统评价,所以建立指标的时候要考察各个指标的可比性。

(4) 实用性原则:建立的指标体系是为了进行方案评价,所以指标的含义必须明确,还要考虑数据资料的可得性,另外指标设计必须符合国家和地方的方针、政策、法规、口径,计算要与通用的会计、统计、业务核算协调一致。

6.2.3　建立系统评价指标体系的方法

建立系统评价指标体系的方法很多，这里主要介绍目标分析法、输出分析法和德尔菲法。

1. 目标分析法

目标分析法要求首先确定系统目标，然后从系统的目标入手，通过对目标进行分解来建立系统综合评价指标体系。其具体步骤如下。

(1) 建立系统目标。

(2) 将系统目标不断进行分解，直到各子目标能够用定量或定性的指标衡量。

(3) 根据分解得到的目标体系，建立评价指标体系。

例如，某企业由于生产规模的扩大，考虑新建一个生产厂，用于生产加工。厂址选择是个多目标决策的问题。这些目标包括技术、经济、环境等几个方面。这些目标很难直接由一个或几个指标来衡量，所以，应进一步分解成更加具体的子目标，直到可用便于处理的一个或几个评价指标来衡量这些子目标，如图6-2所示。

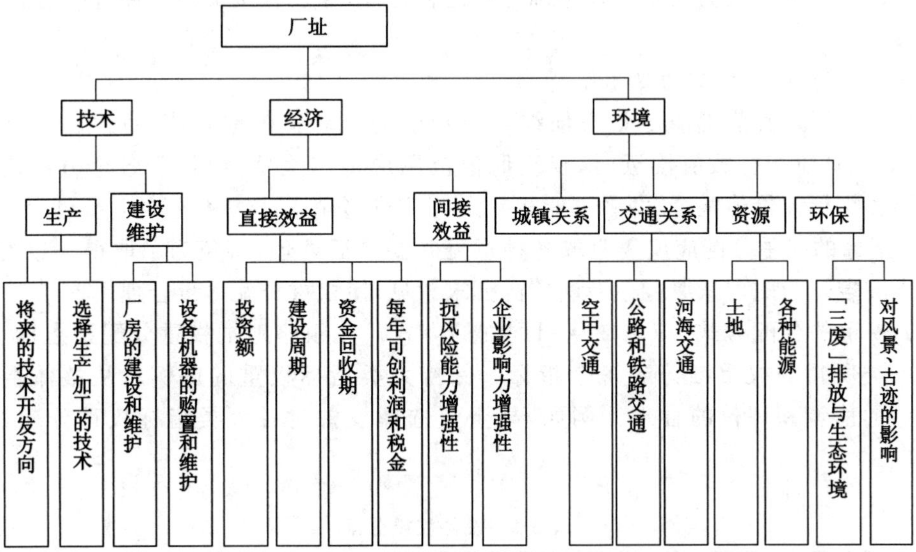

图6-2　新厂址选择目标体系结构图

2. 输出分析法

输出分析法适用于在对系统的内容、结构不了解或不需要更多了解的情况下建立系统的评价指标。它主要根据系统的输出特性，从技术、经济、社会、生态环境、一致性等方面来建立系统综合评价指标体系。例如，用输出分析法建立一个企业信息系统的评价指标体系：经济方面可以用利润、成本、资本流动率等指标衡量；技术方面可以用集成实现能力等指标来衡量；社会方面可以用企业形象等指标来反映；生态环境方面可以用环境污染等指标来反映。这些指标的综合，就能反映出企业的总体状况。

3. 德尔菲法

德尔菲法是通过反复征求专家意见建立系统评价指标体系的一种方法。这种方法有广泛的代表性，而且简单易行。方法的步骤是：① 组成专家小组；② 向所有专家提出问题及有关要求，并附上有关问题的所有背景材料；③ 各个专家根据他们所收到的材料，提出自己的意见；④ 将各位专家第一次判断意见汇总，列成图表，进行对比，再分发给各位专家，让专家比较自己和他人的不同意见，修改自己的意见和判断；⑤ 将所有专家的修改意见收集起来汇总，再次分发给各位专家，以便进行第二次修改；⑥ 对专家的意见进行综合处理。

6.3 评价指标的权重

6.3.1 确定评价指标权重的重要性和基本原则

1. 确定评价指标权重的重要性

在整个评价指标体系中，确定各评价指标的权重，就是要确定各评价对象在总体评价中的重要程度，并且要对这种重要程度进行量化描述。我们把各评价指标在实现系统目标和功能上的重要程度定义为权重。权重确定得是否合理，往往直接关系到评价的质量，影响到最终决策。

2. 确定评价指标权重的基本原则

(1) 权重的取值范围应尽量方便综合评价值的计算。权重总值一般取 1、10、100 或 1 000 等。当评价指标数值接近时，权重取值范围应适当大些，以拉开各个方案之间的差距。还要和指标评价值配合，两者不能相差太大，否则会削弱指标价值的重要性。

(2) 指标的权重分配应反复听取各种意见并要灵活处理，避免为了取得一致意见而轻率地做出决定。为此可采取德尔菲法广泛征求意见，使权重分配尽量合理。

(3) 权重的分配方式，应采取从粗到细的方式。先粗略地把权重分配到指标大类，然后再把大类所得的权重细分到各个指标。保持大类指标权重的比例就从整体上保证了评价指标的协调和评价的合理。例如，某企业选择设备时各大类指标权重分配如表 6-1 所示。

表 6-1 设备权重分配

指标大类	权重 W_i
经济性指标	350
技术性指标	250
社会性指标	150
维修性指标	150
运行性指标	100
合计	1 000

然后，将各大类指标权重分配到子类指标中，例如，对表 6-1 中的技术性指标的权重进行再分配，如表 6-2 所示。

表 6-2　技术性指标权重的再次分配

指标		权重 W_i
技术性指标	运行安全性	80
	乘客座席数	50
	货物装载量	50
	最大航速	30
	全天候性	30
	飞行特性	10
合计		250

6.3.2　系统评价指标权重的确定

指标权重的确定在很大程度上依赖确定的方法。一般而言，确定评价指标权重的方法主要有相对比较法、连环比率法、判断矩阵法和德尔菲法等。

1. 相对比较法

相对比较法是一种经验评分法。它将所有指标列出来，组成一个 $n\times n$ 的方阵；然后对各指标两两比较并打分；最后对各指标的得分求和，并进行规范化处理。需要注意的是，方阵对角上的元素可以不填写，也不参加运算；打分时可采用 0～1 打分法。方阵中元素得分可以按照下面的规则进行确定：

$$a_{ij}+a_{ji}=1 \tag{6-1}$$

$$a_{ij}=\begin{cases}1\text{，当指标 } i \text{ 比指标 } j \text{ 重要时}\\0.5\text{，当指标 } i \text{ 和指标 } j \text{ 同样重要时}\\0\text{，当指标没有指标 } j \text{ 重要时}\end{cases} \tag{6-2}$$

由方阵可以按照下面的公式计算出指标 i 的权重系数：

$$w_i=\frac{\sum\limits_{j=i}^{n}a_{ij}}{\sum\limits_{i=1}^{n}\sum\limits_{j=1}^{n}a_{ij}} \tag{6-3}$$

下面举例来说明相对比较法的使用。为了改善某工地的生产安全条件，现在对拟订的方案建立评价指标：减少死亡人数、减少负伤人数、减少经济损失、改善环境、预期实施费用。用相对比较法得到的方阵如表 6-3 所示。

表 6-3　各个指标相互比较的结果

指标	f_1	f_2	f_3	f_4	f_5	得分合计	权重 w_i
减少死亡人数 f_1		1	1	1	1	4	0.4
减少负伤人数 f_2	0		1	1	1	3	0.3
减少经济损失 f_3	0	0		1	0	1	0.1
改善环境 f_4	0	0	0		0	0	0.0
预期实施费用 f_5	0	0	1	1		2	0.2
合计						10	1.0

可见，用相对比较法确定指标权重比较简单，但在实际使用中需要注意以下两点。

(1) 各指标间相对重要程度要有可比性：指标体系中任意两个指标均能通过主观判断确定彼此重要性的差异。

(2) 应满足指标比较的传递性：若 f_1 比 f_2 重要，f_2 比 f_3 重要，则 f_1 比 f_3 重要。由于人的主观性，打分时可能不一定总是满足传递性。为了谨慎起见，可以请多个专家同时进行独立打分，然后求其平均。

2. 连环比率法

连环比率法以任意顺序排列指标，按此顺序从前到后，相邻两指标相对比较其重要性，依次赋以比率值。并赋以最后一个指标得分值为 1，从后到前，按比率值依次求出各指标的修正评分值。最后归一化处理得到各指标的权重。方法的具体步骤如下。

(1) 以任意顺序排列 n 个指标，不妨设为 $f_1,f_2,\cdots,f_n$。

(2) 填写暂定分数列(r_1 栏)。从评价指标的上方依次以邻近的底下那个指标为基准，在数量上进行重要性的判定。例如，$r_i=3$ 表示 f_i 的重要程度是 f_{i+1} 的 3 倍；$r_i=1/2$ 表示 f_i 只有 f_{i+1} 的一半重要。表 6-4 给出了用连环比率法计算权重的例子。表 6-4 反映出，死亡者人数的减少的价值是负伤人数减少的 3 倍，而负伤人数减少的价值是经济损失的 3 倍，等等。

表 6-4　用连环比率法确定权重

评价指标	暂定分数 r_i	修正分数 k_i	权重分数比
减少死亡人数 f_1	3.0	9.0	0.62
减少负伤人数 f_2	3.0	3.0	0.21
减少经济损失 f_3	2.0	1.0	0.07
改善环境 f_4	0.5	0.5	0.03
预期实施费用 f_5	—	1.0	0.07
合计	—	14.5	1.00

(3) 填写修正分数列(k_i 栏)。把最下行的实施费用指标设为 1，按从下而上的顺序计算 k_i 的值：

$$k_i = r_i k_{i+1}, \quad (i = 1,2,\cdots,n-1)$$

(4) 对所有修正分数求和并计算得分系数 w_i：

$$w_i = \frac{k_i}{\sum_{i=1}^{n} k_i}, \quad (i = 1,2,\cdots,n)$$

和相对比较法一样，连环比率法也是一种主观赋权方法。当评价指标的重要性可以在数量上进行判断时，该方法优于相对比较法。但由于赋权结果依赖相邻的比率值，比率值的主观判断误差会在逐步计算过程中传递。

3. 判断矩阵法

从本质上讲，判断矩阵法是对相对比较法的一种改进，但由于它改变了相对重要性的赋值只取 0 和 1 的过于简单化的做法，而采用了一种更精确的计分方法，并可对人在判断时的一致性进行检验，因而近几年更被广泛采用。用该方法计算权重的步骤如下。

(1) 将 M 个评价指标排成一个 $M \times M$ 的方阵。

(2) 通过指标两两相比来确定矩阵中元素值大小：极端重要、强烈重要、明显重要、稍微重要、同样重要，分别赋予 9、7、5、3、1。反之赋予 1/9、1/7、1/5、1/3 和 1。

(3) 将矩阵中元素按行相加(或相乘)并进行正规化，所求的特征向量就是 w_i 值。表 6-5 给出了用判断矩阵法计算权重的例子。

表 6-5 用判断矩阵法计算权重

指标	f_1	f_2	f_3	f_4	f_5	合计	相对权重
减少死亡人数 f_1	1	5	7	9	7	29.000	0.454
减少负伤人数 f_2	1/5	1	4	7	4	16.200	0.253
减少经济损失 f_3	1/7	1/4	1	6	3	10.393	0.163
改善环境 f_4	1/9	1/7	1/6	1	1/5	1.621	0.025
预期实施费用 f_5	1/7	1/4	1/3	5	1	6.726	0.105

4. 德尔菲法

德尔菲法又称专家调查法，调查者首先将调查内容制成表格，然后根据调查内容选择权威人士作为调查对象，请他们发表意见并把打分填入调查表，最后由调查者汇总，求得各指标的权重值 w_i。德尔菲法的具体步骤如下。

(1) 调查者将调查内容制成表格。

(2) 根据调查内容选择权威人上对调查表格中的各项指标进行打分，如表 6-6 所示。

表 6-6 专家对各项指标的打分结果

指标	f_1	f_2	f_3	f_4	合计	w_i
减少死亡人数 f_1		1	1	1	3	0.500
减少负伤人数 f_2	0		1	0	1	0.166
减少经济损失 f_3	0	0		1	1	0.166
改善环境 f_4	0	1	0		1	0.166
预期实施费用 f_5	0	2	2	2	6	1.000

注：由于数据进行了四舍五入，权重合计可能存在偏差。

(3) 分析各专家对各指标重要程度的打分，用统计方法处理这些得分，把处理的结果再寄回给各专家供他们参考并提出意见，请他们重新打分，再进行统计处理。经过多次循环，可能使专家的意见取得相对一致。

(4) 对各专家的意见进行综合，对调查表进行统计处理，计算出综合各专家意见以后各指标的权重值如表 6-7 所示。

表 6-7 综合各专家打分结果以后得到的指标的权重值

指标	f_1	f_2	f_3	f_4	合计
专家 1	0.500	0.166	0.166	0.166	1.000
专家 2	0.400	0.200	0.200	0.200	1.000
⋮					
专家 k	0.450	0.150	0.200	0.200	1.000
⋮					
专家 n	0.390	0.210	0.250	0.150	1.000
合计	1.740	0.726	0.816	0.716	
权重	0.435	0.182	0.204	0.179	

注：由于数据进行了四舍五入，权重合计可能存在偏差。

用德尔菲法进行权重计算的关键有两点。

(1) 事先选好专家，并确定足够数量的专家，同时要求专家之间独立发表，不互相影响。

(2) 调查表格的设计，最好采用简单的打分比较法，凭专家的感觉和经验评分。

另外该方法建立在大多数专家意见的基础上，因此在其他方法不宜采用的情况下用此法是比较科学的。当然，采用这种方法需要的时间比较长，工作量也比较大。

6.4 系统综合评价

系统综合评价是继分析系统、确定评价指标和权重之后的系统分析中复杂而又重要的一个工作环节。系统综合评价就是利用模型和各种资料将评价对象在系统各项指标上的特征进行综合处理的方法，因此综合评价要从系统整体的观点出发，综合分析对象的利弊得失。系统的综合评价过程如图 6-3 所示。

通常利用价值的概念对系统进行综合评价，价值又可以概括地理解为有益性。价值除了会受到系统所处环境条件的影响，其自身还包括很多因素，这些因素之间存在着相互联系，它们共同决定系统的总价值。

系统综合评价中不仅要考虑到价值的量，还要考虑到价值的结构。系统的价值结构是指系统的价值和投入资源之间的关系。一般来说，增加所投入的某种资源，会增加系统的总价值。然而两者之间存在着非线性的关系，就是说，当开始投入资源时，价值逐渐缓慢地增长，随着资源的不断投入，价值将达到一个临界饱和增长区域，最后将不再增长，这种非线性关系对系统的综合评价有重要的实际意义。

下面对几种常用的系统综合评价方法加以介绍。

6.4.1 关联矩阵法

关联矩阵法是用于各替代方案互相没有干涉和影响情况下的一种评价方法。它用矩阵形式来反映各指标的权重、替代方案的评估值。然后计算各方案评估值，通过比较，综合评价值最大的方案即为最优方案，如表 6-8 所示。运用关联矩阵法的关键在于确定各评价指标的权重，以及由评价主体给定的评价指标的评价尺度。

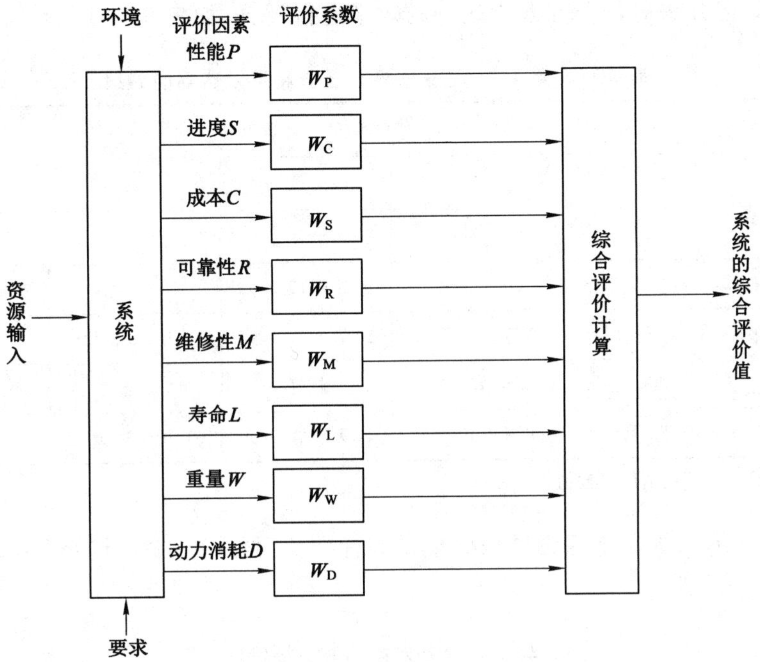

图 6-3　系统的综合评价过程示意图

表 6-8　用关联矩阵法进行综合评价

可行方案	指标				综合评价值 w_i
	a	b	c	…	
	w_1	w_2	w_3	…	
A	α_{11}	α_{12}	α_{13}	…	$\sum_j w_j \alpha_{1j}$
B	α_{21}	α_{22}	α_{23}	…	$\sum_j w_j \alpha_{2j}$
C	α_{31}	α_{32}	α_{33}	…	$\sum_j w_j \alpha_{3j}$

假设改善工地安全条件拟采用的方案有：A——加强管理；B——提升运输系统；C——改进通信联系。评价指标为 f_1——减少死亡人数；f_2——减少负伤人数；f_3——减少经济损失；f_4——改善环境；f_5——预期实施费用。通过前面的方法确定指标权重，各方案的预期效果如表 6-9 所示。

表 6-9　各方案的预期效果

可行方案	减少死亡人数 f_1	减少负伤人数 f_2	减少经济损失 f_3	改善环境 f_4	预期实施费用 f_5
	0.4	0.3	0.1	0	0.2
A	5	10	10	较差	20
B	6	15	15	较好	80
C	3	8	5	普通	5

采用1～5记分法对各个方案所达到的效果进行评分，如表6-10所示。

表6-10 用1～5记分法评价各方案可以达到的效果

评价项目	评价				
	5	4	3	2	1
减少死亡人数 f_1	8人以上	6～7人	4～6人	3～2人	1人以下
减少负伤人数 f_2	30人以上	20～29人	15～19人	10～14人	9人以下
减少经济损失 f_3	30万元以上	20万～29万元	15万～19万元	10万～14万元	0～9万元
改善环境 f_4	极好	好	较好	一般	较差
预期实施费用 f_5	0～20万元	21万～40万元	41万～60万元	61万～80万元	81万元以上

注：表中"以上""以下"包括前面数值。

要对不同量纲的指标进行无量纲处理得到标准值，再进行加权计算得到综合评价值，如表6-11所示。

表6-11 各方案的综合评价值

项目	减少死亡人数 f_1	减少负伤人数 f_2	减少经济损失 f_3	预期实施费用 f_5	综合评价值
	0.4	0.3	0.1	0.2	
护栏	3	2	2	5	3
人行地道	4	3	3	2	4.2
信号	2	1	1	5	2.2

通过对综合评价值的比较，得出改造运输系统方案最优。

6.4.2 相关数法

相关数法适用于替代方案多、因素复杂交叉、不易选择的复杂问题的评价和决策。

使用相关数的关键是构建相关树(relevance tree)。相关树用树形结构反映各种因素之间的关系。可以通过回答这样一些问题来构建相关树：① 目标和子目标是什么？② 为实现这些目标可以采取哪些措施(资源、技术、方案等)？通过评价相关树中各层次、项目的重要性及各项目在整体系统中所处地位来定量地评价整个系统。

使用相关数法进行综合评价的步骤包含以下几方面。

(1) 描述现有系统，确定系统的基本结构。

(2) 构建相关树。

(3) 设定评价基准($\alpha,\beta,\cdots,\upsilon$)及其权重 $w_\alpha,w_\beta,\cdots,w_\upsilon$ $\left(\sum_{i=\alpha}^{\upsilon} w_i = 1\right)$，并评价相关树中各项目的相对重要程度 S_j^i(项目 j 在评价基准 i 上的重要程度)。

$$\alpha \rightarrow S_a^\alpha, S_b^\alpha, \cdots, S_n^\alpha;\ \sum_{j=a}^{n} S_j^\alpha = 1 \tag{6-4}$$

$$\beta \rightarrow S_a^\beta, S_b^\beta, \cdots, S_n^\beta; \sum_{j=a}^{n} S_j^\beta = 1 \tag{6-5}$$

$$\vdots$$

$$\upsilon \rightarrow S_a^\upsilon, S_b^\upsilon, \cdots, S_n^\upsilon; \sum_{j=a}^{n} S_j^\upsilon = 1 \tag{6-6}$$

$r_i^j = \sum_{j=a}^{n} w_k S_j^k = 1$ 反映第 i 层中项目 j 的评价结果，并满足 $\sum_{j=1}^{n} r_i^j = 1$。

(4) 针对总目标，将与本项目有关联的上层权重和本项目的权值连乘得出项目在整个系统中的重要度(关系数)。

相关数法的矩阵如表 6-12 所示。

表 6-12　相关数法的矩阵

评价基准	权重	目的数水平层次项目						
		a	b	c	…	j	…	n
α	W_α	S_a^α	S_b^α	S_c^α	…	S_j^α	…	S_n^α
β	W_β	S_a^β	S_b^β	S_c^β	…	S_j^β	…	S_n^β
γ	W_γ	S_a^γ	S_b^γ	S_c^γ	…	S_j^γ	…	S_n^γ
⋮	⋮	⋮	⋮	⋮		⋮		⋮
χ	W_χ	S_a^χ	S_b^χ	S_c^χ	…	S_j^χ	…	S_n^χ
⋮	⋮							
υ	W_υ	S_a^υ	S_b^υ	S_c^υ.	…	S_j^υ	…	S_n^υ
相关数		r_i^a	r_i^b	r_i^c	…	…	…	r_i^n

表 6-12 中的数值可以通过全体人员投票求均值得到，并求其标准差，若标准差过大可以考虑重新投票。

下面以火灾时的安全避险问题为例，说明相关树法的具体步骤。根据最初的研究结果，制定了该系统的相关树，如图 6-4 所示。

从相关树中可以看出，系统一级项目有把握火灾情况系统Ⅰ、传递火灾信息系统Ⅱ和安全避险系统Ⅲ。安全避险系统下又有二级项目，并且假设一级的评价基准是：① 生命安全；② 财产安全；③ 生产秩序稳定。其评价结果见表 6-13。二级项目的评价基准有：① 生命安全；② 财产安全；③ 生产秩序稳定；④ 设备费用；⑤ 现场复杂性。

表 6-13　火灾一级系统的评价结果

项目		Ⅰ	Ⅱ	Ⅲ
生命安全	0.7	0.3	0.3	0.4
财产安全	0.1	0.4	0.4	0.2
生产秩序稳定	0.2	0.3	0.2	0.5

对评价结果的归纳见表 6-14。

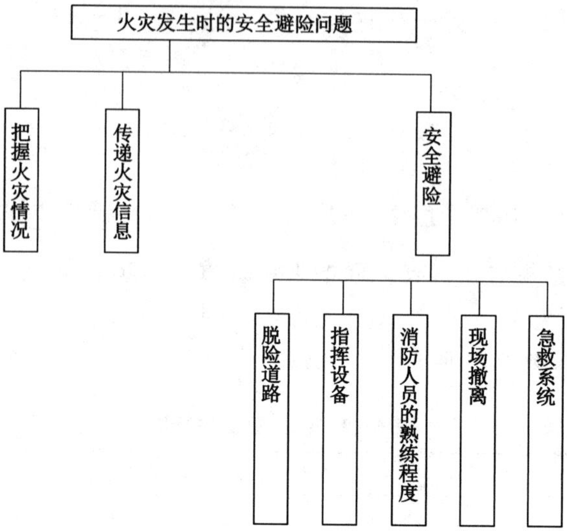

图 6-4　火灾避险系统相关树

表 6-14　火灾避险系统的综合评价结果

项目	Ⅰ	Ⅱ	Ⅲ					
	1	2	3	4	5	6	7	
生命安全	0.50	0.10	0.10	0.20	0.20	0.20	0.10	0.10
财产安全	0.05	0.25	0.20	0.20	0.20	0.20	0.05	0.05
生产秩序稳定	0.05	0.20	0.20	0.10	0.20	0.05	0.20	0.05
设备费用	0.20	0.10	0.10	0.20	0.20	0.05	0.20	0.05
井下构造的复杂程度	0.20	0.15	0.15	0.20	0.20	0.15	0.10	0.10
评价结果	1.00	0.123	0.212	0.191	0.20	0.155	0.123	0.085
关系数	0.038	0.035	0.078	0.08	0.012	0.049	0.034	

最后得出结论：脱险道路和指挥设备很重要，它们的关系数分别为 0.078 和 0.08。

相关树法的优点主要体现在以下几方面：

（1）评价结果可信度高，基本考虑了所有影响因素。

（2）步骤之间的关系密切，上一步骤的结果可以在下个步骤中得到利用。

（3）评价的结果不受树形结构的影响。

6.4.3　功效系数法

它是将多指标化为单指标的评价方法。该方法根据多目标规划原理，对每一个评估指标分别确定满意值和不允许值。然后以不允许值为下限，计算各指标实现满意的程度（功效系数），并转化为相应的评估分数，最后对各指标的评估值进行综合。设系统的评价指标有 n 个，第 i 个指标的功效系数为 $f_i(0\leqslant f_i\leqslant 1)$，其中 0 表示功效最差，1 表示功效最好。系统的总功效系数可以按照下列公式进行计算：

$$F = \sqrt[n]{f_1 f_2 \cdots f_n} \tag{6-7}$$

除上面所介绍的方法以外，还有连环比率法、可能-满意度法、交叉增援矩阵法等可以用于系统的综合评价。

6.5 层次分析法

6.5.1 层次分析法的提出

在进行系统分析时，经常会碰到一些难以或者不可能建立数学模型进行定量分析的问题，这类问题只能进行初步的选择和大致的判断。例如，选择一个新厂的厂址，购买一台重要设备，确定到哪里去旅游度假，等等。在这样的背景下美国学者 Saaty（萨蒂）提出了层次分析法（analytic hierarchy process，AHP）。AHP 将定性分析和定量分析相结合，是用于分析多目标、多准则的复杂大系统的有力工具。层次分析法具有思路清晰、方法简便、适用面广、系统性强等优点，便于普及推广。目前，层次分析法在能源政策分析、产业结构研究、科技成果评价、发展战略规划、人才考核评价以及发展目标分析等许多方面都取得了令人满意的成果。

6.5.2 应用层次分析法的基本思路

应用 AHP 进行决策的基本思路是，决策者通过将复杂问题分解为若干层次和若干要素，并在同一层次的各要素之间简单地进行比较、判断和计算，得出不同替代方案的重要度，从而为选择最优方案提供决策依据。具体而言 AHP 的思路如下。

(1) 根据问题的性质和目标将问题分解成各个组成因素。

(2) 根据因素之间的相互影响和隶属关系建立问题的层次结构模型。

(3) 定量描述模型中各层次因素的相对重要性，并且确定其权值。

(4) 综合计算因素相对重要性的组合权值，作为评价和选择方案的依据。

可见 AHP 将人们的思维过程和主观判断数学化，不仅简化了系统分析与计算工作，而且有助于决策者保持其思维过程和决策原则的一致性，所以，对于那些难以全部量化处理的复杂的社会经济问题，它能得到比较满意的决策结果。

6.5.3 层次分析法的基本原理

AHP 的基本原理如下：假定有 n 个指标 $A_1, A_2, \cdots, A_n$，其主要程度分别为 $w_1, w_2, \cdots, w_n$。两两比较它们的重要程度得到 $n \times n$ 的比较矩阵 $\mathbf{A}$。

$$\mathbf{A} = \begin{bmatrix} w_1/w_1 & w_1/w_2 & \cdots & w_1/w_n \\ w_2/w_1 & w_2/w_2 & \cdots & w_2/w_n \\ \vdots & \vdots & \ddots & \vdots \\ w_n/w_1 & w_n/w_2 & \cdots & w_n/w_n \end{bmatrix} = (a_{ij})_{n\times n} \tag{6-8}$$

显然 $\mathbf{A}$ 矩阵具有如下性质：$a_{ii}=1$；$a_{ij}=\dfrac{1}{a_{ji}}$；$a_{ij}=\dfrac{a_{ik}}{a_{jk}}(i,j,k=1,2,\cdots,n)$，且有

$$\boldsymbol{AW}=\begin{bmatrix} w_1/w_1 & w_1/w_2 & \cdots & w_1/w_n \\ w_2/w_1 & w_2/w_2 & \cdots & w_2/w_n \\ \vdots & \vdots & \ddots & \vdots \\ w_n/w_1 & w_n/w_2 & \cdots & w_n/w_n \end{bmatrix}\begin{bmatrix} w_1 \\ w_2 \\ \vdots \\ w_n \end{bmatrix}=\begin{bmatrix} nw_1 \\ nw_2 \\ \vdots \\ nw_n \end{bmatrix}=n\boldsymbol{W} \tag{6-9}$$

即$(\boldsymbol{A}-n\boldsymbol{I})\boldsymbol{W}=0$，说明$\boldsymbol{W}$和$n$分别为矩阵$\boldsymbol{A}$的特征向量和特征值，$\boldsymbol{I}$为单位阵，且$n$为$\boldsymbol{A}$的唯一非零特征值。

如果$\boldsymbol{W}$是事先未知的，可以根据方案的两两比较得到，但是得到的比较矩阵不一定能满足$\boldsymbol{A}$的所有特征，将该矩阵记为$\bar{\boldsymbol{A}}$。此时$\boldsymbol{AW}=n\boldsymbol{W}$变成$\bar{\boldsymbol{A}}\boldsymbol{W}'=\lambda'_{\max}\boldsymbol{W}'$，其中，$\lambda_{\max}$为$\bar{\boldsymbol{A}}$的最大特征值，$\boldsymbol{W}'$为带有偏差的相对权重向量。这就是由判断不相容做引起的误差，为了保证误 差不能太大，必须对矩阵进行一致性判断。当$\boldsymbol{A}$完全一致时，满足下列条件$a_{ii}=1$；$\sum_{i=1}^{n}\lambda_i=\sum_{i=1}^{n}a_{ii}=1$；$\exists\lambda_{\max}$且$\lambda_{\max}$为$\boldsymbol{A}$唯一非零特征值。当$\bar{\boldsymbol{A}}$不是完全一致时，一般有$\lambda_{\max}\geqslant n$，根据矩阵理论有：

$$\lambda_{\max}+\sum_{i\neq\max}\lambda=\sum_{i=1}^{n}a_{ii}=n \tag{6-10}$$

则

$$\lambda_{\max}-n=-\sum_{i\neq\max}\lambda \tag{6-11}$$

将判断矩阵一致性指标定义为

$$\text{C. I}=\frac{\lambda_{\max}-n}{n-1}=\frac{-\sum\limits_{i\neq\max}\lambda}{n-1} \tag{6-12}$$

可见当$\lambda_{\max}=n$时，C. I$=0$，为完全一致；C. I 值越大，判断矩阵的一致性越差。一般认为 C. I$\leqslant 0.1$时，该矩阵的一致性可以接受。一般随着判断矩阵维数的增大，对矩阵一致性的修正值 R. I(平均随机一致性指标)如表 6-15 所示。用修正后的 C. R 作为一致性的新标准，三者满足 C. R$=\dfrac{\text{C. I}}{\text{R. I}}$。

表 6-15　判断矩阵维数增加时 R. I 的变化表

矩阵维数	1	2	3	4	5	6	7	8
R. I	0.00	0.00	0.58	0.96	1.1	1.24	1.32	1.41

6.5.4　层次分析法的步骤

用 AHP 分析问题大体要经过以下五个步骤：① 建立层次结构模型；② 构造判断矩阵；③ 层次单排序；④ 层次总排序；⑤ 一致性检验。其中后三个步骤在整个过程中需要逐层进行，而且这些步骤通常要经过多个轮次才能完成。

1. 建立层次结构模型

用 AHP 对上述问题进行决策，首先对所涉及的因素进行分类：目标类——使资金达到最大效用；准则类——衡量目标是否实现的基准；措施类——实现目标的方案、方法和途径。

根据因素的分类构建因素的层次结构并标明上一层因素与下一层因素之间的联系。如果某个因素与下一层次所有因素均有联系，那么称这个因素与下一层次存在完全层次关系。有时存在不完全层次关系，即某个因素只与下一层次的部分因素有联系。层次结构模型往往用结构模型图表示，如图 6-5 所示。

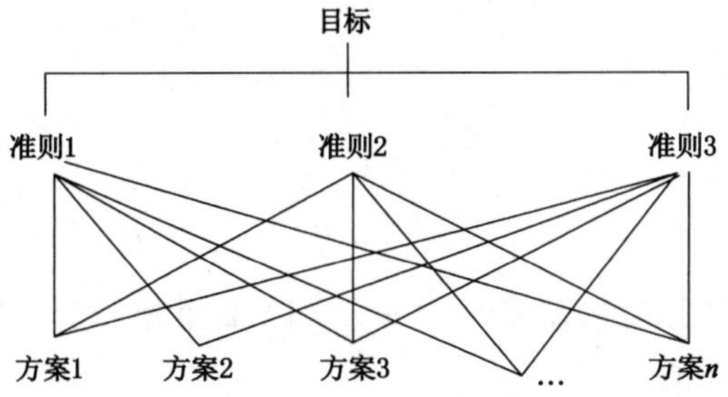

图 6-5 AHP 层次结构模型

有时由于问题的复杂性，仅采用内部独立的递阶层次结构来描述是不够的，需要采取更复杂的结构层次如循环层次结构、反馈层次结构等，有兴趣的读者可参考有关 AHP 的书籍。

2. 构造判断矩阵

有了系统的结构模型以后，决策者需要对各层次各因素的相对重要性给出判断，这些判断用数值表示出来，表示成矩阵的形式就是判断矩阵。构造判断矩阵之前要对因素进行比较打分，一般采用 1～9 标度，如表 6-16 所示。

表 6-16 1～9 标度

标度 a_{ij}	定义
1	i 因素和 j 因素同样重要
3	i 因素比 j 因素稍微重要
5	i 因素比 j 因素较重要
7	i 因素比 j 因素重要很多
9	i 因素绝对比 j 因素重要
2,4,6,8	为以上判断之间的中间状态所对应的标度值
倒数	若 j 因素和 i 因素比较，得到的判断值为 $1/a_{ij}$

采用 1～9 的打分标度的依据是：① 心理学的试验表明，大多数人对不同事物在相同属性上的差别的分辨能力在 5～9 级，采用 1～9 的标度反映了大多数人的判断能力；② 1～9 的比例标度在现实中早已为人们所熟悉和采用；③ 科学考察和实践表明，1～9 的比例标度已完全能区分引起人们感觉差别的事物的各种属性。

需要注意的是，判断矩阵只是反映同层次中各因素之间的相对重要性。假定 A 层中因素 A_k 与下一层次中因素 $B_1, B_2, \cdots, B_n$ 有联系，则我们构造 B 层的判断矩阵如下：

A_k	B_1	B_2	$\cdots$	B_n
B_1	b_{11}	b_{12}	$\cdots$	b_{1n}
B_2	b_{21}	b_{22}	$\cdots$	b_{2n}
$\vdots$	$\vdots$	$\vdots$	$\ddots$	$\vdots$
B_n	b_{n1}	b_{n2}	$\cdots$	b_{nn}

显然，判断矩阵都应满足：

$$b_{ii} = 1 \tag{6-13}$$

$$b_{ij} = \frac{1}{b_{ji}}, \quad (i,j = 1,2,\cdots,n) \tag{6-14}$$

因此，对于 n 阶判断矩阵，仅需要给出 $n(n-1)/2$ 个矩阵元素的值，就可以由上述规则得到矩阵中所有元素的取值。

3. 层次单排序

层次单排序是指本层次所有因素相对上一层次而言的重要性进行排序。层次单排序可以归结为计算判断矩阵的特征根和特征向量问题。对于判断矩阵 $\boldsymbol{B}$，按照下面的式子计算其特征根与特征向量：

$$\boldsymbol{BW} = \lambda_{\max}\boldsymbol{W} \tag{6-15}$$

式中　$\lambda_{\max}$——$\boldsymbol{B}$ 的最大特征根；

$\boldsymbol{W}$——对应于 $\lambda_{\max}$ 的正规化特征向量，$\boldsymbol{W}$ 的分量 $\boldsymbol{W}_i$ 是相应因素单排序的权值。

需要注意的是，这里要对矩阵 $\boldsymbol{B}$ 进行一致性检验，只有满足一致性检验的矩阵所得到的权值才能在实际中加以使用。

4. 层次总排序

层次总排序是利用层次单排序的结果，计算针对上一层次而言本层次所有因素重要性的权值。层次总排序的计算是从下到上逐层顺序进行的，对于最高层下面的第二层，其层次单排序即为总排序。假定上一层次所有因素 $A_1,A_2,\cdots,A_m$ 总排序已完成，得到的权值分别为 $a_1,a_2,\cdots,a_m$，则与 a_i 对应的本层次因素 $B_1,B_2,\cdots,B_n$ 单排序的结果为 $b_1^i,b_2^i,\cdots,b_n^i$，若 B_j 与 A_i 无关，则 $b_j^i=0$。层次总排序如表 6-17 所示。

表 6-17　层次总排序

层次 B	A_1	A_2	$\cdots$	A_m	B 层次的总排序
	a_1	a_2	$\cdots$	a_m	
B_1	b_1^1	$\cdots$	$\cdots$	$\cdots$	$\sum_{i=1}^{m} a_i b_2^i$
B_2	b_2^1	$\cdots$	$\cdots$	$\cdots$	$\sum_{i=1}^{m} a_i b_2^i$
$\vdots$	$\vdots$	$\vdots$		$\vdots$	$\vdots$
B_3	b_n^3	b_n^2	$\cdots$	b_n^m	$\sum_{i=1}^{m} a_i b_n^i$

显然有 $\sum_{j=1}^{n}\sum_{i=1}^{m}a_i b_j^i=1$ 成立，说明层次总排序仍然是归一化正规向量。

限于篇幅，本书对一致性检验不再加以介绍。

6.5.5 层次分析法的计算方法

下面简要介绍几种常用的计算判断矩阵最大特征根 $\lambda_{\max}$ 及其对应的特征向量 $\boldsymbol{W}$ 的方法。

1. 幂法

计算特征根的幂法使我们有可能利用计算机得到任意精确度的最大特征根 $\lambda_{\max}$ 及其对应的特征向量 $\boldsymbol{W}$。这一方法的计算步骤如下。

(1) 任取与判断矩阵 $\boldsymbol{B}$ 同阶的正规化的初值向量 $\boldsymbol{W}^0$。

(2) 计算 $\bar{W}^{k+1}=\boldsymbol{B}W^k$，$(k=0,1,2,\cdots)$。这里 $\bar{W}$ 表示向量 $\boldsymbol{W}$ 经过了归一化处理。

(3) 令 $\beta=\sum_{i=1}^{n}\bar{W}^{k+1}$，计算 $W^{k+1}=\frac{1}{\beta}\bar{W}^{k+1}$，$(k=0,1,2,\cdots)$。

(4) 对于预先给定的精确度 ε，当 $|\bar{W}^{k+1}-W_i^k|<\varepsilon$ 对所有 $i=1,2,\cdots,n$ 成立时，则 $\boldsymbol{W}=\boldsymbol{W}^{k+1}$ 为所求特征向量。$\lambda_{\max}$ 可由下式求得

$$\lambda_{\max}=\sum_{i=1}^{n}\frac{\boldsymbol{W}_i^{k+1}}{n\boldsymbol{W}_i^k} \tag{6-16}$$

式中 n——矩阵阶数；

$\boldsymbol{W}_i^k$——向量的第 i 个分量。

2. 方根法

方根法是一种近似的计算方法，其计算步骤如下。

(1) 计算矩阵每行元素的几何平均：

$$\bar{w}_i=\sqrt[n]{\prod\nolimits_{j=1}^{n}b_{ij}},\quad (i=1,2,\cdots,n) \tag{6-17}$$

从而得到向量 $\bar{\boldsymbol{w}}=(\bar{w}_1,\bar{w}_2,\cdots,\bar{w}_n)^{\mathrm{T}}$。

(2) 将 $\bar{\boldsymbol{w}}$ 中的元素进行归一化，$w_i=\frac{\bar{w}}{\sum_{i=1}^{n}\bar{w}_i}$，得到的 $\boldsymbol{w}=(w_1,w_2,\cdots,w_n)$ 为各元素的相对权重，也为矩阵特征向量的近似值。

(3) 计算判断矩阵最大特征根 $\lambda_{\max}$，计算公式为 $\lambda_{\max}=\sum_{i=1}^{n}\frac{(\boldsymbol{AW})_i}{n\boldsymbol{W}_i}$，其中，$(\boldsymbol{AW})_i$ 同样表示向量 $\boldsymbol{AW}$ 的第 i 个元素。

(4) 计算判断矩阵的一致性指标，并检验其一致性。

有了各个层次的相对权重以后就可以计算综合权重。

6.5.6 网络分析法

1. 概述

AHP 是一种度量评价指标重要程度的一般方法。在层次结构中，它可以通过离散或者

连续的程度比较得到指标的相对重要程度。这种比较可以建立在绝对测度的基础之上，也可以建立在反映偏好、情感等的相对测度之上。AHP 注重对一致性的判别，并且假设同层指标间的相互独立性。目前，AHP 已经在多属性决策分析、计划制订、资源分配和冲突分析等领域得到了广泛的应用。

事实上，许多复杂系统的评价问题不能构建成层次结构，因为它们的高层因素或底层因素间存在关联和依赖关系。在这种情况下，不仅评价指标影响方案的选择，方案自身的重要程度也影响指标的重要程度。不仅如此，复杂系统评价问题的同层因素间也可能存在关联和依赖关系。为了解决这类复杂系统的评价问题，Saaty 提出了网络分析法（analytic network process，ANP）。事实上，早在 20 世纪 80 年代，Saaty 就注意到复杂系统评价中下层因素对上层因素影响的存在。为此，他在 AHP 的基础上提出了反馈 AHP，这是 ANP 的前身。

和 AHP 类似，ANP 首先对系统结构进行分析。但是，AHP 将系统划分为递阶层次结构，而 ANP 将系统元素划分为两大部分：控制层和网络层，控制层的元素包含系统目标和评价准则，而网络层的元素是由所有受控制层支配的元素组成的。控制层中上层元素对下层元素有支配关系，而下层元素对上层元素没有影响。网络层元素间存在相互影响关系。图 6-6 所示为一个典型的 ANP 结构。

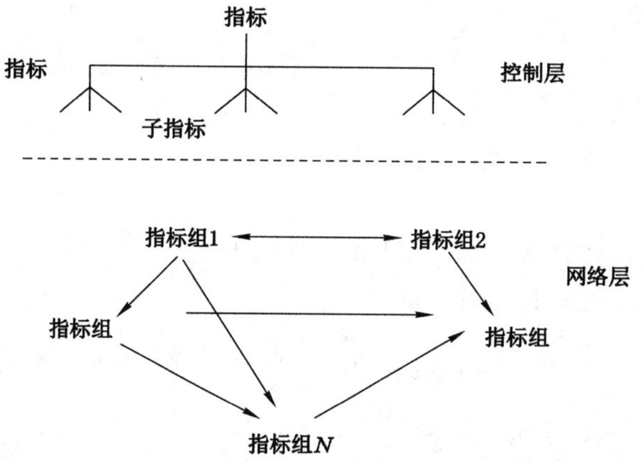

图 6-6　ANP 模型的结构图

需要注意的是，在图 6-6 中每个指标组中又含有若干个指标。

2. 元素重要程度判定

AHP 中通过元素两两比较得到判断矩阵，然后再依据判断矩阵得到各元素的重要程度。而在 ANP 中，由于网络层元素间存在相互影响关系，元素间的独立性被破坏，因而不能直接对元素进行两两比较。ANP 中元素重要程度的确定可以通过以下两种方式进行。

（1）直接重要程度：在一个设定准则下，两元素对该准则的重要程度进行比较。

（2）间接重要程度：在一个设定准则下，两元素对该准则下的第三个元素的影响程度进行比较。例如，比较 A、B 两人对上级营销能力的重要程度，可以通过它们对营销团队所取得的营销成果的影响力比较而得到。

直接重要程度适用于元素间相互独立的情形，而间接重要程度适用于元素间存在相互影响的情形。

ANP中控制层元素间相互独立，因此控制层元素的重要程度可以通过直接重要程度判定得到；网络层元素间存在相互依存关系，因此网络层元素的重要程度可以通过间接重要程度的判定得到。

3. 超矩阵的构建

假设某复杂系统ANP结构的控制层元素为 $p_1,\cdots,p_m$，网络层元素组为 $C_1,\cdots,C_N$，其中元素组 C_i 含有元素 $c_{i1},\cdots,c_{in_i}$。对网络层元素重要程度的确定需要通过间接判定方法。首先以控制层 p_s 为准则，以元素组 C_j 中的元素 c_{jl} 为次准则，元素组 C_i 中元素按其对 c_{jl} 的影响力大小进行间接重要程度比较，得到判断矩阵为：

c_{jl}	$c_{i1},c_{i2},\cdots,c_{in_i}$	归一化特征向量
c_{i1}		w_{i1}^{jl}
c_{i2}		w_{i2}^{jl}
$\vdots$		$\vdots$
c_{in_i}		$w_{in_i}^{jl}$

依据判断矩阵，可由特征根法得到排序向量 $(w_{i1}^{jl},\cdots,w_{in_i}^{jl})^{\mathrm{T}}$。

同理，可得元素组 C_i 以控制层 p_s 为准则和以元素组 C_j 中的其他元素为次准则下的判断矩阵，并得到对应的排序向量。将元素组 C_i 以控制层 p_s 为准则和以元素组 C_j 中的所有元素为次准则下得到的排序向量用矩阵表示，得

$$\boldsymbol{W}_{ij}=\begin{bmatrix} w_{i1}^{j1} & w_{i1}^{j2} & \cdots & w_{i1}^{jn_j} \\ w_{i2}^{j1} & w_{i2}^{j2} & \cdots & w_{i2}^{jn_j} \\ \vdots & \vdots & \ddots & \vdots \\ w_{in_i}^{j1} & w_{in_i}^{j2} & \cdots & w_{in_i}^{jn_j} \end{bmatrix} \tag{6-18}$$

其中，矩阵的第 k 列表示元素组 C_i 以控制层 p_s 为准则和以元素组 C_j 中的元素 c_{jk} 为次准则下得到的排序向量。

同理，元素组 C_k 在以控制层 p_s 为准则和以元素组 C_j 中的元素为次准则下，可以得到排序向量构成的矩阵为 $\boldsymbol{W}_{kj}$。将控制层 P_s 下所有元素组成的排序向量矩阵构建成超矩阵，得到超矩阵 $\boldsymbol{W}$。

$$\boldsymbol{W}=\begin{matrix} 1\cdots n_1 \\ 1\cdots n_2 \\ \vdots \\ 1\cdots n_N \end{matrix}\overset{\begin{matrix} 1\cdots n_1 & 1\cdots n_2 & & 1\cdots n_N \end{matrix}}{\begin{bmatrix} w_{11} & w_{12} & \cdots & w_{1N} \\ w_{21} & w_{22} & \cdots & w_{2N} \\ \vdots & \vdots & \ddots & \vdots \\ \boldsymbol{W}_{N1} & w_{N2} & \cdots & w_{NN} \end{bmatrix}} \tag{6-19}$$

由于控制层有 m 个元素，因此超矩阵有 m 个。所有的超矩阵均为非负矩阵，每个超矩阵的子矩阵的列均是归一化的，但整个超矩阵的列并不是归一化的。

4. 加权超矩阵的构建

以控制层 p_s 为准则，以任一元素组 $C_j(j=1,2,\cdots,N)$ 为次准则，对各个元素组的重要程度进行比较，得判断矩阵：

C_j	$C_1, C_2, \cdots, C_N$	归一化特征向量
C_1		a_{1j}
C_2		a_{2j}
$\vdots$		$\vdots$
C_N		a_{Nj}

由 $a_{ij}(i=1,2,\cdots,N;j=1,2,\cdots,N)$构成加权矩阵 $\boldsymbol{A}$：

$$\boldsymbol{A}=\begin{bmatrix} a_{11} & a_{12} & \cdots & a_{1N} \\ a_{21} & a_{22} & \cdots & a_{2N} \\ \vdots & \vdots & \ddots & \vdots \\ a_{N1} & a_{N2} & \cdots & a_{NN} \end{bmatrix} \tag{6-20}$$

利用加权矩阵 $\boldsymbol{A}$ 对超矩阵 $\boldsymbol{W}$ 中的元素进行加权，得

$$W'_{ij}=a_{ij}W_{ij}, \quad (i=1,2,\cdots,N;j=1,2,\cdots,N) \tag{6-21}$$

由 W'_{ij} 构成的超矩阵 $\boldsymbol{W}'$ 即为超加权矩阵。不难证明，加权矩阵各列之和为 1。为简便起见，以下超矩阵均为加权超矩阵，并仍然记为 $\boldsymbol{W}$。

5. 极限加权超矩阵

由上面步骤计算出加权超矩阵 $\boldsymbol{W}$ 中的元素表示元素间的一次优势度。为了计算元素间的二次优势度，需要计算 $\boldsymbol{W}^2$；计算元素间的三次优势度，需要计算 $\boldsymbol{W}^3$；以此类推，计算极限加权超矩阵。极限加权超矩阵中的元素表示控制层 p_s 下网络层各元素间的极限优势度。

为了更方便地计算和使用极限加权超矩阵，下面不加证明地给出三条定理。

定理 6-1 设 $\boldsymbol{A}$ 为 n 阶非负矩阵，$\lambda_{\max}$ 为其最大特征值，则有

$$\min_i \sum_{j=1}^{n} a_{ij} \leqslant \lambda_{\max} \leqslant \max_i \sum_{j=1}^{n} a_{ij} \tag{6-22}$$

定理 6-2 设非负列随机矩阵 $\boldsymbol{A}$ 的最大特征根 1 是单根，其他特征根的模均小于 1，则 $\boldsymbol{A}$ 存在，并且 $\boldsymbol{A}$ 的各列都相同，都是 $\boldsymbol{A}$ 属于 1 的归一化特征向量。

定理 6-3 设 $\boldsymbol{A}$ 为非负不可约列随机矩阵，则 $\boldsymbol{A}=\lim\limits_{k\to\infty} \boldsymbol{A}^k$ 存在的充分必要条件是 $\boldsymbol{A}$ 为素阵。

依据极限加权超矩阵，即可得到各个准则的重要程度、各评价指标的重要程度以及评价方案的排序。

例如，某评价系统中含有 1 个目标、3 个准则(p_1, p_2, p_3)、6 个评价指标($c_1, c_2, \cdots, c_6$)、3 个备选方案(A_1, A_2, A_3)。经计算该评价系统极限加权超矩阵如表 6-18 所示。

表 6-18 某评价系统极限加权超矩阵

项目	p_1	p_2	p_3	c_1	c_2	c_3	c_4	c_5	c_6	A_1	A_2	A_3
p_1	0.086	0.086	0.086	0.086	0.086	0.086	0.086	0.086	0.086	0.086	0.086	0.086
p_2	0.080	0.080	0.080	0.080	0.080	0.080	0.080	0.080	0.080	0.080	0.080	0.080
p_3	0.084	0.084	0.084	0.084	0.084	0.084	0.084	0.084	0.084	0.084	0.084	0.084
c_1	0.078	0.078	0.078	0.078	0.078	0.078	0.078	0.078	0.078	0.078	0.078	0.078
c_2	0.098	0.098	0.098	0.098	0.098	0.098	0.098	0.098	0.098	0.098	0.098	0.098

表 6-18(续)

项目	p_1	p_2	p_3	c_1	c_2	c_3	c_4	c_5	c_6	A_1	A_2	A_3
c_3	0.079	0.079	0.079	0.079	0.079	0.079	0.079	0.079	0.079	0.079	0.079	0.079
c_4	0.087	0.087	0.087	0.087	0.087	0.087	0.087	0.087	0.087	0.087	0.087	0.087
c_5	0.077	0.077	0.077	0.077	0.077	0.077	0.077	0.077	0.077	0.077	0.077	0.077
c_6	0.080	0.080	0.080	0.080	0.080	0.080	0.080	0.080	0.080	0.080	0.080	0.080
A_1	0.085	0.085	0.085	0.085	0.085	0.085	0.085	0.085	0.085	0.085	0.085	0.085
A_2	0.088	0.088	0.088	0.088	0.088	0.088	0.088	0.088	0.088	0.088	0.088	0.088
A_3	0.076	0.076	0.076	0.076	0.076	0.076	0.076	0.076	0.076	0.076	0.076	0.076

依据表 6-18 不难得出，该评价系统的评价准则集中准则 p_1 最重要；比较而言，准则 p_2 最不重要。评价指标中指标 c_2 最重要，指标 c_4 次之，指标 c_5 在指标集中的重要程度最低。被评价方案中方案 A_2 最优，方案 A_1 次之，方案 A_3 最差。

下面给出几种特殊评价系统的网络结构，并给出其对应的超矩阵。

6. 几种特殊评价系统的网络结构及其对应的超矩阵

(1) 内部独立的递阶层次结构

内部独立的递阶层次结构以及对应的超矩阵示意图如图 6-7 所示。

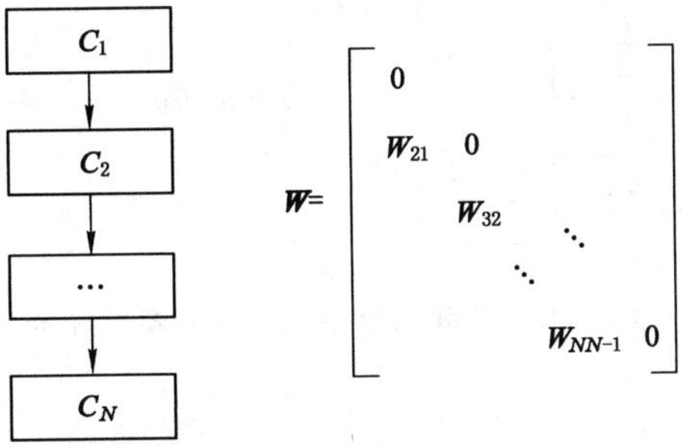

图 6-7　内部独立的递阶结构及其超矩阵示意图

(2) 内部独立的反馈结构

内部独立的反馈结构示意图以及对应的超矩阵如图 6-8 所示。

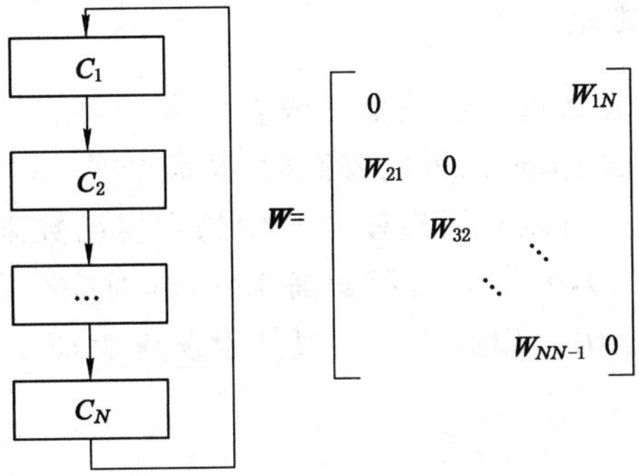

图 6-8　内部独立的反馈结构及其超矩阵示意图

(3) 内部关联的递阶结构

内部关联的递阶层次结构以及对应的超矩阵示意图如图 6-9 所示。

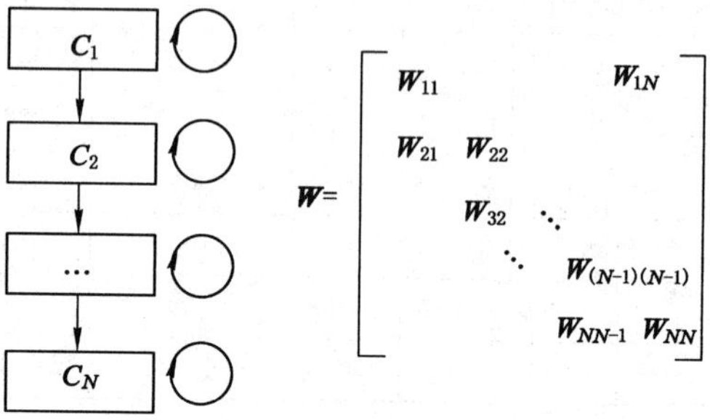

图 6-9 内部关联的递阶结构及其超矩阵示意图

(4) 内部关联的反馈结构

内部关联的反馈结构以及对应的超矩阵示意图如图 6-10 所示。

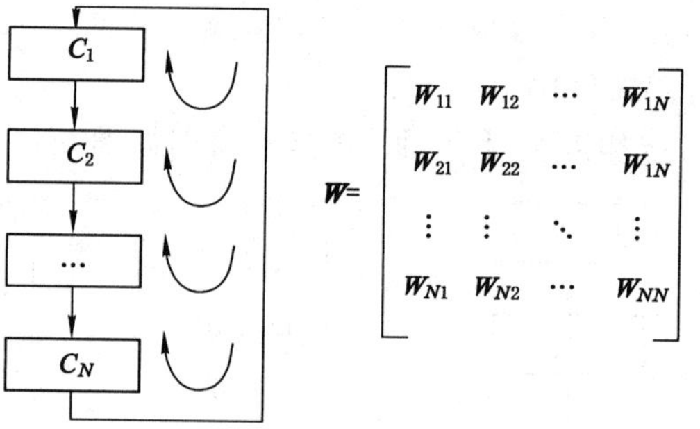

图 6-10 内部关联的反馈结构及其超矩阵示意图

6.6 模糊评价法

模糊评价法是利用模糊集理论进行评价的一种方法，适用于对复杂系统以及无法进行精确定量计算的方案进行评价。

6.6.1 模糊的概念及度量

日常生活中，有些评估无法进行精确描述或者没有必要进行精确描述的时候可以用模糊的概念进行描述，例如，人们描述某人的身高时用“高个子”或“低个子”等语言来描述。为了定量地刻画这种模糊概念，可以采用模糊数学中的隶属函数来表示。例如，对身高而言，$A=(1/180,0.5/175,0.2/170,0/165)$表示身高 180 cm 时完全可以认为是高个子，175 cm 身高者为高个子的程度仅为 0.5，以此类推。显然隶属度表征了模糊性，并且隶属度为 0.5 时模糊性最强。

6.6.2 模糊变量的运算

由于模糊变量是用隶属度描述的，因此其运算与经典代数运算有所不同，下面简单介绍模糊运算。没有模糊矩阵 $\boldsymbol{R}$ 和 $\boldsymbol{S}$：

$$\boldsymbol{R}=\begin{pmatrix}0.5 & 0.3\\0.4 & 0.8\end{pmatrix},\quad \boldsymbol{S}=\begin{pmatrix}0.8 & 0.5\\0.3 & 0.7\end{pmatrix} \tag{6-23}$$

1. 模糊矩阵的并运算

模糊矩阵的并运算和经典集合的并运算相似，为取大运算：

$$\boldsymbol{R}\cup\boldsymbol{S}=\begin{pmatrix}0.5\vee 0.8 & 0.3\vee 0.5\\0.4\vee 0.3 & 0.8\vee 0.7\end{pmatrix}=\begin{pmatrix}0.8 & 0.5\\0.4 & 0.8\end{pmatrix} \tag{6-24}$$

2. 模糊矩阵的交运算

模糊矩阵的交运算的规则为取小运算：

$$\boldsymbol{R}\cap\boldsymbol{S}=\begin{pmatrix}0.5\wedge 0.8 & 0.3\wedge 0.5\\0.4\wedge 0.3 & 0.8\wedge 0.7\end{pmatrix}=\begin{pmatrix}0.5 & 0.3\\0.3 & 0.7\end{pmatrix} \tag{6-25}$$

3. 模糊矩阵的乘积

模糊矩阵的乘积定义为模糊集合的并交运算，假设 $\boldsymbol{C}=\boldsymbol{R}\cdot\boldsymbol{S}$，则 $c_{ij}=\bigcup_k(r_{ik}\cap s_{kj})$：

$$\boldsymbol{C}=\boldsymbol{R}\cdot\boldsymbol{S}=\begin{bmatrix}(0.5\wedge 0.8)\vee(0.3\wedge 0.3) & (0.3\wedge 0.5)\vee(0.3\wedge 0.7)\\(0.4\wedge 0.3)\vee(0.8\wedge 0.3) & (0.8\wedge 0.7)\vee(0.8\wedge 0.7)\end{bmatrix}=\begin{bmatrix}0.5 & 0.5\\0.4 & 0.4\end{bmatrix} \tag{6-26}$$

6.6.3 模糊综合评价

模糊综合评价是运用模糊集理论对某一对象进行综合评价的一种方法，该方法主要用于指标值难以精确描述的评价系统，例如，“把企业办得更好、改善服务态度、让顾客满意”等指标的描述。具体而言模糊综合评价主要包括以下元素。

(1) 因素集 U：相当于评价指标集。$U=\{u_1,u_2,\cdots,u_n\}$，其中，u_i 表示具体的指标。例如，对设计人员进行考核，因素集可定义为 $U=\{$再现能力，发现能力，创造能力，…$\}$。

(2) 评判集 V：因素的可能评估值 $V=\{v_1,v_2,\cdots,v_m\}$。例如，按四级评分制，评判集 $V=\{$优秀，良好，及格，不及格$\}$。

(3) 模糊评价矩阵 $\widehat{\boldsymbol{R}}$：反映 U 到 V 的模糊映射。其中，元素 r_{ij} 表示对象中第 i 个因素对第 j 种评语的可能程度。

$$\widehat{\boldsymbol{R}}=\begin{bmatrix}r_{11} & r_{12} & \cdots & r_{1m}\\r_{21} & r_{22} & \cdots & r_{2m}\\\vdots & \vdots & \ddots & \vdots\\r_{n1} & r_{n2} & \cdots & r_{nm}\end{bmatrix} \tag{6-27}$$

(4) 权重分配 $\{\widehat{A}(\mu_{ij})\}(i=1,2,\cdots,n)$：$U$ 中个元素 u_i 的权重。由于对 U 中各因素之间有不同的权衡，人们对这个问题的认识体现为 U 的一个模糊子集 $\widehat{A}$，U 中元素 u_i 对 $\widehat{A}$ 的隶属度变为 $\widehat{A}(\mu_i)$，也称为因素 u_i 被分配的权重，并且有 $\sum\limits_{j=1}\widehat{A}(\mu_i)=1$。

(5) 综合评价模型：根据 $\hat{\boldsymbol{R}}$ 和 $\hat{A}$，可以得出综合评价模型为 $\hat{\boldsymbol{B}}=\hat{A}\cdot\hat{\boldsymbol{R}}$。最后根据 $\hat{\boldsymbol{B}}$ 对对象进行综合评价。

下面举例来进行说明：现在要评估学生的综合素质，设 $U=\{$思想修养，学习情况，集体观念，劳动观念$\}$，$V=\{$很好，较好，一般，差$\}$，$\hat{A}=\{0.5,0.2,0.2,0.1\}$。

调查分析以后得到某一学生的评价矩阵为

$$\hat{\boldsymbol{R}}=\begin{bmatrix}0.4 & 0.5 & 0.1 & 0\\0.6 & 0.3 & 0.1 & 0\\0.1 & 0.2 & 0.6 & 0.1\\0.1 & 0.2 & 0.5 & 0.2\end{bmatrix} \tag{6-28}$$

则该学生的综合评价模型为

$$\begin{aligned}\hat{\boldsymbol{B}}=\hat{A}\cdot\hat{\boldsymbol{R}}&=(0.5,0.2,0.2,0.1)\begin{bmatrix}0.4 & 0.5 & 0.1 & 0\\0.6 & 0.3 & 0.1 & 0\\0.1 & 0.2 & 0.6 & 0.1\\0.1 & 0.2 & 0.5 & 0.2\end{bmatrix}\\&=[(0.5\wedge0.4)\vee(0.2\wedge0.6)\vee(0.2\wedge0.1)\vee(0.1\wedge0.1),\\&\quad(0.5\wedge0.5)\vee(0.2\wedge0.3)\vee(0.2\wedge0.2)\vee(0.1\wedge0.2),\\&\quad(0.5\wedge0.1)\vee(0.2\wedge0.1)\vee(0.2\wedge0.6)\vee(0.1\wedge0.5),\\&\quad(0.5\wedge0)\vee(0.2\wedge0)\vee(0.2\wedge0.1)\vee(0.1\wedge0.2)]\\&=(0.4,0.5,0.2,0.1)\end{aligned} \tag{6-29}$$

根据结果，可以得出该学生的综合素质属于较好。

思考与练习

1. 简述系统评价的复杂性和重要性。
2. 确定评价指标的原则有哪些？解释原因。
3. 假设有几种方案用于企业的扩建，请构建评价这些扩建方案的指标体系，并分别用相对比较法、连环比率法和判断矩阵法给出各个指标的权重。
4. 分析关联矩阵法、PATTERN 法和功效系数法的步骤和特点。
5. 指出应用 AHP 的关键所在，并用 AHP 分析下面的判断矩阵是否一致：

$$\boldsymbol{A}=\begin{bmatrix}1 & 0.6 & 0.8 & 2\\1.5 & 1 & 0.4 & 0.5\\1.2 & 1.6 & 1 & 3\\0.4 & 3 & 2 & 1\end{bmatrix}$$

6. 现在要对企业上年度的业绩进行评估，已知评价指标为 $U=\{$利润，上缴税务，职工培训，治理污染$\}$；可能评估值为 $V=\{$很好，较好，一般，差$\}$；各个指标的权重分配为 $\hat{A}=\{0.5,0.2,0.2,0.1\}$，该企业的评价矩阵为

$$\hat{\boldsymbol{R}}=\begin{bmatrix}0.4 & 0.5 & 0.1 & 0\\0.6 & 0.3 & 0.1 & 0\\0.1 & 0.2 & 0.6 & 0.1\\0.1 & 0.2 & 0.5 & 0.2\end{bmatrix}$$

请用模糊综合评价方法进行分析。

7. 彩色胶卷的显影色彩很容易受显影液微小变化的影响，为了对显影液进行质量控制，将胶卷在不同情形下曝光，然后通过红、绿、蓝滤色片进行测量，在高、中、低三种密度下进行，故每一胶卷共有 9 个指标，假设根据试验数据所求得样本协方差矩阵如表 6-20 所示。请根据主成分分析，找出样本协方差矩阵的特征值和相应的正交单位化特征向量，并指出累计贡献率大于 80% 的样本主成分。

表 6-20　试验数据样本协方差矩阵

高			中			低		
红	绿	蓝	红	绿	蓝	红	绿	蓝
177	179	95	96	53	32	−7	−4	−3
	419	245	131	181	127	−2	1	4
		302	60	109	142	4	4	11
			153	102	42	4	3	2
				137	96	4	5	6
					128	2	2	8
						34	31	33
							39	39
								48

第7章 系统可靠性分析

7.1 可靠性的基本概念

7.1.1 可靠性概述

矿业系统是由多工序、多环节、多设备组成的综合性复杂系统，加之地下作业的特殊环境和作业场所的动态性，因而存在着许多影响生产的随机因素。因此，从设计、生产和管理都要求有较高的可靠性。

随着煤炭科学技术的不断发展和装备的更新，矿井生产集中化程度和机械化程度的提高，矿井生产系统可靠性也必须随之提高，近年来，世界各主要产煤国家都在积极开发和应用新型高效、大功率、高可靠性的综采设备，取得了良好的效果。在我国已出现了很多“一矿一面”或“一矿两面”的高产高效矿井，如果系统的可靠性不高，经常发生故障而影响生产，其影响的不仅仅是一个工作面的生产，还会影响整个矿井的生产。

矿业系统可靠性分析涉及的范围很广，诸如采煤机、带式输送机、电机车、提升系统、支护系统等的可靠性问题均是矿业系统的重要指标。各主要设备或主要子系统的可靠性高低将直接影响整个矿业系统的好坏。另外，除了设备或一系列子系统本身的可靠性外，生产环境与条件、操作人员水平及素质和维修条件也是影响矿业系统可靠性的主要因素。对于一个具体的生产矿井而言，采煤方法、开采方式与开拓布局等，都将使矿井生产系统的可靠性发生变化。概括起来，矿业系统可靠性分析涉及以下几个方面的研究工作：

(1) 当设备与工艺系统等作为矿业系统中一个部件时，需确定评定部件可靠性的数量指标，特别是它们处于统计平衡状态下的指标。

(2) 研究如何由统计资料，运用统计方法获得部件(或子系统)乃至系统的可靠性数量指标。

(3) 确定评定矿业系统的可靠性数量指标，特别是当矿业系统处于统计平衡状态下的稳态指标。

(4) 研究如何根据矿业系统所反映的功能关系、系统中部件(设备、工作面或采区等子系统)的可靠性、系统所采用的维修方式，获得矿业系统可靠性的一套计算方法。

(5) 为了保证让矿业系统在整体功能上能够安全、高效、低耗地发挥作用，在设计这个整体中每一个子系统(如井下运输系统、通风系统、开拓系统等)时，要求这些子系统确定达到了预定的可靠性，这样才能使矿业系统更可靠。

(6) 将系统(或子系统)的可靠性分配到相应的每个子系统(或部件)上，以便为工艺选择、设备选型提供依据。

(7) 根据系统现有部件的可靠性与系统的结构，经过计算当系统的可靠性达到预定目标时，寻找提高系统可靠性的途径与方法。

(8) 在保证系统可靠性指标条件下，使矿业系统耗费最少。

7.1.2　可靠性定义

可靠性有广义与狭义两种解释，广义的可靠性是产品在其整个寿命期内完成规定功能的能力。这是一种定性的说法，它可以包含狭义的可靠性和维修性。狭义的可靠性是指产品(或系统)在规定条件和规定时间内完成规定功能的能力，称为产品(或系统)的可靠性。

产品(或系统)在规定条件和规定时间内，不能完成规定功能，称为故障(或失效)。可靠性一般采用概率表示，也可以根据实际需要，采用平均无故障工作时间，或平均无故障里程(汽车、坦克等)表示。

"规定的条件"是指使用条件、维护条件、环境条件和人的因素(或人机关系)等。在不同的条件下，同一产品的可靠性就不一样。例如，煤矿井下设备的可靠性较地面同样设备可靠性低，现场使用的设备可靠性要比实验室使用的同样设备的可靠性低。所以，不在规定的条件下谈论可靠性，就失去比较产品质量的前提。

"规定的时间"是指要求保持功能的使用时间、储存时间以及与时间相当的动作次数和运行里程等。离开时间就失去可靠性意义。而规定时间的长短，是随着产品对象不同和使用目的不同而异的，例如，煤矿井下设备和电缆要求几十年内可靠；一般的电视机和通信设备要求在几千小时到几万小时内可靠。一般说来，产品的可靠性随着产品的使用时间的延长而逐渐降低。

"规定的功能"是指产品的各种技术性能指标。在确认产品的可靠性之前，应先规定产品达到什么样的技术性能指标才算可靠或不可靠。例如，采煤机工作 2 h 可靠性为 98%，这就是说，在规定条件下，100 台采煤机工作 2 h，大体上有 98 台采煤机可完成规定的功能。

7.1.3　不可修复系统和可修复系统

系统一旦出现故障，不再修复，做报废处理，就成为不可修复系统。如果系统出现故障，通过维修活动，将其恢复到正常工作状态，再使用，就是可修复系统。

可修复系统正常工作能力，不但与可靠性有关，还与维修性有关。一般产品的可靠性高，产品使用过程中不容易发生故障，因此，高可靠性是使产品性能得以持续发挥的保证。产品的维修性好，产品发生故障后，就能得以迅速恢复到正常工作状态。因此，不可修复产品要求可靠性好；可修复产品要求可靠性和维修性都要好。

7.1.4　可靠度和不可靠度

产品(或系统)在规定条件和规定时间 t 内完成规定功能的概率，称为产品(或系统)的可靠度，记为 $R(t)$，即可靠性的数量化称为可靠度。

若产品寿命 T 是随机变量，可靠度 $R(t)$ 可表示为

$$R(t) = P(T > t) \tag{7-1}$$

式中，t 是规定时间。显然 t 时刻可靠度，是指产品在 $[0,t]$ 内完成规定功能(或正常工作)的概率，即 t 时间内正常工作的概率。

不可靠度 $F(t)$ 为

$$F(t) = P(T \leqslant t) \tag{7-2}$$

式中，t 是规定时间。显然 t 时刻不可靠度，是指产品在 $[0,t]$ 内发生故障（或不能正常工作）的概率，即 t 时间内发生故障的概率。

显然

$$R(t) + F(t) = 1 \tag{7-3}$$

对于有限样本，设考察的产品总数目为 N_0，经过 t 时间故障数目为 $r(t)$，则产品在 $[0,t]$ 内，可靠度和不可靠度的估计值为

$$R(t) = \frac{N_0 - r(t)}{N_0} \tag{7-4}$$

$$F(t) = \frac{r(t)}{N_0} \tag{7-5}$$

根据概率论的性质知道，可靠度具有下列性质：

(1) $R(0)=1$，表示产品在开始时刻处于良好状态。

(2) $R(t)$ 是时间的单调减函数，即 $R(t)$ 随着时间 t 的增大而减小。

(3) $\lim\limits_{t\to\infty} R(t)=0$，即当时间 t 充分大时，可靠度的值趋于零。

(4) $0\leqslant R(t)\leqslant 1$，即无论任何时刻，其可靠度的值都介于 0 与 1 之间。

【例 7-1】 取某产品 100 个，进行可靠性试验，当 $t=30$ h 时故障产品数目 $r(30)=40$ 个，试求 $t=30$ h 时产品的可靠度和不可靠度。

根据可靠度和不可靠度的定义，可知

$$R(30) = \frac{100-40}{100} = 0.6$$

$$F(30) = \frac{40}{100} = 0.4$$

显然，$R(30)$ 表示全部 100 个正常产品，从整个时间集上考察，到 30 h，正常产品存活的概率为 0.6（即存活的概率为 60%）；$F(30)$ 表示全部 100 个正常产品，从整个时间集上考察，到 30 h，故障产品出现的概率为 0.4。

7.2 基本可靠性指标

7.2.1 故障概率密度函数

故障概率密度函数 $f(t)$ 是不可靠度的导数，即

$$f(t) = \frac{\mathrm{d}F(t)}{\mathrm{d}t} \tag{7-6}$$

由于不可靠度 $F(t)$ 是不减函数，并且 $F(0)=0$ 和 $F(\infty)=1$，即不可靠度 $F(t)$ 是分布函数，所以 $f(t)$ 是概率密度函数。

对于有限样本，设考察产品总数目为 N_0，经过 t 时间故障数目为 $r(t)$，经过 $t+\Delta t$ 时间，故障数目为 $r(t+\Delta t)$，则故障概率密度函数估计值为

$$f(t) = \frac{r(t+\Delta t) - r(t)}{N_0 \Delta t} \tag{7-7}$$

即故障概率密度函数的物理意义是，产品总数目中，在任意时刻 t，下一个单位时间内有故障发生的概率。

【例 7-2】 取某产品 100 个，进行可靠性试验，当 $t=30$ h 时故障产品数目 $r(30)=40$ 个，当 $t=31$ h 故障产品数目 $r(31)=42$ 个，试求 $t=30$ h 时产品的故障概率密度。

根据故障概率密度的定义，可知

$$f(30)=\frac{42-40}{100\times 1}=0.02(\mathrm{h}^{-1})$$

显然，$f(30)$表示全部 100 个正常产品，从整个时间集上考察，到 30 h，下一个单位时间内发生故障的概率为 0.02(1/h 或 h^{-1})，即下一个单位时间内发生故障的概率为 2%(1/h 或 h^{-1})。

7.2.2 故障率

任意时刻 t，尚未发生故障产品，在下一个单位时间内发生故障的概率，称为故障率。

对于有限样本，设考察产品总数目为 N_0，经过 t 时间故障数目为 $r(t)$，经过 $t+\Delta t$ 时间，故障数目为 $r(t+\Delta t)$，则故障率估计值为

$$\lambda(t)=\frac{r(t+\Delta t)-r(t)}{[N_0-r(t)]\Delta t} \tag{7-8}$$

即故障率 $\lambda(t)$的物理意义是，任意时刻 t，尚未发生故障的产品在下一个单位时间内发生故障的概率。

当考察的产品总数目足够多($N_0\to\infty$)，考察时间足够短($\Delta t\to 0$)时，有

$$\lambda(t)=\lim_{\substack{\Delta t\to 0\\ N_0\to\infty}}\frac{\dfrac{r(t+\Delta t)-r(t)}{N_0\Delta t}}{\dfrac{N_0-r(t)}{N_0}}=\frac{f(t)}{1-F(t)}=\frac{f(t)}{R(t)} \tag{7-9}$$

$R(t)$表示全部正常产品到 t 时刻正常工作事件的概率，$\lambda(t)$表示到 t 时刻尚未发生故障产品，在单位时间内发生故障事件的概率，所以 $R(t)\cdot\lambda(t)$表示全部正常产品到 t 时刻，在单位事件内发生故障事件的概率，即 $R(t)\cdot\lambda(t)=f(t)$。

【例 7-3】 取某产品 100 个，进行可靠性试验，当 $t=30$ h 时故障产品数目 $r(30)=40$ 个，当 $t=31$ h 故障产品数目 $r(31)=42$ 个，试求 $t=30$ h 时产品的故障率。

根据故障率的定义，可知

$$\lambda(30)=\frac{42-40}{(100-40)\times 1}=0.033\,333(\mathrm{h}^{-1})$$

显然，$\lambda(30)$表示全部 100 个正常产品，从整个时间集上考察，到 30 h 尚未发生故障产品，下一个单位时间内发生故障的概率为 0.033 333(1/h 或 h^{-1})，即尚未发生故障产品下一个单位时间内发生故障的概率为 3.333 3%(1/h 或 h^{-1})。

7.2.3 可靠度指标之间的关系

可靠度、不可靠度、故障概率密度和故障率中，只要知道其中一个指标，就可以确定另外三个指标。

1. 已知可靠度或不可靠度

已知产品的可靠度为 $R(t)$，则产品不可靠度为

$$F(t)=1-R(t) \tag{7-10}$$

由式(7-4)和式(7-7)可知，故障概率密度函数 $f(t)$ 和故障率 $\lambda(t)$ 分别为

$$f(t)=\frac{\mathrm{d}F(t)}{\mathrm{d}t}=-\frac{\mathrm{d}R(t)}{\mathrm{d}t} \tag{7-11}$$

$$\lambda(t)=\frac{f(t)}{1-F(t)}=\frac{1}{1-F(t)}\cdot\frac{\mathrm{d}F(t)}{\mathrm{d}t} \tag{7-12}$$

或

$$\lambda(t)=\frac{f(t)}{R(t)}=-\frac{1}{R(t)}\cdot\frac{\mathrm{d}R(t)}{\mathrm{d}t} \tag{7-13}$$

2. 已知故障概率密度

已知产品的故障概率密度函数为 $f(t)$，则不可靠度 $F(t)$ 和可靠度 $R(t)$，分别为

$$F(t)=\int_0^t f(t)\mathrm{d}t \tag{7-14}$$

$$R(t)=1-F(t)=\int_t^\infty f(t)\mathrm{d}t \tag{7-15}$$

即不可靠度 $F(t)$，表示$[0,t]$内累积发生故障的概率。

故障率 $\lambda(t)$ 为

$$\lambda(t)=\frac{f(t)}{1-F(t)}=\frac{f(t)}{R(t)} \tag{7-16}$$

3. 已知故障率

已知产品的故障率为 $\lambda(t)$，对式(7-13)两边积分得

$$\int_0^t\lambda(t)\mathrm{d}t=-\int_0^t\frac{1}{R(t)}\frac{\mathrm{d}R(t)}{\mathrm{d}t}\mathrm{d}t=-\int_0^t\mathrm{d}[\ln R(t)]=-\ln R(t)+\ln R(0)$$

当 $t=0$ 时产品正常，有 $R(0)=1$，从而得

$$R(t)=\exp\left[-\int_0^t\lambda(t)\mathrm{d}t\right] \tag{7-17}$$

$$F(t)=1-\exp\left[-\int_0^t\lambda(t)\mathrm{d}t\right] \tag{7-18}$$

由式(7-18)得，故障概率密度函数 $f(t)$ 为

$$f(t)=\lambda(t)\cdot\exp\left[-\int_0^t\lambda(t)\mathrm{d}t\right] \tag{7-19}$$

7.2.4 平均寿命

平均寿命是寿命的平均值。对于不可修复的产品，指产品故障前工作时间的平均值，通常记为 MTTF(mean time to failure)。对于可修复产品，指故障间隔时间的平均值，记为 MTBF(mean time between failures)。

采用平均寿命表征产品可靠性，具有物理意义明确、直观的优点。

1. 平均故障前工作时间(MTTF)

设 N_0 个不可修复产品在相同条件下进行试验，测得寿命数据为 $t_1,t_2,\cdots,t_{N0}$，则其平均故障前工作时间的估计值为

$$\mathrm{MTTF}=\frac{1}{N_0}\sum_{i=1}^{N_0}t_i \tag{7-20}$$

当寿命是连续型随机变量时，平均故障前工作时间为

$$\mathrm{MTTF} = \int_0^{\infty} t f(t)\mathrm{d}t = \int_0^{\infty} t\left[-\frac{\mathrm{d}R(t)}{\mathrm{d}t}\right]\mathrm{d}t = -[t \cdot R(t)]\big|_0^{\infty} + \int_0^{\infty} R(t)\mathrm{d}t = \int_0^{\infty} R(t)\mathrm{d}t \tag{7-21}$$

2. 平均故障间隔时间(MTBF)

设一个可修复产品在使用期间，发生了 N_0 次故障，每次故障后修复，又继续投入工作，工作时间分别为 $t_1, t_2, \cdots, t_{N0}$，则其平均故障间隔时间为

$$\mathrm{MTBF} = \frac{1}{N_0}\sum_{i=1}^{N_0} t_i \tag{7-22}$$

产品修复后和崭新的产品没有任何区别，称为完全修复。对于完全修复的产品，每次修复后继续工作时，与新产品投入使用完全一样，所以寿命是连续型随机变量时，平均故障间隔时间 MTBF 可用式(7-21)表示为

$$\mathrm{MTBF} = \int_0^{\infty} R(t)\mathrm{d}t \tag{7-23}$$

显然，可靠度、不可靠度、故障密度函数、故障率只要知道任何一个，就能确定平均寿命。

7.3　不可修复系统可靠性

当系统的部件失效(故障)后，不能或不值得去修复时，称该系统为不可修复系统。

7.3.1　系统结构图与可靠性框架图

一个系统的系统结构图是表示系统中各部件之间以及各部件与系统之间的物理关系和工作关系的图。煤矿中的矿井开拓方式平面图、剖面图，采区巷道布置图，矿井通风系统图，井下供电系统图等都是系统结构图。

一个系统的可靠性框图是表示系统中各部件与系统之间的功能关系的图，图中要表示出哪些部件必须正常工作才能保证系统完成所规定的功能。可靠性框图由一些方框所组成，每一个方框表示一个部件，这些部件对系统都有某些功能。系统结构图与可靠性框图有相同与不同之分。相同是指部件(或子系统)与部件(或子系统)之间如在结构图中为串(并)联，则在可靠性框图中仍为串(并)联。图 7-1 所示的采区运煤系统，由三台带式输送机组成，其结构上为一串联系统，该系统功能是保证煤炭的连续运输，在该系统中，只要有一台输送机失效，则系统就失效，因此从功能关系上看，系统也是串联的。

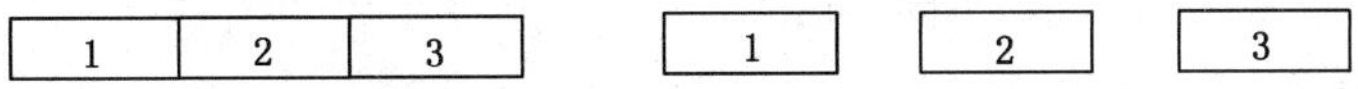

(a) 系统结构图　　(b) 系统可靠性框图

图 7-1　采区运煤系统

不同是指部件(或子系统)与部件(或子系统)之间如在结构图中为串联，则在可靠性框图中为并联，或者相反。图 7-2 所示的由 1、2 两个电容组成的系统，在电路图中，1、2 两个电容为并联结构，若使系统的正常状态为开路，失效状态为短路，则在系统功能上，只要任意一

个电容被击穿，则系统就会短路，失去规定功能。因此，系统的可靠性框图为串联形式。

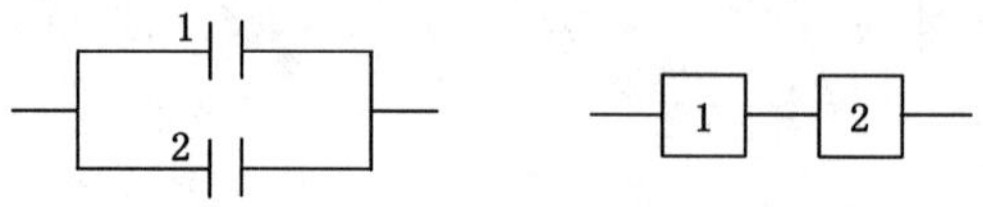

(a) 系统结构图　　(b) 系统可靠性框图

图 7-2　电容并联

7.3.2　串联模型

系统由 n 个部件组成，必须所有部件都正常系统才能正常工作，或者任一部件故障系统就故障，这样的系统称为串联系统。其可靠性框图如图 7-3 所示。

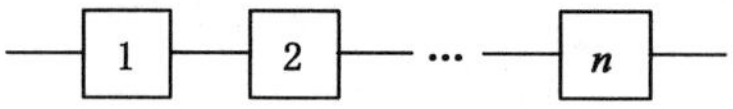

图 7-3　串联模型可靠性框图

串联系统正常工作意味着所有部件都正常工作，系统可靠度为

$$R(t)=R_1(t)\cdot R_2(t)\cdot R_3(t)\cdot\cdots\cdot R_n(t)=\prod_{i=1}^{n}R_i(t) \tag{7-24}$$

系统不可靠度为

$$F(t)=1-\prod_{i}^{n}[1-F_i(t)] \tag{7-25}$$

式中，$R(t)$和 $F(t)$分别为系统的可靠度和不可靠度；$R_i(t)$和 $F_i(t)$分别为第 i 个部件的可靠度和不可靠度；n 为部件数目。

若各个部件的寿命服从指数分布，则

$$R_i(t)=\mathrm{e}^{-\lambda_i t}$$

$$R(t)=\prod_{i=1}^{n}\mathrm{e}^{-\lambda_i t}=\mathrm{e}^{-(\sum_{i=1}^{n}\lambda_i)t}=\mathrm{e}^{-\lambda t}$$

$$\lambda=\sum_{i=1}^{n}\lambda_i \tag{7-26}$$

式中，λ 为系统的故障率；λ_i 为第 i 个部件的故障率。显然，串联系统中各个部件的寿命服从指数分布时，系统的寿命也服从指数分布，系统平均寿命为

$$\mathrm{MTTE}=\frac{1}{\lambda}=\frac{1}{\sum_{i=1}^{n}\lambda_i} \tag{7-27}$$

串联系统中部件数目越多，系统的可靠度越低，并且系统可靠度小于每个部件的可靠度。

【例 7-4】 某工作面下平巷运输系统由三台刮板输送机组成，如图 7-4 所示，且三台刮板输送机的可靠度 R 均为 0.83，试求系统的可靠度。

部件 1、部件 2、部件 3 组成串联系统，其可靠度为

$$R=R_1\cdot R_2\cdot R_3=0.83^3=0.57$$

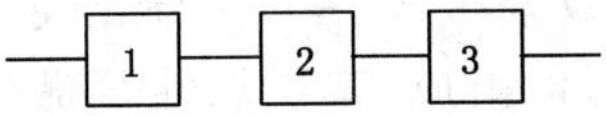

图 7-4　下平巷运输系统可靠性框图

7.3.3　并联模型

系统由 n 个部件组成，只有当系统中所有部件都故障，系统才故障，或者说，只要系统中有一个部件正常，系统就正常，这样的系统称为并联系统。其可靠性框图如图 7-5 所示。

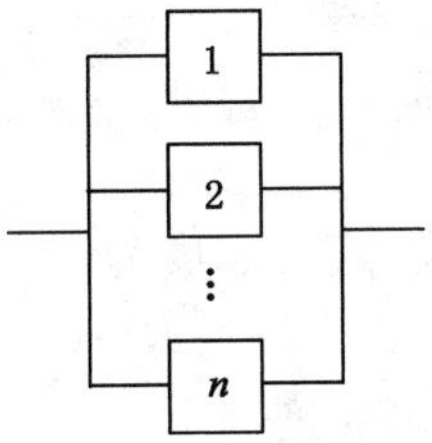

图 7-5　并联模型可靠性框图

并联系统故障意味着所有部件都故障，系统不可靠度为

$$F(t)=\prod_{i=1}^{n}F_i(t) \tag{7-28}$$

系统可靠度为

$$R(t)=1-\prod_{i=1}^{n}[1-R_i(t)] \tag{7-29}$$

式中，$F(t)$和 $R(t)$分别为系统的不可靠度和可靠度；$F_i(t)$和 $R_i(t)$分别为第 i 个部件的不可靠度和可靠度。

并联系统的不可靠度小于每个部件的不可靠度，即并联系统的可靠度大于每个部件的可靠度。

若并联系统的 n 个部件寿命服从相同指数分布，则

$$R(t)=1-(1-\mathrm{e}^{-\lambda t})^n$$

平均寿命为

$$\mathrm{MTTF}=\int_0^\infty[1-(1-\mathrm{e}^{-\lambda t})^n]\mathrm{d}t=\frac{1}{\lambda}+\frac{1}{2\lambda}+\cdots+\frac{1}{n\lambda} \tag{7-30}$$

各个部件寿命都服从指数分布时，并联系统寿命并不服从指数分布。并联系统中部件数目越多，系统可靠性越高，但是当 $n\leqslant 3$ 时增加可靠度效果最好。

【例 7-5】　由 2 个部件组成的并联系统，每个部件都服从指数分布，故障率分别为 λ_1 和 λ_2，试求系统的故障概率密度。

系统的可靠度为

$$R(t)=1-(1-\mathrm{e}^{-\lambda_1 t})(1-\mathrm{e}^{-\lambda_2 t})=\mathrm{e}^{-\lambda_1 t}+\mathrm{e}^{-\lambda_2 t}-\mathrm{e}^{-(\lambda_1+\lambda_2)t}$$

系统的故障概率密度为

$$f(t)=-\frac{\mathrm{d}R}{\mathrm{d}t}=\lambda_1\mathrm{e}^{-\lambda_1 t}+\lambda_2\mathrm{e}^{-\lambda_2 t}-(\lambda_1+\lambda_2)\mathrm{e}^{-(\lambda_1+\lambda_2)t}$$

尽管每个部件寿命都服从指数分布,但并联系统的寿命并不服从指数分布。

【例 7-6】 一个系统由 5 个部件组成,其可靠性逻辑框图如图 7-6 所示,部件可靠度分别为:$R_1=0.96$,$R_2=0.97$,$R_3=0.92$,$R_4=0.92$,$R_5=0.99$。求该系统的可靠度。

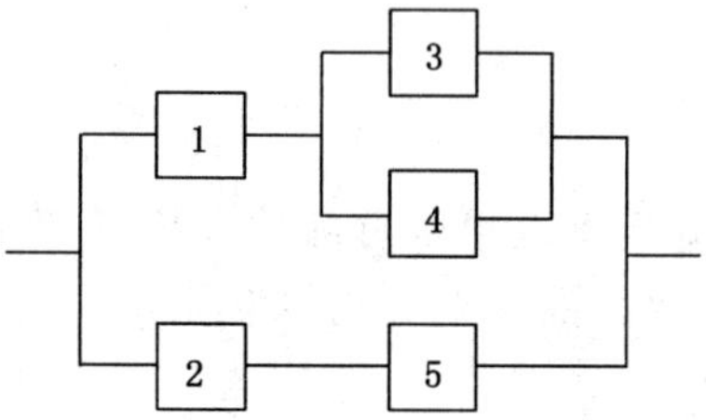

图 7-6 例 7-6 的图示

部件 3 与部件 4 构成并联分系统,其可靠度为

$$R_{34}=1-(1-R_3)(1-R_4)$$

与部件 1 进一步构成串联分系统,其可靠度为

$$R_{134}=R_1\cdot R_{34}=R_1\cdot[1-(1-R_3)(1-R_4)]$$

部件 2 与部件 5 构成串联分系统,其可靠度为

$$R_{25}=R_2\cdot R_5$$

部件 1、部件 3、部件 4 构成的分系统,与部件 2、部件 5 构成的分系统,又构成并联系统,系统可靠度为

$$\begin{aligned}R&=1-(1-R_{134})(1-R_{25})=R_{134}+R_{25}-R_{134}R_{25}\\&=R_1\cdot[1-(1-R_3)(1-R_4)]+R_2\cdot R_5-R_1\cdot[1-(1-R_3)(1-R_4)]\cdot R_2\cdot R_5\end{aligned}$$

将各个部件可靠度值代入,得系统可靠度为

$$R=0.998\ 168$$

由于系统由多个冗余部件构成,因此,系统可靠度高于每个部件可靠度。

7.3.4 n 中取 k 模型

由 n 个部件组成的系统,至少有 k 个部件正常工作,系统才能正常工作,这样的系统称为 n 中取 k 系统(k/n 系统)。其可靠性框图如图 7-7 所示。

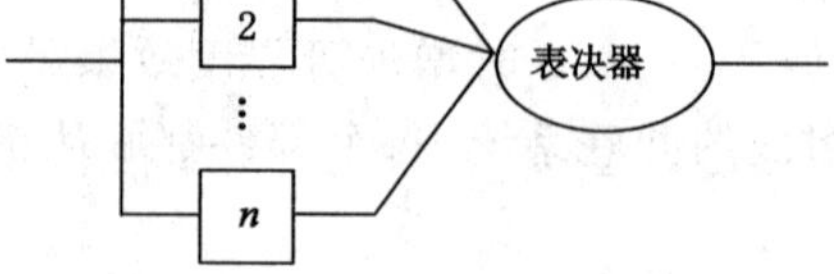

图 7-7 k/n 系统模型可靠性框图

当 n 个部件相同,可靠度都为 R,表决器的可靠度为 R_m 时,k/n 系统可靠度 R_s 为

$$R_s(t) = R_m \sum_{i=k}^{n} \binom{n}{i} [R(t)]^i [1 - R(t)]^{n-i} \tag{7-31}$$

显然，表决器的可靠度 R_m 对系统可靠度影响很大，在 k/n 系统中表决器是关键单元。以下讨论中为了方便，假设表决器的可靠度 $R_m = 1$(即不考虑表决器的可靠度)。

由式(7-31)可知：

(1) $k=1$ 时，$1/n$ 系统即是并联系统，$R_s = 1-(1-R)^n$。

(2) $k=n$ 时，n/n 系统即是串联系统，$R_s = R^n$。

(3) 当 $k=m+1$，$n=2m+1$ 时，$(m+1)(2m+1)$ 系统即是多数表决系统，即至少半数以上部件正常工作，系统才能正常工作。

各个部件寿命都服从相同指数分布时，系统可靠度为

$$R_s(t) = \sum_{i=k}^{n} \binom{n}{i} \cdot e^{-i\lambda t} (1 - e^{-\lambda t})^{n-i}$$

平均寿命为

$$\text{MTTF} = \int_0^{\infty} R_s(t) dt = \sum_{i=k}^{n} \binom{n}{j} \int_0^{\infty} e^{-i\lambda t} (1 - e^{-\lambda t})^{n-i} dt = \sum_{i=k}^{n} \frac{1}{i\lambda} \tag{7-32}$$

7.3.5　旁联模型

系统的 n 个部件只有一个部件工作，当工作部件出现故障时，通过故障监测和转换装置接到另一个正常待用部件继续工作，直到所有部件都出现故障时系统才是故障状态，这样的系统称为旁联系统。其可靠性框图如图 7-8 所示。

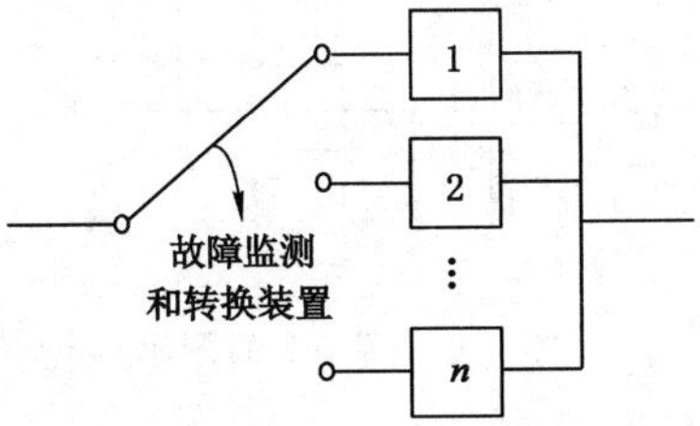

图 7-8　旁联系统模型可靠性框图

当故障监测和转换装置的可靠度为 1 时，系统的平均寿命 MTTF 等于各个部件平均寿命 MTTF_i 之和，为

$$\text{MTTF} = \sum_{i=1}^{n} \text{MTTF}_i \tag{7-33}$$

各个部件都服从相同的指数分布时，系统可靠度为

$$R(t) = e^{-\lambda t} \left[1 + \lambda t + \frac{(\lambda t)^2}{2!} + \cdots + \frac{(\lambda t)^{n-1}}{(n-1)!} \right] \tag{7-34}$$

$$\text{MTTF} = \int_0^{\infty} R(t) \cdot dt = \frac{n}{\lambda} \tag{7-35}$$

设故障监测和转换装置的可靠度为 R_D，考虑两个部件组成的旁联系统(故障率分别为 λ_1，λ_2)。存在以下两种情况：

(1) 部件 1 正常工作到给定时刻 t，该事件用 A_1 表示。

(2) 部件 1 在 t_1 时刻($0\leqslant t_1<t$)发生故障(该事件为 A'_1)，通过故障监测和转换装置(正常事件为 D，可靠度为 R_D)，使部件 2 继续工作到时刻 t(该事件用 A_2 表示)。

系统正常工作到给定时刻 t，事件用 A 表示，则

$$A = A_1 + A'_1 DA_2$$

等式两边取概率得系统可靠度 $R(t)$ 为

$$R(t) = P(A_1) + P(A'_1 DA_2) = \mathrm{e}^{-\lambda_1 t} + \int_0^t \mathrm{e}^{-\lambda_2(t-t_1)} \cdot R_D \cdot \lambda_1 \mathrm{e}^{-\lambda_1 t_1}\mathrm{d}t_1$$

$$= \begin{cases} \mathrm{e}^{-\lambda_1 t} + R_D \dfrac{\lambda_1}{\lambda_1-\lambda_2}(\mathrm{e}^{-\lambda_2 t} - \mathrm{e}^{-\lambda_1 t}), & (\lambda_1 \neq \lambda_2) \\ \mathrm{e}^{-\lambda_1 t}(1 + R_D\lambda_1 t), & (\lambda_1 = \lambda_2) \end{cases} \tag{7-36}$$

系统的平均寿命为

$$\mathrm{MTTF} = \frac{1}{\lambda_1} + R_D \frac{1}{\lambda_2} \tag{7-37}$$

旁联系统的优点是大大提高了系统的可靠度，但要求故障监测和转换装置的可靠性非常高，因为故障监测和转换装置是关键部件。

【例 7-7】 某系统由一个旁联分系统和 2/3 表决分系统串联组成，如图 7-9 所示。两个分系统工作相互独立，设转换开关的可靠度为 R_D。部件的寿命分布函数为 $F_i(t)=1-\mathrm{e}^{-\lambda_i t}$ ($i=1,2,3,4,5$)，其中，部件 1 和部件 2 服从相同指数分布，部件 3～部件 5 服从相同指数分布。求系统的可靠度和平均寿命。

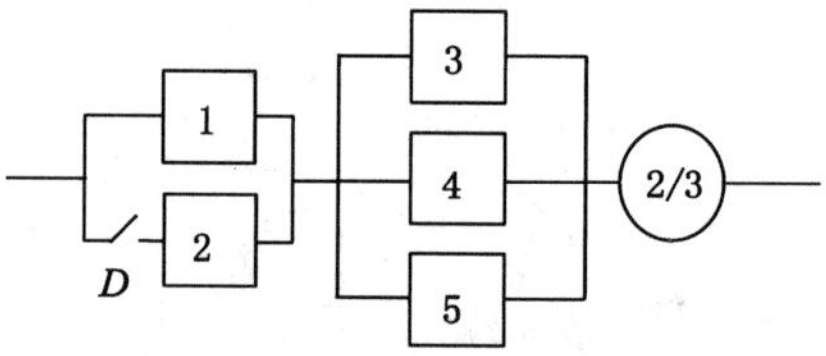

图 7-9 例 7-7 的图示

旁联分系统由两个服从相同分布的部件组成，寿命均服从指数分布，部件故障率为 λ_1，分系统可靠度为

$$R_{s1} = \mathrm{e}^{-\lambda_1 t}(1 + R_D\lambda_1 t)$$

2/3 表决分系统，部件服从相同分布，故障率为 λ_3，分系统可靠度为

$$R_{S2} = \sum_{i=2}^{3} C_3^i R_3^i (1-R_3)^{3-i} = C_3^2 R_3^2(1-R_3) + C_3^3 R_3^3 = 3R_3^2 - 2R_3^3 = 3\mathrm{e}^{-2\lambda_3 t} - 2\mathrm{e}^{-3\lambda_3 t}$$

系统由旁联分系统与 2/3 表决分系统串联构成，其系统可靠度为

$$R_S = R_{S1} \cdot R_{s2} = \mathrm{e}^{-\lambda_1 t}(1 - R_D\lambda_1 t)(3\mathrm{e}^{-2\lambda_3 t} - 2\mathrm{e}^{-3\lambda_3 t})$$

系统的平均寿命为

$$\mathrm{MTTF} = \int_0^{\infty} R_S \mathrm{d}t = \frac{(6\lambda_3 + 3\lambda_1 + 3R_D\lambda_1)}{(2\lambda_3 + \lambda_1)^2} + \frac{-6\lambda_3 - 2\lambda_1 - 2R_D\lambda_1}{(3\lambda_3 + \lambda_1)^2}$$

7.4　可修复系统可靠性

对于可修复系统(或产品),在工作一段时间后发生故障,经过维修使其再次恢复到正常状态的维修能力用维修性表征,在“正常→故障→正常→故障”反复过程中,所表现出来的正常工作能力,用可用性表征,系统(或产品)可用性是可靠性和维修性的函数。

7.4.1　维修及其质量指标

1. 维修的基本概念

维修是指系统(或产品)在使用过程中,发生故障后,为了恢复正常工作状态所采取的各种活动。

维修性是指系统(或产品)在预定维修级别上,具有规定技术水平的人员利用规定的程序和资源,使其保持或恢复到规定状态的能力,一般采用概率指标表示。

显然,系统(或产品)维修性不仅与系统或产品自身性能有关,还与维修人员技术水平、维修程序、维修设备、维修环境等有关。

2. 维修性的数量指标

(1) 维修度函数 $M(t)$

维修度是指系统(或产品)在规定的条件下,在给定的时间 t 内被修复的概率,或称修理时间 T 不超过 t 的概率。

$$M(t) = P(T \leqslant t) \tag{7-38}$$

设有 N_0 个故障产品,在 $[0,t]$ 内被修复产品数目为 $N(t)$,则维修度 $M(t)$ 的估计值 $\hat{M}(t)$ 为

$$\hat{M}(t) = \frac{N(t)}{N_0} \tag{7-39}$$

样本数目足够多时,有

$$M(t) = \lim_{N_0 \to \infty} \frac{N(t)}{N_0} \tag{7-40}$$

(2) 维修概率密度函数

维修概率密度函数 $m(t)$ 是维修度函数 $M(t)$ 的导数,即

$$m(t) = \frac{\mathrm{d}M(t)}{\mathrm{d}t} \tag{7-41}$$

设有 N_0 个故障产品,在 t 时刻被修复产品数目为 $N(t)$,在 $t+\Delta t$ 时刻被修复产品数目为 $N(t+\Delta t)$,维修概率密度函数 $m(t)$ 的估计值 $\hat{m}(t)$ 为

$$\hat{m}(t) = \frac{N(t+\Delta t) - N(t)}{N_0 \Delta t} \tag{7-42}$$

当产品数目足够多,考虑的时间间隔足够短时,有

$$m(t) = \lim_{\substack{\Delta t \to 0 \\ N_0 \to \infty}} \frac{N(t+\Delta t) - N(t)}{N_0 \Delta t} \tag{7-43}$$

即维修概率密度函数表示产品在任意时刻 t,(总产品数目中)单位时间内被修复的

概率。

(3) 维修率函数

维修率函数 $\mu(t)$ 是系统(或产品)在任意时刻 t,尚未修复的系统(或产品)在单位时间内被修复的概率,即

$$\mu(t)=\lim_{\substack{\Delta t\to 0\\ N_0\to\infty}}\frac{N(t+\Delta t)-N(t)}{[N_0-N(t)]\Delta t}\tag{7-44}$$

对于有限样本,$\mu(t)$ 的估计值 $\hat{\mu}(t)$ 为

$$\hat{\mu}(t)=\frac{N(t+\Delta t)-N(t)}{[N_0-N(t)]\Delta t}\tag{7-45}$$

由式(7-44)、式(7-39)和式(7-42)得

$$\begin{aligned}\mu(t)&=\lim_{\substack{\Delta t\to 0\\ N_0\to\infty}}\frac{\dfrac{N(t+\Delta t)-N(t)}{N_0\Delta t}}{\dfrac{N_0-N(t)}{N_0}}\\&=\lim_{\substack{\Delta t\to 0\\ N_0\to\infty}}\frac{\hat{m}(t)}{1-\hat{M}(t)}\\&=\frac{m(t)}{1-M(t)}\end{aligned}\tag{7-46}$$

又 $m(t)=\mathrm{d}M(t)/\mathrm{d}t$,故

$$\mu(t)=\frac{1}{1-M(t)}\cdot\frac{\mathrm{d}M(t)}{\mathrm{d}t}\tag{7-47}$$

等式两边取积分得

$$\int_0^t\mu(t)\mathrm{d}t=\int_0^t\frac{\mathrm{d}M(t)}{1-M(t)}=-\int_0^t\frac{\mathrm{d}[1-M(t)]}{1-M(t)}=-\ln[1-M(t)]+\ln[1-M(0)]$$

又 $M(0)=0$,即产品发生故障的瞬间是不可能立即修复的,整理得

$$M(t)=1-\exp\left[-\int_0^t\mu(t)\mathrm{d}t\right]\tag{7-48}$$

$$m(t)=\mu(t)\cdot[1-M(t)]=\mu(t)\cdot\exp\left[-\int_0^t\mu(t)\mathrm{d}t\right]\tag{7-49}$$

(4) 平均维修时间

对于可修复系统(或产品),平均维修时间指修复时间的平均值,记为 MTTR(mean time to repair)。

设一个可修复系统(或产品),发生了 N_0 次故障,每次故障后修复,修复时间分别为 t_1,t_2,…,t_{N_0},则其平均维修时间为

$$\mathrm{MTTR}=\frac{1}{N_0}\sum_{i=1}^{N_0}t_i$$

当维修时间是一个连续型随机变量时,平均维修时间为

$$\mathrm{MTTR}=\int_0^{\infty}tm(t)\mathrm{d}t$$

当维修时间服从指数分布,且 $\mu(t)=\mu$ 为常数时,有

$$\mathrm{MTTR}=\int_0^{\infty}t\mu \mathrm{e}^{-\mu t}\mathrm{d}t=-t\mathrm{e}^{-\mu t}\Big|_0^{\infty}+\int_0^{\infty}\mathrm{e}^{-\mu t}\mathrm{d}t=\frac{1}{\mu}$$

结论：在表示维修性的 $M(t)$、$m(t)$ 及 $\mu(t)$ 三个指标中，只要已知其中任意一个指标，就可确定其余两个指标。

① 已知维修率函数 $\mu(t)$，由式(7-48)和式(7-49)，可求得维修度函数 $M(t)$ 和维修概率密度函数 $m(t)$。

② 已知维修概率密度函数 $m(t)$，由式(7-41)得

$$M(t)=\int_0^t m(t)\mathrm{d}t \tag{7-50}$$

由式(7-46)得

$$\mu(t)=\frac{m(t)}{1-\int_0^t m(t)\mathrm{d}t} \tag{7-51}$$

③ 已知维修度函数 $M(t)$，由式(7-41)得

$$m(t)=\frac{\mathrm{d}M(t)}{\mathrm{d}t} \tag{7-52}$$

由式(7-46)得

$$\mu(t)=\frac{1}{1-M(t)}\frac{\mathrm{d}M(t)}{\mathrm{d}t} \tag{7-53}$$

3. 可用度和不可用度

对于可修复系统(或产品)，其在经历了"正常→故障→正常→故障"循环过程后所表现出来的正常工作能力，称为系统(或产品)的可用性，采用可用度和不可用度指标表征。

可用度是指在考虑系统(或产品)可靠性和维修性后，系统(或产品)在规定条件下，任意时刻 $t(t>0)$ 正常工作的概率。采用符号 $A(t)$ 表示。

一般对于产品认为 $t=0$ 时刻正常开始，对于系统认为组成系统的所有单元在 $t=0$ 时刻全部正常开始。

不可用度是指在考虑系统(或产品)可靠性和维修性后，系统(或产品)在规定条件下，任意时刻 $t(t>0)$ 不能正常工作的概率。采用符号 $Q(t)$ 表示。

$$Q(t)=1-A(t)$$

7.4.2　可维修系统的马尔可夫模型

1. 马尔可夫过程的基本概念

可维修系统的状态实际上是一个随时间变化的随机过程。一般是从正常工作状态转移到故障状态，然后经过修复回到正常工作状态，如此往复循环下去。这种由一种状态转移到另一种状态的状态转移完全是随机的。

例如，一个系统运行一段时间后，它处于 0 状态(正常工作状态)的概率是 $\frac{1}{2}$，则此时处于故障状态的概率必然是 $1-\frac{1}{2}=\frac{1}{2}$，记为 $P_{00}=\frac{1}{2}$，$P_{01}=\frac{1}{2}$(下标表示从一种状态转移到另一种状态)。反之如果系统处于 1 状态(故障状态)，经过一段时间修理后，若回到 0 状态的概率为 $\frac{2}{5}$，即 $P_{10}=\frac{2}{5}$，则 $P_{11}=\frac{2}{5}$。可用矩阵表示这个转移过程，即

$$\boldsymbol{P}=\begin{bmatrix}P_{00} & P_{01}\\ P_{10} & P_{11}\end{bmatrix}=\begin{bmatrix}1/2 & 1/2\\ 2/5 & 3/5\end{bmatrix}$$

该矩阵称为马氏（马尔可夫）转移矩阵。这种转移过程也可用图 7-10 所示的状态转移图表示。

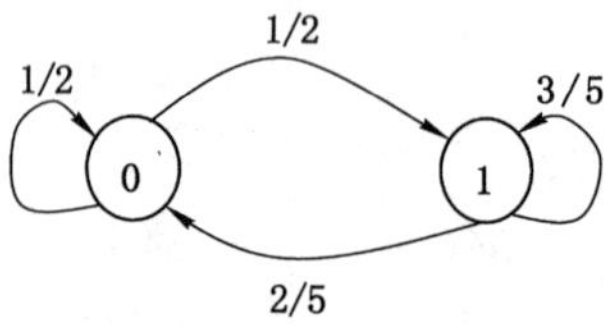

图 7-10　状态转移图

设 $X(t)$ 表示系统的随机变量，或者系统状态是时间 t 的随机函数，随机变量 $X(t)$ 可取值的全体范围称为状态空间。当状态有限时，常用 $S=\{0,1,2,\cdots,n\}$ 表示。

在可维修系统的可靠性分析中，系统状态的转移概率只与现时刻所处的状态有关，而与以前或有限次前所处的状态无关。这就是马尔可夫过程。所以系统状态 $X(t)$ 对任意时间集合 $\{t_1<t_2<\cdots<t_n\}$ 和状态空间的 n 个未知数 $\{x_1,x_2,\cdots,x_n\}(n<N)$ 有下列关系：

随机状态转移概率

$$\begin{aligned}&P\{X(t_n)=x_n\,|\,X(t_1)=x_1,X(t_2)=x_2,\cdots,X(t_{n-1})=x_{n-1}\}\\&=P\{X(t_n)=x_n\,|\,X(t_{n-1}=x_{n-1})\}\end{aligned}$$

称具有这种随机关系的过程为连续时间有限状态空间的马尔可夫过程。很明显，上式表明在时刻 t_n，系统处于状态 x_n 的概率只依赖 t_{n-1} 时刻系统所处的状态 x_{n-1}，而与 t_{n-1} 时刻以前的历史无关。

如果 $X(t)$ 在起始时刻 t_0 处于状态 i，在 $t_0+\Delta t$ 时刻总要转移到 j 状态，而且只能转移到 $j=0,1,\cdots,n$ 共 n 种状态中的一种，所以有

$$\sum_{j=0}^{n}P_{ij}(\Delta t)=1,\text{且 }P_{ij}(\Delta t)\geqslant 0$$

用马氏过程求可维修系统的可靠性指标时，以如下假设为前提条件，这种假设也符合大部分可维修系统的实际情况：

（1）各单元寿命分布及维修分布均服从指数分布，即故障率 λ 和维修率 μ 是常数。

（2）各系统和单元都只有工作和故障两种状态，在系统开始工作时，各单元均处于正常工作状态。

（3）在时间区间 $(t,t+\Delta t)$ 内，未发生故障的单元发生故障的概率是 $\lambda\Delta t$。

（4）在时间区间 $(t,t+\Delta t)$ 内，尚未修复的单元被修复的概率是 $\mu\Delta t$。

（5）在时间 Δt 内出现两次或两次以上故障或修复的概率为零（足够小的 Δt 内故障或修复只允许出现一次）。

2. 可维修系统的马尔可夫模型

假设单元的寿命分布是故障率为 λ 的指数分布，即

$$F(t)=P(T\leqslant t)=1-\mathrm{e}^{-\lambda t},\quad (t\geqslant 0,\lambda>0)$$

并设单元故障后修复的修复时间分布是参数为 μ 的指数分布，即

$$M(t)=P(T\leqslant t)=1-\mathrm{e}^{-\mu t},\quad (t\geqslant 0,\mu>0)$$

很明显，系统只能在正常工作和故障修理两种状态之间交替转移，令系统状态

$$X(t)=\begin{cases}0, & \text{时刻 } t \text{ 系统正常}\\ 1, & \text{时刻 } t \text{ 系统故障}\end{cases}$$

令

$$P_0(t)=P[X(t)=0]$$
$$P_1(t)=P[X(t)=1]$$

初始条件为 $t=0$ 时，$P_0(0)=1$ 和 $P_1(0)=0$，即 0 时刻单元处于正常状态。

$P_{ij}(\Delta t)$表示在任意时刻 t，Δt 时间内，单元由状态 i 转移到状态 j 的概率($i,j=0,1$)。系统状态转移概率表示为

$$P_{00}(\Delta t)=1-\lambda\Delta t$$
$$P_{01}(\Delta t)=\lambda\Delta t$$
$$P_{10}(\Delta t)=\mu\Delta t$$
$$P_{11}(\Delta t)=1-\mu\Delta t$$

系统状态转移概率，可用系统的状态转移图表示，用以描述 Δt 时间内状态转移概率之间关系，如图 7-11 所示(以后用单位时间内的状态转移表示)。

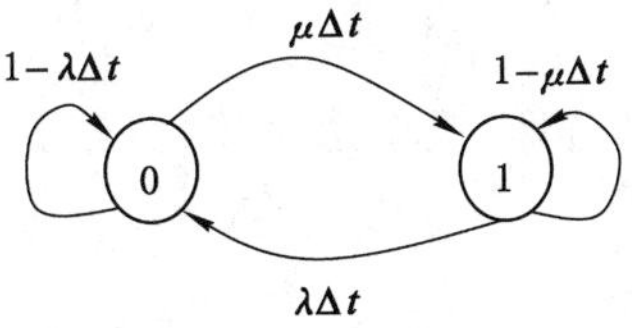

图 7-11　系统状态转移图

由全概率公式得

$$P_0(t+\Delta t)=P_0(t)P_{00}(\Delta t)+P_1(t)P_{10}(\Delta t)=(1-\lambda\Delta t)P_0(t)+\mu\Delta tP_1(t) \quad (7\text{-}54)$$

$$P_1(t+\Delta t)=P_0(t)P_{01}(\Delta t)+P_1(t)P_{11}(\Delta t)=\lambda\Delta tP_0(t)+(1-\mu\Delta t)P_1(t) \quad (7\text{-}55)$$

由式(7-54)得

$$\frac{P_0(t+\Delta t)-P_0(t)}{\Delta t}=-\lambda P_0(t)+\mu P_1(t)$$

当 $\Delta t\to 0$，则有

$$\frac{\mathrm{d}P_0(t)}{\mathrm{d}t}=-\lambda P_0(t)+\mu P_1(t) \quad (7\text{-}56)$$

同理，由式(7-55)得

$$\frac{\mathrm{d}P_1(t)}{\mathrm{d}t}=\lambda P_0(t)-\mu P_1(t) \quad (7\text{-}57)$$

式(7-56)和式(7-57)联立求解，代入初始条件 $P_0(0)=1$ 和 $P_1(0)=0$ 得

$$P_0(t)=\frac{\mu}{\mu+\lambda}+\frac{\lambda}{\mu+\lambda}\mathrm{e}^{-(\lambda+\mu)t}$$

$$P_1(t)=1-P_0(t)=\frac{\lambda}{\mu+\lambda}-\frac{\lambda}{\mu+\lambda}\mathrm{e}^{-(\lambda+\mu)t}$$

则单元的可用度 $A(t)$为任意时刻 t 单元处于可用状态的概率：

$$A(t) = P_0(t) = \frac{\mu}{\mu+\lambda} + \frac{\lambda}{\mu+\lambda}e^{-(\lambda+\mu)t} \tag{7-58}$$

单元的稳态可用度 $A(\infty)$ 为

$$A(t) = \lim_{t\to\infty} A(t) = \frac{\mu}{\mu+\lambda} \tag{7-59}$$

由式(7-58)可以看出，单元可用度由开始时 $A(0)=1$，逐渐减小，足够长时间后进入稳态。

7.4.3 可修复部件的可用度

系统由一个部件（或单元）组成，部件（或单元）正常时系统工作，故障后立即进行修理，修复后再继续工作。

设 x_0 为 t 时刻部件（或单元）正常工作的概率，x_1 为 t 时刻部件（或单元）故障状态的概率，即 $x_i=P(X(t)=i)(i=0,1)$，状态概率向量为 $X=(x_0,x_1)$。

状态转移概率矩阵 $\boldsymbol{P}$（单位时间内状态转移概率矩阵），由图 7-11 所示的状态转移图，可得

$$\boldsymbol{P} = \begin{pmatrix} 1-\lambda & \lambda \\ \mu & 1-\mu \end{pmatrix}$$

足够长时间后，系统取各个状态的概率达到稳定状态，即 $t\to\infty$ 时，有

$$\boldsymbol{XP} = \boldsymbol{X} \tag{7-60}$$

由式(7-60)得

$$(x_0,x_1)\begin{pmatrix} 1-\lambda & \lambda \\ \mu & 1-\mu \end{pmatrix} = (x_0,x_1)$$

整理得

$$-\lambda x_0 + \mu x_1 = 0$$
$$\lambda x_0 - \mu x_1 = 0$$

上述两个方程线性相关，舍去其中一个后补充方程 $x_0+x_1=1$（任意时刻取每个状态概率之和为 1）得

$$\begin{cases} \lambda x_0 - \mu x_1 = 0 \\ x_0 + x_1 = 1 \end{cases}$$

解得

$$\begin{cases} x_0 = \dfrac{\mu}{\mu+\lambda} \\ x_1 = \dfrac{\lambda}{\mu+\lambda} \end{cases}$$

即系统稳态可用度 $A(\infty)$ 为

$$A(\infty) = x_0 = \frac{\mu}{\mu+\lambda}$$

求稳态可用度的具体计算过程如下：

(1) 分析系统的所有可能状态，写出状态概率向量 $\boldsymbol{X}$。

(2) 画出状态转移图，写出状态转移概率矩阵 $\boldsymbol{P}$。

(3) 联立方程 $\boldsymbol{XP}=\boldsymbol{X}$，去除线性相关的任意一个方程，补充 $x_0+x_1+\cdots+x_n=1$（归一条件，即任意时刻取每个状态的概率之和为 1）。

(4) 求解方程，得到稳态可用度。

注意：(1) 系统状态转移概率矩阵的重要性质之一，就是行元素之和为 1，其物理意义为在任意一个状态向其他每个状态转移概率之和为 1。

(2) 稳态可用度 $A(\infty)$ 与初始条件无关，瞬时可用度 $A(t)$ 与初始条件有关。

【例 7-8】 某采煤工作面对采煤机的运行情况进行了统计，如图 7-12 所示，一共统计了 57 次（图中只标出 4 次），图中实线表示采煤机无故障工作时间，虚线表示采煤机故障停顿时间（即修理时间）。其中将采煤机无故障工作时间分成 11 组，如表 7-1 所示；将采煤机修理时间分成 10 组，如表 7-2 所示。表中频数 M_i 为落入第 i 组的次数；组中值 $\bar{t}_i$ 为组距上界与下界的平均值；频率 $\omega_i=\dfrac{M_i}{\sum M_i}=\dfrac{M_i}{57}$。试分析采煤机的可用度。

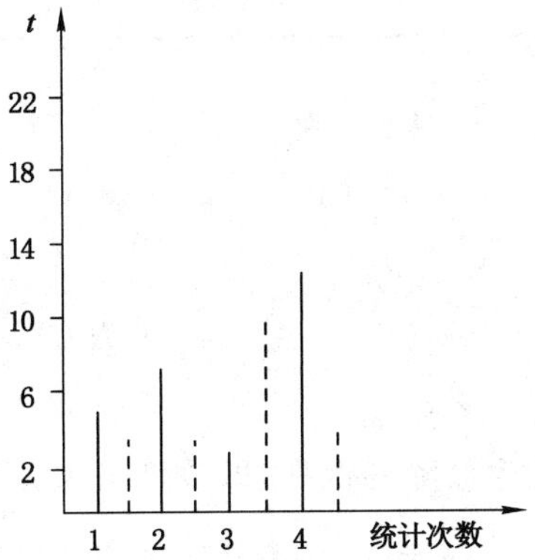

图 7-12　某采煤工作面采煤机运行情况

表 7-1　例 7-8 数据一

组号	组距/h	组中值 $\bar{t}_i$/h	频数 M_i/次	频率 ω_i
1	0～2	1	13	0.228
2	2～4	3	9	0.158
3	4～6	5	9	0.158
4	6～8	7	7	0.123
5	8～10	9	5	0.080
6	10～12	11	4	0.070
7	12～14	13	3	0.052
8	14～16	15	3	0.052
9	16～18	17	1	0.018
10	18～20	19	1	0.018
11	20～22	21	2	0.035
总计			57	1.000

表 7-2 例 7-8 数据二

组号	组距/h	组中值 $\bar{t}_i$/h	频数 M_i/次	频率 ω_i
1	0～1	0.5	15	0.263
2	1～2	1.5	14	0.246
3	2～3	2.5	8	0.140
4	3～4	3.5	5	0.088
5	4～5	4.5	4	0.070
6	5～6	5.5	4	0.070
7	6～7	6.5	2	0.035
8	7～8	7.5	2	0.035
9	8～9	8.5	1	0.018
10	9～10	9.5	2	0.035
总计			57	1.000

(1) 采煤机的平均无故障工作时间及故障率

设采煤机无故障时间为 θ=MTBF,则

$$\theta = \frac{\sum_{i=1}^{11} \bar{t}_i M_i}{\sum_{i=1}^{11} M_i} = \frac{385}{57} = 6.75(\text{h/ 次})$$

设采煤机在单位时间内发生故障的概率,即故障率为 λ,则

$$\lambda = \frac{1}{\theta} = 0.15(\text{次 /h})$$

用 ω_i/组距表示纵坐标,时间表示横坐标,如图 7-13 所示,画出直方图,图中曲线符合指数分布规律,则

$$f(t) = \lambda e^{-\lambda t} = 0.15e^{-0.15t}$$

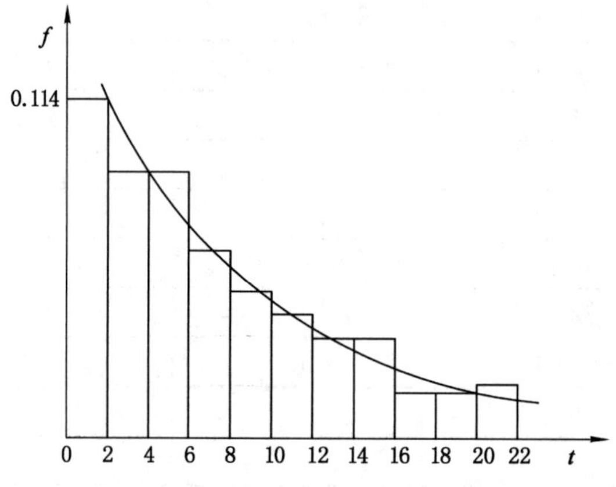

图 7-13 例 7-8 图一

当采煤机运行 t h 后,发生故障的概率 $F(t)$为

$$F(t)=\int_0^t f(t)\mathrm{d}t=\int_0^t \lambda e^{-\lambda t}\mathrm{d}t=1-e^{-\lambda t}=1-e^{-0.15t}$$

可靠度为

$$R(t)=1-F(t)=e^{-\lambda t}=e^{-0.15t}$$

(2) 平均维修时间及维修率

设采煤机的平均维修时间为 δ=MTTR,则

$$\delta=\frac{\sum_{i=1}^{10}\bar{t}_i\cdot M_i}{\sum_{i=1}^{10}M_i}=\frac{161.5}{57}=2.83(\text{h/次})$$

设采煤机在单位时间内维修的概率,即维修率为 μ,则

$$\mu=\frac{1}{\delta}=0.35(\text{次/h})$$

同理,用 ω_i/组距表示纵坐标,时间表示横坐标,得到如图 7-14 所示的直方图,图中曲线同样符合指数分布规律,则

$$m(t)=\mu e^{-\mu t}=0.35e^{-0.35t}$$

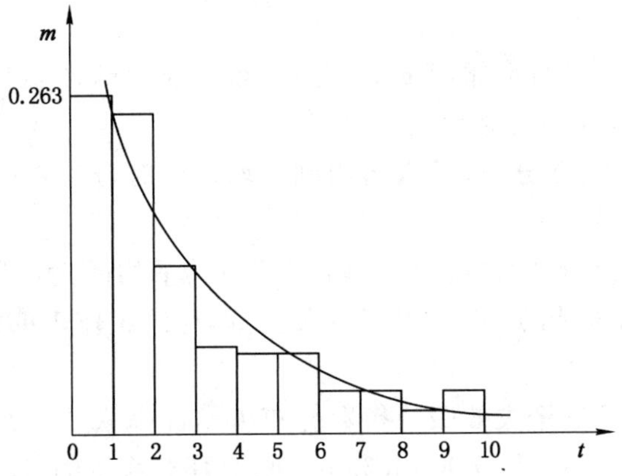

图 7-14　例 7-8 图二

维修密度函数为

$$M(t)=\int_0^t m(t)\mathrm{d}t=\int_0^t \mu e^{-\mu t}\mathrm{d}t=1-e^{-\mu t}=1-e^{-0.35t}$$

(3) 可用度

采煤机存在两种状态:正常和故障。根据 λ 和 μ 的定义,采煤机在某个瞬间发生故障的概率为 λ,余下的 $1-\lambda$ 部分保持在正常状态;由于维修,采煤机由故障转移到正常状态的概率为 μ,余下的 $1-\mu$ 部分停留在故障状态。采煤机状态转移概率矩阵 $\boldsymbol{P}$ 为:

$$\boldsymbol{P}=\begin{pmatrix}1-\lambda & \lambda\\ \mu & 1-\mu\end{pmatrix}$$

令采煤机达到稳定状态时状态向量为 $\boldsymbol{X}$,即

$$\boldsymbol{X}=(x_0,x_1)$$

式中,x_0 为采煤机达到稳定状态后,处于正常状态的概率,x_1 为处于故障状态的概率。由

$$\boldsymbol{XP} = \boldsymbol{X}$$

所以有

$$(x_0, x_1)\begin{pmatrix} 1-\lambda & \lambda \\ \mu & 1-\mu \end{pmatrix} = (x_0, x_1)$$

且

$$x_0 + x_1 = 1$$

解上述方程，可得

$$x_0 = \frac{\mu}{\mu + \lambda} = \frac{0.35}{0.35 + 0.14} = 0.71$$

$$x_1 = 1 - 0.71 = 0.29$$

对于煤矿其他设备，如电机车、提升机、矿车等都可由相同方法求得。

思考与练习

1. 某电子装置装有 2 000 个同样的电子元件，每个电子元件在某个时刻的可靠度为 0.999 5，如其中一个损坏，系统即失效。在不考虑其他元器件故障的情况下，求装置停止工作的概率。

2. 取某产品 300 个，进行可靠性试验，当 $t=20$ h 时故障产品数目 $r(50)=70$ 个，试求 $t=20$ h 时产品的可靠度和不可靠度。

3. 某产品寿命服从指数分布，投入运用到平均寿命时，产品可靠度为多少？说明什么问题？

4. 某个通信站有三台收发报机，（可靠性并联）其平均故障间隔时间分别为 3 000 h、4 000 h 和5 000 h，那么该站的收发报机开始使用后，连续工作 1 000 h 的可靠度如何？（各收发报机失效服从指数分布）

5. 某系统由 A、E、C 三个失效服从指数分布可靠性串联的子系统组成，已知它们的平均故障间隔时间分别为 4 000 h、5 000 h 和 8 000 h，那么系统的平均故障间隔时间是多少？连续运行 1 000 h 的可靠度是多少？

第 8 章　系统决策与对策方法

在系统工程中，系统工程作业人员作为参谋、智囊，其工作的各个阶段都着重于“谋”，将各种行动方案及其后果信息提供给决策者，让他们根据系统工程报告中的内容进行思索、充实、调整、肯定、修正或摒弃原先的设想，采纳系统分析报告中的某些建议，做出判断。也就是说系统工程工作的目的就是为决策者提供“断”的科学方法和思路。本章将介绍一些系统决策与系统对策方法。

8.1　决策模型与分类

决策，从字面上来讲，就是“做出决定”，不同的决定将带来不同的结果。犹如人走到多岔路口，决定走哪条路一样，选择不同的路将使人走的路线长短、所用时间，甚至终点各不相同。当然这仅仅是对“决策”概念最狭义的理解。从广义上讲，系统决策是指人们为了达到某一目标，运用各种方法，在系统地分析主客观条件之后，从几种不同的可行方案中选取最优（满意）方案的一种分析过程。在系统决策定义中，强调了决策的目标性和选择性。

8.1.1　决策模型

任何决策问题至少要包含如下要素。

(1) 决策者。决策者是进行决策的集体或个人，一般是指领导者或领导集体。

(2) 状态空间。状态空间指不以决策者的意志为转移的客观情况，是决策者不可控制的因素，但对决策结果有重大的影响。一般用 $d_j(j=1,2,\cdots,n)$ 表示某一状态，称为状态变量；所有可能的状态 d_j 的全体集合称为状态空间，记为 D。

(3) 决策空间。决策空间由可供选择的方案、行动或策略组成，是决策者可以控制的因素。一般用 $s_i(i=1,2,\cdots,m)$ 表示某一决策，称为决策变量；所有的决策变量 s_i 的全体集合称为决策空间，记为 S。

(4) 决策函数。每一状态下所对应的每种决策将产生某种结果（受损或受益），将这种结果表示为 S 和 D 的函数，记作 $C=f(S,D)$，称为决策函数。若 S 和 D 均为有限集合，即

$$S=\{s_1,s_2\cdots,s_m\};\quad D=\{d_1,d_1,\cdots,d_n\} \tag{8-1}$$

则对应的决策函数值 $f(s_i,d_j)=c_{ij}$ 构成的矩阵 $\boldsymbol{C}=(c_{ij})_{m\times n}$ 称为损益矩阵。

(5) 决策准则。决策准则常记为 V，$V=g(\boldsymbol{C})$，是决策者对决策进行最后的评价、比较和选择的标准。在决策时又分为单一准则和多准则。

综上所述，一个决策问题可以用如下表达式加以描述：

$$\boldsymbol{C}=f(S,D);\quad V=g(\boldsymbol{C}) \tag{8-2}$$

式中，S 是决策变量；D 是状态变量；C 是决策函数；V 是决策准则。

8.1.2 决策分类

决策的分类方法有多种，从不同的角度出发可将决策分为不同的种类。

（1）按决策所处的环境分类，决策可分为确定型决策、风险型决策和不确定型决策三种。确定型决策是指决策环境是完全确定的，做出选择的结果也是确定的。风险型决策是指决策的环境不是完全确定的，而其发生的概率是已知的。不确定型决策是指决策者对将发生结果的概率一无所知，只能凭决策者的主观倾向进行决策。高层和关键的决策往往是不确定型决策，决策者要为此付出许多。

（2）按决策目标的个数分类，决策可分为单目标决策和多目标决策。单目标决策是指只有一个目标的决策。多目标决策是指两个以上目标的决策。对复杂系统，往往是多目标决策。

（3）按性质的重要性分类，可将决策分为战略决策、策略决策和执行决策。战略决策是涉及某组织发展和生存的全局性、长远问题的决策，其所涉及的因素众多，关系复杂，如企业的管理方针、长远发展规划的决策。策略决策是为完成战略决策而进行的局部性决策，它是为实现战略决策目标服务的决策，如产品规格的选择、工艺方案和设备的选择。执行决策是根据策略决策的要求对执行行为方案的选择，是有关日常业务和计划的决策，如生产的进度管理、库存管理。

（4）按决策的结构分类，可以分为结构化决策、非结构化决策和半结构化决策。结构化决策是一种有章可循的决策，一般是可以重复的。这类决策一般都有明确的决策目标和决策准则，当这种决策问题出现时，可以通过一定的程序加以解决，而不必寻求新的解决程序，例如，企业日常的订货程序、材料出入库手续等。非结构化决策一般是无章可循，不经常出现的、复杂的、特殊的决策。这种决策往往是由于出现了新情况或对新问题所做的决策。当这种问题出现时，主要依靠决策者的经验、知识等进行决策，例如，由于市场变化，企业改造生产线的决策等。半结构化决策是在某些方面结构化而又不是完全结构化的决策，即对问题有所了解但不全面，有所分析但不确切，有所估计但不确定。

（5）按决策的目标、变量和条件量化的程度分类，可以分为定性决策、定量决策和半定性半定量决策。定性决策是指难以用确切的数量方法来表达决策过程。定量决策则可以用较确切的数量方法来表达决策过程。如果一个决策既包含了定性的因素，又包含了定量的因素，这样的决策就是半定性半定量决策。

8.2 风险型决策

风险型决策，也称为统计型决策或随机型决策。在风险型决策中，决策者不能肯定将出现何种状态，但各种状态出现的可能性（概率）是可以事前估计或计算的。决策者根据各种状态出现的概率，按有关准则进行决策的方法称为风险决策。在风险型决策过程中常常采用损益矩阵来进行决策。常用的风险型决策方法有最大可能性准则、期望值准则、决策树法等。

8.2.1　最大可能性准则

根据概率论的知识可知，一个事件发生概率越大，它发生的可能性就越大。基于这种观点，选择一个概率最大(也就是可能性最大)的状态进行决策，其他状态可以不考虑。

【例 8-1】 某企业要投资一种新产品，需要对投资规模做决策。

设投资方案有三种，即决策空间有三个变量，$S=\{s_1,s_2,s_3\}$。s_1 为投资 300 万元，大规模生产；s_2 为投资 200 万元，中等规模生产；s_3 为投资 100 万元，小批量生产。

未来的经济形势可能有三种情况，即状态空间有三个变量，$D=\{d_1,d_2,d_3\}$。d_1 为经济形势很好；d_2 为经济形势一般；d_3 为经济形势很差。

经估计，各个方案在三种可能经济形势下的年利润如表 8-1 所示。

表 8-1　各个方案的年利润　　单位：万元

S	D		
	d_1	d_2	d_3
s_1	60	0	−40
s_2	30	10	10
s_3	10	0	−5

设例 8-1 中三种状态所出现的概率分别为 0.5、0.3、0.2，即经济形势好这个状态出现的概率最大，根据最大可能性准则选择在状态 d_1 下进行决策。由表 8-1 可以知道企业选择 s_1 方案获得的利润最大，所以决策 s_1(即投资 300 万元，大规模生产)为最优决策。

这一准则只有在状态空间中某一种状态出现的概率比其他状态出现的概率大很多，而它们相应的损益值差别不很大时决策效果才较好，否则，可能会引起严重错误。

8.2.2　期望值准则

根据决策目标不同，期望值准则又分为最大期望收益决策准则和最小机会损失决策准则。如果决策目标是收益最大，则采用最大期望收益决策准则；如果决策目标是使损失最小，则应采取最小机会损失决策准则。

所谓期望值准则就是应用概率论中离散随机变量的数学期望，把每个决策方案的期望值求出来，加以比较，根据不同的决策目标选择决策方案。

期望值准则决策步骤如下：

(1) 计算各决策的损益期望。

$$E(s_i)=\sum_{j=1}^{n}p_jc_{ij}\,,\quad (i=1,2,\cdots,m) \tag{8-3}$$

式中，p_j 是状态 d_j 出现的概率。

(2) 根据决策目标选取最优方案。

$$s^*=\max\{E(s_i)\}\quad 或\quad s^*=\min(E(s_i)) \tag{8-4}$$

以例 8-1 的数据进行计算，见表 8-2。

表 8-2　各决策的损益期望值

	自然状态(经济形势)			
	d_1(好)	d_2(一般)	d_3(差)	$E(s_i)$
	$p(d_1)=0.5$	$p(d_2)=0.3$	$p(d_3)=0.2$	
s_1	60	0	−40	22
s_2	30	10	10	20
s_3	10	0	−5	4

通过比较可知 $E(s_1)=22$ 最大，所以采取决策方案 s_1，也就是大规模生产，可能获得的效益最大。同理，如果决策目标是使损失最小，则应取期望值最小的决策方案。

期望值准则利用了统计规律，比凭直观感觉或主观想象进行决策要合理得多，是一种有效的决策准则，适用于一次决策多次重复进行生产的情况。

8.2.3　决策树法

期望值法是进行单项决策的一种方法，即整个决策过程只做一次决策就得到结果。但一般讲，管理活动是序贯决策，即整个决策过程由一系列决策组成。对于序贯决策，期望值准则就无能为力了。描述序贯决策的有力工具是决策树，决策树是对决策局面的一种图解，可以使决策问题形象化。决策树的基本结构如图 8-1 所示。

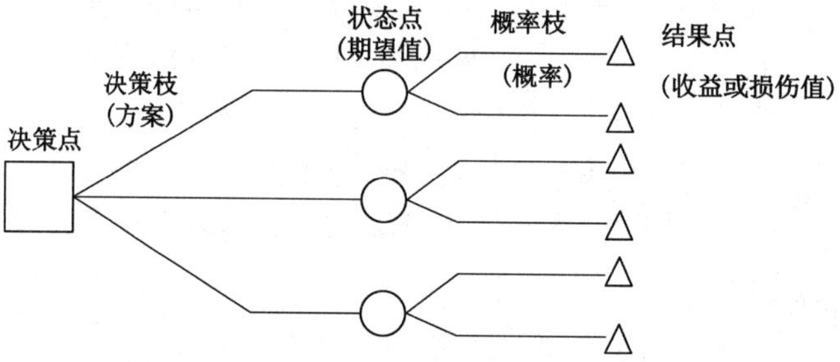

图 8-1　决策树

“□”为决策点，表明要对由它引出的方案进行分析和决策。由决策点引出的分枝称为方案分枝，方案分枝的数量与方案个数相同。

“○”为状态点，表明方案节点，其上方数字表示该方案的效益期望值。由状态点引出的分枝称为概率分枝。在每一分枝上注明自然状态及其出现的概率。概率分枝的数量与自然状态的数量相同。

“△”为结果点，表明不同的方案在相应的自然状态下所取得的收益或损失，其旁边标注收益值或损失值。

决策树通常有多条树枝，根据问题的层次，画时由左至右、由粗而细构成一个树形图。

决策树法采用逆决策顺序方法求解，由右至左进行计算。首先根据最右面的收益(或损失)值和概率枝上的概率计算出各个决策方案的期望值，并标于状态点上。然后，比较各方案期望值的大小，根据决策目标选择期望值最大(或最小)的方案，舍弃其余方案。舍弃时，在对应决策枝上标以两平行的剪枝符号。最后决策点上方的数字就是最优方案的期望值。

【例 8-2】 某企业欲以新工艺代替旧工艺，取得新工艺的途径有两种：自行研究和购买专利。自行研究成功的概率是 0.6，购买专利谈判成功的概率是 0.8。采取新工艺后将考虑两种生产方案：一是产量不变，二是增加产量。如果研究或谈判失败，则仍采用旧工艺，保持原产量不变。据市场预测，未来产品涨价、价格不变和跌价的可能性分别为 0.4、0.5 和 0.1。各个决策方案在不同价格情况下的损益值如表 8-3 所示。

表 8-3　各个决策方案在不同价格情况下的损益值

项目		涨价 0.4	价格不变 0.5	跌价 0.1
按原工艺生产		100	0	−100
购买专利成功(0.8)	产量不变	150	50	−200
	产量增加	250	50	−300
自行研究成功(0.6)	产量不变	200	0	−200
	产量增加	600	−250	−300

第一步：画出决策树，如图 8-2 所示。

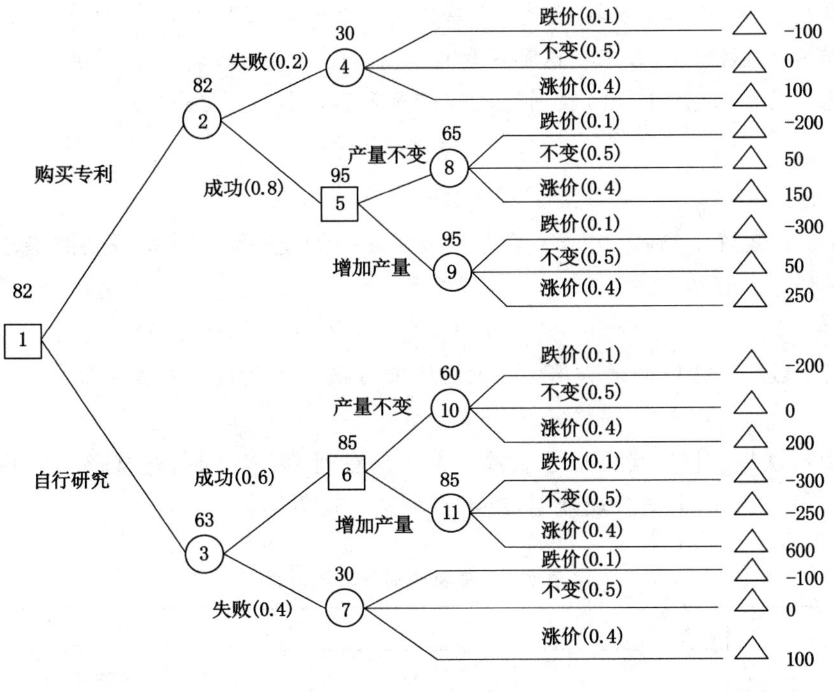

图 8-2　例 8-2 决策树

第二步：计算各点的损益期望值。

点 4：$0.1\times(-100)+0.5\times 0+0.4\times 100=30$。

点 8：$0.1\times(-200)+0.5\times 50+0.4\times 150=65$。

点 9:0.1×(−300)+0.5×50+0.4×250=95。

点 10:0.1×(−200)+0.5×0+0.4×200=60。

点 11:0.1×(−300)+0.5×(−250)+0.4×600=85。

点 7:0.1×(−100)+0.5×0+0.4×100=30。

在决策点 5,因为 95>65,因此应划掉产量不变的方案,并将点 9 期望值转移到点 5。同理,把点 11 的期望值转移到点 6。

点 2:0.2×30+0.8×95=82。

点 3:0.6×85+0.4×30=63。

第三步:确定方案。点 2 与点 3 比较,点 2 的期望值大,合理的决策应该是购买专利。

8.3 完全不确定型决策

决策者能够判定可能出现的状态,但不能判定各状态出现的可能性(即概率)的大小,在这种情况下所进行的决策就称为不确定型决策。对于不确定型决策问题,根据问题的特点和决策者自己的主观愿望偏好,可以采用不同的决策准则。

8.3.1 悲观准则(最大最小决策准则)

悲观准则又称为"坏中求好"准则,它是先选出各种状态下各个方案的最小收益值,然后再从中选出最大者对应的方案。这是一种保守型的决策,决策者信心不足,不愿冒风险,对未来形势比较悲观,适用于经济实力比较弱的决策者。其数学表示为

$$s^* = \max_{s_i}\{\min_{d_j} c_{ij}\} \tag{8-5}$$

具体做法如下。

(1) 在收益矩阵中,确定每个决策方案 s_i 在各个状态下 d_j 可能得到的最小收益值 c_i,即各行中的最小元素为

$$c_i = \min\{c_{i1}, c_{i2}, \cdots, c_{in}\}, \quad (i = 1, 2, \cdots, m) \tag{8-6}$$

(2) 求各最小收益值的最大值 s^*,则对应的方案 s_i 即为应选决策方案。

$$s^* = \max\{c_1, c_2, \cdots, c_m\} \tag{8-7}$$

如例 8-1,从每一行中找出最小值置于表的最右列(见表 8-4),再从该列中找出最大值。它对应的方案为 s_2,即根据悲观准则,决策者应选决策方案 s_2。

表 8-4 悲观准则下决策过程

S	D			
	d_1	d_2	d_3	min
s_1	60	0	−40	−40
s_2	30	10	10	10
s_3	10	0	−5	5

如果决策目标是使损失最小,给出的是损失矩阵,那么悲观准则采用最小最大准则,即

$s^* = \min_{s_i}\{\max_{d_j} c_{ij}\}$。也可以先将损失矩阵中各元素改变符号，化为收益矩阵，再采用最大最小准则。

8.3.2　乐观准则(最大最大准则)

乐观准则又称为“好中求好”决策准则，它是先选出各种状态下各个方案的最大收益值，然后再从中选取最大者对应的方案。这是一种冒险型决策。决策者对自己很有信心，敢于承担风险，比较适用于经济实力强大的决策者，其数学表示为

$$s^* = \min_{s_i}\{\max_{d_j} c_{ij}\} \tag{8-8}$$

具体做法如下。

(1) 在收益矩阵中，确定每个决策方案 s_i 在各个状态下 d_j 可能得到的最大收益值 c_i，即各行中的最大元素为

$$c_i = \max\{c_{i1}, c_{i2}, \cdots, c_{in}\}, \quad (i = 1, 2, \cdots, m) \tag{8-9}$$

(2) 求各最大收益值的最大值 s^*，则对应的方案 s_i 即为应选决策方案。

$$s^* = \max\{c_1, c_2, \cdots, c_m\} \tag{8-10}$$

如例 8-1，从每一行中找出最大值置于表的最右列(见表 8-5)，再从该列中找出最大值。它对应的方案为 s_1，即根据乐观准则决策者应选决策方案 s_1。

表 8-5　乐观准则的决策过程

S	D			
	d_1	d_2	d_3	max
s_1	60	0	−40	60
s_2	30	10	10	30
s_3	10	0	−5	10

如果决策目标是使损失最小，给出的是损失矩阵，那么乐观准则采用最小最小准则，即 $s^* = \min_{s_i}\{\min_{d_j} c_{ij}\}$。也可以先将损失矩阵中各元素改变符号，化为收益矩阵，再采用最大最大准则。

8.3.3　等概率准则(Laplace 准则)

等概率准则是由数学家 Laplace(拉普拉斯)提出的。若决策者面对某一状态空间，在不能确切地知道某种状态出现的概率时，那么他没有理由认为某一状态比另一状态有更大的可能性出现，只能认为各状态出现的概率是相等的，即每一状态出现的概率为 1/状态数。决策者首先计算各决策方案的收益(损失)期望值，然后在所有这些期望值中选择最大者(最小者)，以它对应的策略为决策方案。其数学表示为

$$s^* = \max_{s_i}\left\{\frac{1}{n}\cdot\sum_{j=1}^{n} c_{ij}\right\} \quad 或 \quad s^* = \min_{s_i}\left\{\frac{1}{n}\cdot\sum_{j=1}^{n} c_{ij}\right\}, \quad (i = 1, 2, \cdots, m) \tag{8-11}$$

具体做法如下。

（1）在收益（损失）矩阵中，计算各决策方案收益（损失）期望值。

$$E(s_i) = \frac{1}{n}\sum_{j=1}^{n} c_{ij}, \quad (i = 1,2,\cdots,m) \tag{8-12}$$

（2）求最大收益期望值 s^*（或最小损失期望值），则方案对应的方案 s_i 即为应选的决策方案。

$$s^* = \max\{E(s_i)\} \quad 或 \quad s^* = \min\{E(s_i)\} \tag{8-13}$$

如例 8-1，三种状态出现的概率均为 1/3，计算各决策方案的利润期望值。

$$E(s_1) = \frac{1}{3} \times (60 + 0 - 40) = 6.67$$

$$E(s_2) = \frac{1}{3} \times (30 + 10 + 10) = 16.7$$

$$E(s_3) = \frac{1}{3} \times (10 + 0 - 5) = 1.67$$

根据等概率准则，从各期望值中找出最大者：max(6.67,16.7,1.67)=16.7，所以，决策者应选决策方案 s_2，决策过程如表 8-6 所示。

表 8-6　等概率准则的决策过程

S	D			
	d_1	d_2	d_3	$E(s_i)$
s_1	60	0	−40	6.67
s_2	30	10	10	16.7
s_3	10	0	−5	1.67

8.3.4　折中准则

折中准则又称为乐观系数法。当决策者对客观情况的估计既不那么乐观，也不那么悲观时，则可以从中平衡一下，做某种折中。认为未来可能发生的状态只有两种，即最理想状态和最不理想状态。根据经验和判断确定一个乐观系数 $\alpha(0\leqslant\alpha\leqslant1)$，以 α 和 $(1-\alpha)$ 分别作为最大收益值（最理想状态）和最小收益值（最不理想状态）的权数，计算各方案的期望收益值，并以期望收益值最大的方案作为所要选择的方案。当 $\alpha=1$ 时，该准则等价于乐观准则；当 $\alpha=0$ 时，该准则等价于悲观准则。折中准则的数学表示为

$$s^* = \max\{E(s_i)\} \tag{8-14}$$

具体做法如下。

（1）根据决策者对状态的乐观程度取一个乐观系数 α，则 $(1-\alpha)$ 是悲观系数。

（2）计算各决策方案的期望收益值。

$$E(s_i) = \alpha \max_i\{c_{ij}\} + (1-\alpha)\min_i\{c_{ij}\} \tag{8-15}$$

（3）求各期望收益值中的最大值，则最大值对应的即为所选决策方案。

$$s^* = \max\{E(s_1),E(s_2),\cdots,E(s_m)\} \tag{8-16}$$

如例 8-1，设乐观系数 α 为 0.8，则计算各决策方案的期望收益值置于表的最右列（见

表 8-7)。根据折中准则,从各期望值中找出最大者。所以,决策者应选决策方案 s_1。

表 8-7　折中准则的决策过程

S	D			
	d_1	d_2	d_3	$E(s_i)$
s_1	60	0	−40	60×0.8+(−40)×0.2=40
s_2	30	10	10	30×0.8+10×0.2=26
s_3	10	0	−5	10×0.8+(−5)×0.2=7

8.3.5　最小机会损失准则

最小机会损失准则又称为最小后悔值准则。当某一状态出现时,由于决策者没有选择收益最大或损失最小的决策方案而造成的损失值称为机会损失,也称为后悔值。由后悔值构成的矩阵称为后悔值矩阵。最小机会损失准则是将能够获利而未获利也看成一种机会损失,所以在决策中要求使未来的机会损失达到最小值,其数学表示为

$$s^* = \min_{s_i}\{\max_{d_j}(\bar{c}_{ij})\} \tag{8-17}$$

式中,$\bar{c}_{ij}$ 为后悔值。

具体做法如下。

(1) 在收益矩阵中,求出各状态 d_j 下的最大收益值,即各列的最大元素。

$$b_j = \max_{s_i}(c_{ij}),\quad (j = 1,2,\cdots,n) \tag{8-18}$$

(2) 计算各列的机会损失值。

$$\bar{c}_{ij} = b_i - c_{ij},\quad (i = 1,2,\cdots,m; j = 1,2,\cdots,n) \tag{8-19}$$

(3) 求出各决策方案的机会损失最大值。

$$s_i = \max_i(\bar{c}_{ij}),\quad (i = 1,2,\cdots,m) \tag{8-20}$$

(4) 求各决策方案机会损失最大值中的最小值,其对应的方案即为所选的决策方案。

$$s^* = \min(s_i) \tag{8-21}$$

如例 8-1,决策者应选决策方案 s_2,决策过程如表 8-8 所示。

表 8-8　最小机会损失准则的决策过程

S	D						
	d_1	d_2	d_3	$\bar{c}_{i1}$	$\bar{c}_{i2}$	$\bar{c}_{i3}$	s_i
s_1	60	0	−40	0	10	50	50
s_2	30	10	10	30	0	0	30
s_3	10	0	−5	50	10	15	50

如果给出的是损失矩阵,那么每一状态下的最小损失值减去各决策方案的损失值之差,

称为机会损失值。

综上所述,决策者对待风险的态度不同,所采用的决策准则也不同,那么得到的决策方案也就各不相同。表 8-9 归纳了例 8-1 依据不同的决策准则所得到的结果。

表 8-9 例 8-1 不同的决策准则得到的决策方案

决策准则	应选决策方案
悲观准则	s_2
乐观准则	s_1
等概率准则	s_2
折中准则	s_1
最小机会损失准则	s_2

对于不确定型决策,难以肯定哪个准则好,哪个准则不好,因为它们之间没有一个统一的评价标准。至于采用哪个准则,只能依靠决策者对各种状态的看法确定。在决策过程中,应该注意分析各种准则隐含的假定和决策时的各种客观条件。客观条件越接近某一准则的隐含假定,则选用该准则进行的决策结果就越正确。

8.4 系统对策

上面几节所介绍的都是只涉及一个决策主体,在特定环境下进行决策的问题。在这些情况下,决策主体只需要考虑面对可能出现的不同状态时该采取的与状态对应的决策行为,这类问题属于非对抗型的决策问题。然而,但在现实生活中,更多的是由多个不同的决策主体参与的竞争和对抗,此时,所要考虑的不仅仅是环境因素,还有竞争对手所采取的和将会采取的行动等,而这类问题就属于对抗型决策问题。司马迁所著的我国第一部纪传体通史《史记》中就记载了一个典型的对抗型决策问题,即著名的“田忌赛马”,讲述了孙膑应用策略帮助田忌在弱势的条件下赢得赛马比赛的故事。而现如今,在没有孙膑在旁出谋划策的情况下,如何才能在竞争中做出合适的决策赢得胜利呢?面对这类对抗型的决策问题时,可以使用对策论来分析、解决。

8.4.1 对策论简介

对策论(game theory),又称博弈论、赛局理论,也称对策分析、冲突分析,属应用数学的一个分支。对策论衍生于古老的博弈游戏,如象棋、扑克中的胜负问题,后来数学家们将其抽象化,建立完备的逻辑结构,对其内在的规律变化进行研究,使对策论逐渐被系统化,成为系统理论的重要支流。日常生活中,其实每个人的行为如同博弈一般,对手们相互揣摩、制约,尽量减小自己的损失,而对策论旨在研究每个人行为中的理性化和逻辑化的部分。换句话说,决策论主要研究在决策主体的行为发生直接相互作用时的决策问题以及这种决策的均衡,即研究分析在具有竞争或对抗的行为中,竞争的各方是否存在最合理的行动方案,以及找到这个合理方案的数学理论和方法。

在中国古代历史上有一个成语——“鹬蚌相争,渔翁得利”:一天恰逢天气晴朗,河滩上的一个河蚌就张开了蚌壳想晒晒太阳。此时正巧有只鹬鸟飞过，看见正在享受日光的河蚌，便贪恋起蚌肉的美味来，偷偷靠近河蚌，想啄食它的肉。河蚌见状马上合上两片壳，却刚好夹住了鹬鸟嘴巴。鹬鸟想挣脱，无奈河蚌紧紧夹住它的嘴不放，而河蚌也无法脱身。鹬鸟就说："如果你不放了我，今天不下雨，明天也不下雨，那你就会变成死蚌了。"河蚌说道："我怎么会放了你。你的嘴巴今天抽不出，明天抽不出来，等死的就是你了。"二者谁都不肯舍弃让步，这时刚好有个老渔翁走过看到这一幕，就把它们俩都捉走了。

先来看河蚌与鹬鸟之间的博弈，鹬鸟为了吃掉河蚌不肯将嘴从蚌壳中抽出，甘愿冒着牺牲的危险，而河蚌为了不被鹬鸟吃掉不肯张开蚌壳，也情愿冒着牺牲的危险；再来看渔翁与这两者的博弈，正因为河蚌和鹬鸟都想置对方于死地而僵持不下，渔翁正好能够将二者一并擒获。

如此简单的一个小故事里就包含着对策论的思想，对策论看似简单，只要运用得当，就能取得极大的收获，这也是对策论的魅力所在。

事实上日常生活中，人们的决策行为之间相互影响的例子很多，这也为对策论提供了在不同领域大展拳脚的机会。例如，国与国之间的贸易等谈判，或是平时工作中就会涉及的企业之间的加工或订货谈判，各企业之间在国内外的市场竞争，企业对新产品和新技术的开发和利用战略等。在以上这些例子中，所涉及的对象大多是不同的利益主体，都希望通过一定的策略选择，来达到对自己有利的结果。而同时，又没有任何一方能够单独决定谈判的结果或有能力垄断市场。因此，决策者需要根据竞争各方的利益和可能采取的行动来决定自己应该采取的策略。

8.4.2　对策模型基本概念

在具体介绍如何使用对策论解决问题前，先来了解一下对策模型涉及的几个基本概念。

首先需要了解的是对策中的三个基本要素，尽管随着对策模型形式的变化，涉及的概念也千差万别，但本质上都必须包括局中人、策略集和支付函数。

1. 局中人

局中人也称参与人、参与者，是指博弈中的决策主体，他有权选择自己行动以使效用最大化，也直接承担竞争的后果。需要注意的是，局中人可以是个人，也可以是集体，例如企业、政党或国家等。在实践应用中，利益关系相同与行动完全一致的参与对象往往被视为同一个局中人。例如，一个球队虽有很多球员，但他们同属一个利益主体，在球赛中将一个球队看作一个局中人。按局中人的数量划分，可分为二人对策和多人对策。二人对策只含有两个局中人，多人对策有两个以上的局中人。例如，可将一场由两支队伍参加的球赛看作二人对策。

2. 策略集

在对策中，可供局中人选择的实际可行、完整的行动方案的集合，称为该局中人的策略集。对策中每个局中人的策略集中各取一个策略所组成的策略组称为对策的一个局势。对策胜负的关键是策略的选择，每个局中人至少握有两个策略才能够与其他局中人构成对策。

需要注意的是，策略是一个完整的行动方案，并不是指某个单独的行动，而是指一组对其他局中人的行动做出的所有行动的选择，即描述了局中人在什么时候会选择什么行动。如果所有局中人的策略有限，则称为有限对策，否则称为无限对策。

3. 支付函数

一个特定的策略组合(局势)下局中人能得到的确定的效用结果称为支付,对策决定了每个局中人的得与失,支付也被称为得失或收益。显然,每个局中人在结束时的得失,不仅仅与该局中人自身所选的策略有关,而且与所有局中人所选的策略有关,它是全体局中人所取定的一组策略(局势)的函数,称为支付函数,即局中人从对策中获得的效用水平。单个局中人的策略无法决定输赢,必须通过各方策略的相互组合而形成的局势来决定胜负情况,这便体现了对策系统的整体涌现性。在对策中,如果任何一个策略组合(局势)中所有局中人的支付之和均为零,则称之为零和对策;如果一个策略组合(局势)中所有局中人的支付之和均为一个常数,称之为常和对策。

4. 其他概念

除了以上介绍的对策的基本要素,对策分析中可能还会涉及一些其他概念。当局中人决策有先后顺序时,可分为决策人和对抗者。决策人指的是在对局中先做决策的一方,他的决策往往是通过自身的认识、经验和表面状态判断得出结果的;与之相对的对抗者是对局中行动滞后的一方,根据决策人的决策做出对应决定。还有一个需要了解的概念就是次序,当局中人决策有先后之分,且一个局中人需做多个决策时,就涉及次序问题。若决策构成相同但运用次序不同,也会导致截然不同的结果,田忌赛马就是很好的例子,如果变换任何一个出马顺序,他将都不会是胜者。对策分析还涉及均衡的概念,均衡即平衡。为方便理解,我们可以先回顾一下经济学均衡价格的概念。均衡价格是商品的供给曲线与需求曲线相交时的价格,即供给量与需求量相同时对应的价格。若市场价高于均衡价,会引起供给量上升,市场价则会降低;若市场价低于均衡价,会引起需求量上升,市场价则会上升。这是供给力量与需求力量相互作用,使市场价趋于均衡的结果。与之类似,博弈均衡也是各方局中人的力量相互作用下,每个局中人都希望使自己的效用最大化,从而做出决策,最后得到的各方都不愿意改变自己策略的一个相对静止的平衡状态。

对策是因局中人的互动而形成的一种系统,而支付函数则从整体上定量地刻画出了这个系统。只有在明确的规定制约之下,局中人实施各自的策略的整个过程才能够被称为是对策系统。因此,对策被视为一种过程系统,最终的胜负结果是对策系统定性的整体涌现性,而该系统定量的整体涌现性则体现在支付函数上。所以,对策论实际上是定量化的系统理论,它的主要目标是根据支付函数寻找优化的策略。

8.4.3 对策模型的分类

在对策论中存在着许多模型分类的标准和方法,一般可分为合作和非合作,合作与否取决于局中人之间有无具有一定约束力的协议。

从局中人行动的先后顺序的角度,可以将对策(博弈)划分为静态博弈和动态博弈两大类。静态博弈是指局中人同时选择行动,或虽然并非同时选择行动,但后行动者不知道先行动者采取了怎样的具体行动,如“囚徒困境”选择行动时的情况;动态博弈是指局中人的行动有先后顺序,并且后行动者可以观察到先行动者所采取的行动,如平时的棋类比赛。

在对策分析中,信息是重要的参考因素。从局中人对有关其他局中人的特征、策略空间及支付函数的知识的了解程度,可以分为完全信息博弈和不完全信息博弈。完全信息是指每一个局中人对所有的其他局中人的特征、策略、支付函数有准确的知识,这种情况下就是完全信息博弈，否则就是不完全信息博弈。

由于合作博弈复杂度远大于非合作博弈，理论也不够成熟，所以目前所谈的博弈一般是指非合作博弈。将行动顺序与信息两个角度结合起来，就可以划分得到四种不同类型的博弈：完全信息静态博弈、完全信息动态博弈、不完全信息静态博弈、不完全信息动态博弈。它们分别对应着不同的均衡概念：纳什均衡（Nash equilibrium）、子博弈精练纳什均衡（subgame perfect Nash equilibrium）、贝叶斯纳什均衡（Bayesian Nash equilibrium）、精练贝叶斯纳什均衡（perfect Bayesian Nash equilibrium），如表 8-10 所示。

表 8-10　模型的分类

信息	行动顺序	
	静态	动态
完全信息	完全信息静态博弈。 均衡概念：纳什均衡	完全信息动态博弈。 均衡概念：子博弈精练纳什均衡
不完全信息	不完全信息静态博弈。 均衡概念：贝叶斯纳什均衡	不完全信息动态博弈。 均衡概念：精练贝叶斯纳什均衡

8.4.4　零和对策

零和对策是对策中较为简单的一种情形，指局中人得分之和恒为零的情况。如果该对策中只有两个局中人，即两人零和博弈，一方的失利意味着对方的胜利，且得分正好互为相反数，或者双方打成平手，得分之和恒为零。下面给出两个例子，具体说明零和对策的情况。

桌上只有一个苹果，而家里有姐姐和弟弟两个人，所以苹果的分法有三种可能性：第一，把苹果给姐姐，弟弟放弃；第二，把苹果给弟弟，姐姐放弃；第三，苹果切成两半平均分给姐弟俩。

在上述情况下，姐姐得到或失去的正是弟弟失去或得到的，或者姐弟两个人都没有占到便宜和蒙受损失。两个人对策的总收益为零。因此，这种局中人完全对抗或打成平手的状态就可以看作一种零和对策。

最经典的零和对策的案例莫过于“石头-剪刀-布”的游戏了。假设有两名局中人分别做出石头、剪刀、布中的一种行为，任何一方胜利得 1 分，失利扣 1 分，如果两者打平则都得 0 分，那么所有的结果可以由表 8-11 所示的矩阵表示。

表 8-11　石头-剪刀-布游戏结果

甲	乙		
	石头	剪刀	布
石头	(0,0)	(1,−1)	(−1,1)
剪刀	(−1,1)	(0,0)	(1,−1)
布	(1,−1)	(−1,1)	(0,0)

可以发现，不论在何种策略下，两个局中人的得分总是为零，而且以上游戏的策略是有

限的，因此也被称为二人有限零和博弈。

8.4.5 非零和博弈

1. 囚徒困境

囚徒困境是在对策论、经济学等领域中常被作为例子用来说明个人最优的选择却不是全体最优选择，它是非零和博弈的代表之一。其最早是由美国兰德公司的梅里尔·弗勒德和梅尔文·德雷希尔在1950年拟定的，后来艾伯特·塔克将这个合作和冲突的模型命名为“囚徒困境”，得到了闻名遐迩的博弈悖论。

经典的囚徒困境有如下表述：警方逮捕甲、乙两名嫌疑人，但没有足够证据给他们定罪。于是将这两个嫌疑人分开提出相同的条件：

(1) 如果两人都不坦白，那么将他们各判1年监禁。

(2) 如果两人都坦白，他们将每人各判5年监禁。

(3) 如果只有一人坦白，则坦白者将即时获释，不坦白者将判10年监禁。

每个囚徒需在背叛与保持沉默之间做出选择。在该对策中，局中人有两个，即囚徒甲和囚徒乙。每个局中人有两种策略：背叛与保持沉默。他们的支付函数可以用矩阵的形式来表示，如表8-12所示。矩阵中，括号内的第一、第二个数字分别对应甲、乙在策略组合中得到的支付，这个矩阵也称为支付矩阵。

表8-12 囚徒困境

囚徒甲	囚徒乙	
	背叛	保持沉默
背叛	(−5,−5)	(0,−10)
保持沉默	(−10,0)	(−1,−1)

在描述完对策局势后，局中人进行策略选择。假设每个局中人都寻求自身利益最大化，对这两个囚徒而言：

(1) 若对方沉默，我方可能有两种支付：0或−1，背叛为0，沉默为−1，选择效用大的0，则会选择背叛。

(2) 若对方背叛，我方还是可能有两种支付：−5或−10，背叛为−5，沉默为−10，选择效用大的−5，则还是会选择背叛。

两人面对的情况相同，理性思考的情况下得出的结论都会是背叛。因此，两人同时背叛是唯一可能达到的纳什均衡，两人都要服刑5年。但是如果同时选择沉默，两人只要服刑1年，显然得到的纳什均衡并不是全局最优的，不是帕累托最优解决方案。但是在理性人的假设前提下，双方都会选择背叛，却不如相互合作的效用高，形成了囚徒困境。现实中，也能找到很多类似的例子，经济学、政治学、社会学、动物行动学等都可以使用类似的方法来化简分析。

对策论中的理性人是精于算计的，但是有时过于关注自身利益而忽视了其他因素可能会失去预期的收益。这里还有一个例子可以说明问题：

三国时期，魏国的曹操领军南下想吞并地处江南的吴国。江南地区多丘陵与河流，要攻陷该地区就必须利用水军，加上东吴地区历来以骁勇善战的水军闻名，曹操便下令在数月之内操练水军，同时打造当时最先进的战船以助战争。由于曹操的北方士兵多不熟悉水性，曹操便下令将所有战船用铁链牢牢地锁在一起以维持船的稳定性，同时也易于操练将士。他自认为将所有的战船固定在一起既能够威慑敌人，又能够训练出强大的水军。然而，正是因为所有的船都被绑在了一起，以至于他在最后的战役中被人数远远不敌自己的敌军借助风向用大火烧光了战船，溃不成军，差点自身难保，这就是历史上著名的赤壁之战。

这就是聪明反被聪明误。虽然聪明可以带来好处，但是如果过分地关心自身利益而忽视了客观存在的影响利益的其他因素，那么即使再聪明的策划也往往适得其反。

2. 智猪博弈

某些情况下，即使在一个合理、公平的竞争环境下，具有优势的一方最终得到的结果也并不一定与其付出成正比，即多劳未必多得。

智猪博弈就是这类对策论中一个非常著名的案例，由纳什提出。假设猪圈里有一头大猪和一头小猪，在猪圈的一头是猪食槽，而另一头则安装有控制猪食供应的按钮，每按一下按钮就会有 10 个单位的猪食进槽，而按按钮者必须付出 2 个单位的成本。现在有如下规定：

(1) 若大猪等在槽边，小猪去按按钮，则大猪吃到 9 个单位的食物，小猪吃到 1 个单位的食物。

(2) 若大猪小猪同时去按按钮并到达槽边，则大猪吃到 7 个单位的食物，小猪吃到 3 个单位的食物。

(3) 若小猪等在槽边，大猪去按按钮，则大猪吃到 6 个单位的食物，小猪吃到 4 个单位的食物。

每头猪在行动(按钮)与等待(吃食)之间做出选择。在该对策中，有大猪和小猪两个局中人。每个局中人有两种策略供选择：行动和等待。其支付函数用支付矩阵的形式表示得到如表 8-13 所示的结果。矩阵中，括号内的第一、第二个数字分别对应大、小猪在策略组合中得到的支付。

表 8-13　智猪博弈

大猪	小猪	
	行动	等待
行动	(5,1)	(4,4)
等待	(9,−1)	(0,0)

根据上述的支付矩阵不难看出：

(1) 若大猪行动，则可能有两种支付：5 或 4；相应的，小猪行动就能得到支付为 1，等待的话为 4。此时大猪选择行动，小猪选择等待。

(2) 若大猪等待，则可能有两种支付：9 或 0；相应的，小猪行动就能得到支付为−1，等待的话为 0。此时大猪选择等待，小猪也选择等待。

因此最终的结果是不论大猪做出怎样的选择，小猪都会选择等待。即等待是小猪的占优策略，它只需等在食槽旁边“搭便车”，大猪却是“劳碌命”。

中国历史上还有一个令人耳熟能详的成语——画蛇添足，其中也包含了这个道理。“画蛇添足"最早出自《战国策》：古代楚国有个贵族想要祭祀祖宗，就请很多朋友前来帮忙。在祭祀典礼结束后，这个贵族想把一壶祭酒赏给前来帮忙的朋友。但是只有一壶，大家一起喝肯定不够，一个人喝却绰绰有余。于是朋友们互相商量说："不如我们各自在地上比赛画蛇，谁先画好，就把这壶酒给谁。"于是比赛开始了。过了一会儿，有一个人最先把蛇画好了。但是他看看周围的人还在埋头画画，端起酒壶得意扬扬地想："既然我这么快，不如再给它添上几只脚吧！"于是左手拿着酒壶，右手继续画蛇。等他刚把蛇的脚画完，另一个人也已经把蛇画成了。众人嘲笑道："蛇本来是没有脚的，你怎么能给它添脚呢？"大家都认为是另一个人赢了。

这个事例中，所有的局内人都处于公平竞争之下，画蛇添足的人虽然画得最快，但是却被认为多此一举而没有得到应有的奖励，而给了另一个人。这说明在一些情况下，并不是多劳就能多得。

思考与练习

1. 什么是风险型决策？什么是完全不确定型决策？它们的主要区别是什么？
2. 什么是对策论？它主要研究什么样的决策问题？
3. 某企业拟开发生产一种新产品，有三个方案可供选择。其收益矩阵见表 8-14。

表 8-14　各方案的收益值

状态	需求大	需求中等	需求小
方案一	400	150	−200
方案二	200	200	−120
方案三	100	100	50

试根据不确定型决策的各种决策准则，选择合适的方案(假定乐观系数为 0.7)。

4. 某公司拟举办一个展销会，有甲、乙、丙三个地点可以选择，但不同地点在不同天气情况下的收益也不同，如表 8-15 所示，各种天气出现的概率分别为 p_1，p_2，p_3，试绘制决策树。

表 8-15　三个方案的收益值

方案	天气情况		
	晴(p_1)	阴(p_2)	雨(p_3)
甲	4	6	1
乙	5	4	1.5
丙	6	2	1.2

参考文献

[1] 杜泽生，秦波涛，范迎春. 保护层开采效果可信度评价模型及其应用研究[J]. 采矿与安全工程学报，2017，34(1)：185-191.

[2] 郭瑞军. 交通运输系统工程[M]. 2 版. 北京：国防工业出版社，2015.

[3] 韩可琦，才庆祥，卢明银. 矿业系统可靠性[M]. 徐州：中国矿业大学出版社，2002.

[4] 焦瑞华. 面向复杂工程系统的故障预测方法研究[D]. 北京：北京科技大学，2020.

[5] 金星，洪延姬. 系统可靠性与可用性分析方法[M]. 北京：国防工业出版社，2007.

[6] 康锐，王自力. 可靠性系统工程理论研究回顾与展望[J]. 航空学报，2022(10)：172-182.

[7] 李芳成. 矿业系统预测与决策[M]. 哈尔滨：黑龙江科学技术出版社，1993.

[8] 李海泉，李刚. 系统可靠性分析与设计[M]. 北京：科学出版社，2003.

[9] 李志华，华心祝，杨科，等. 基于综合指数法的上提工作面压架危险性评价[J]. 采矿与安全工程学报，2015，32(3)：389-395.

[10] 邵亚琴，汪云甲，李永峰，等. 草原区煤电基地开发生态环境时空响应及综合评价[J]. 煤炭学报，2019，44(12)：3874-3886.

[11] 苏万华，邱俊松，邬斌扬，等. 基于运行特性和生命周期理论的综合能源系统优化方法[J]. 天津大学学报，2022，55(4)：371-382.

[12] 汪应洛. 系统工程[M]. 5 版. 北京：机械工业出版社出版，2019.

[13] 王国法，任怀伟，赵国瑞，等. 智能化煤矿数据模型及复杂巨系统耦合技术体系[J]. 煤炭学报，2022，47(1)：61-74.

[14] 王国法，徐亚军，孟祥军，等. 智能化采煤工作面分类、分级评价指标体系[J]. 煤炭学报，2020，45(9)：3033-3044.

[15] 王昊琪. 基于模型的系统设计理论和建模方法研究[D]. 北京：北京理工大学，2018.

[16] 肖福坤，张俊文. 矿业系统工程[M]. 徐州：中国矿业大学出版社，2010.

[17] 严广乐. 系统工程导论[M]. 北京：清华大学出版社，2015.

[18] 闫坤如. 工程的系统性以及新系统工程方法论探析[J]. 长沙理工大学学报(社会科学版)，2014，29(6)：17-21.